金属加工液
配方与制备
（一）

李东光 主编

化学工业出版社

·北京·

本书收集了 200 余种金属加工液制备实例，主要包括切割液、研磨剂、研磨液、淬火剂 4 类金属加工液，涵盖了大部分常用的金属加工液相关品种，详细介绍了产品的配方、制备、应用技术等内容，实用性强。

　　本书可供精细化工、金属加工等行业中开展金属加工液研发、生产管理与制备相关工作的人员及应用人员参考。

图书在版编目（CIP）数据

金属加工液配方与制备．一/ 李东光主编．一北京：化学工业出版社，2017.1（2022.9 重印）
ISBN 978-7-122-28563-8

Ⅰ．①金… Ⅱ．①李… Ⅲ．①金属加工-加工液配方-制备 Ⅳ．①TB882

中国版本图书馆 CIP 数据核字（2016）第 284780 号

责任编辑：张　艳　刘　军　　　　　文字编辑：陈　雨
责任校对：边　涛　　　　　　　　　装帧设计：王晓宇

出版发行：化学工业出版社(北京市东城区青年湖南街 13 号　邮政编码 100011)
印　　装：北京盛通数码印刷有限公司
850mm×1168mm　1/32　印张 10½　字数 325 千字
2022 年 9 月北京第 1 版第 3 次印刷

购书咨询：010-64518888　　　　　　售后服务：010-64518899
网　　址：http://www.cip.com.cn
凡购买本书，如有缺损质量问题，本社销售中心负责调换。

定　　价：48.00 元　　　　　　　　　版权所有　违者必究

　　金属及其合金在切削、成形、处理和保护等过程中使用的工艺润滑油，统称为金属加工液。金属加工液通常包括金属切削加工液（金属切削液）和金属塑性加工液（金属成形液）。

　　随着机械工程科学技术的发展，在金属切削、成形加工中，重切削、高速切削、高精度切削、几何图形复杂成形、极深孔成形、板料极薄成形等越来越多，难加工材料的使用也越来越广，这对工件表面质量的要求越来越高，因而，对金属加工液的质量要求也就越来越高。

　　金属切削、成形加工是机械工程加工零部件的主要手段，特别是高精度金属零件。在金属加工过程中，如果在机床精度、工件材质、模具材质、刀具材质、加工条件、工人技术等条件相同的情况下合理选用金属加工液，对工件的精度、表面粗糙度的作用是十分重要的。它可以减少摩擦，改善散热条件，降低加工区域温度，延长刀具、砂轮、模具的使用寿命，降低工件的表面粗糙度，提高工件精度，从而降低生产成本，提高企业经济效益。

　　由于金属加工液品种繁杂，涉及面较广，要求各不相同，因此给分类工作带来一定难度。国际上最权威的金属加工液分类标准是 ISO 6743/7。该分类标准共有 17 类品种，其中 8 类为非水溶性金属加工液，其他 9 类为水溶性金属加工液，这些品种适用于切削、研磨、电火花加工、变薄拉深旋转、挤压、拔丝、锻造和轧制等 44 种不同加工工艺条件。

　　为了满足市场的需求，我们在化学工业出版社的组织下编写了这本书。书中收集了 200 余种金属加工液配方，详细介绍了产品的原料配比、制备方法、产品用途和产品特性，旨在为金属加工工业的发展尽点微薄之力。书中水都指去离子水。

　　本书可供金属加工的技术人员，金属加工液的开发研制、生产、销售服务技术人员特别是从事特种油品加工、研究人员阅读，也可供机床操作人员、工厂管理人员、工程师以及大专院校相关专业师生参考。

　　本书由李东光主编，参加编写的还有翟怀凤、李桂芝、吴宪民、吴慧芳、蒋永波、邢胜利、李嘉，由于我们水平有限，不妥之处在所难免，请读者在使用过程中发现问题后及时指正。主编 E-mail 地址为 ldguang@163.com。

编者
2017 年 1 月

目录
CONTENTS

1 切割液

2　研磨剂

3 研磨液

4　淬火剂

1 切割液

半导体材料的线切割液

原料配比

原料		配比（质量份）		
		1#	2#	3#
聚乙二醇	PEG 200	88	—	—
	PEG 600	—	84	—
	PEG 10000	—	—	90
去离子水		—	—	60
胺碱	羟乙基乙二胺	8	—	—
	三乙醇胺	—	10	40
渗透剂	聚氧乙烯仲烷基醇醚（JFC）	1.5	2	4
醚醇类活性剂	OP-7	1.5	—	—
	OP-10	—	2.5	—
	OP-20	—	—	3
螯合剂	FA/O	1	1.5	3

制备方法　将各组分原料混合均匀即可。

原料配伍　本品各组分质量份配比范围为：聚乙二醇 10～90，胺碱 8～40，渗透剂 1～5，醚醇类活性剂 0.5～5，螯合剂 0.5～5，去离子水

$0\sim60$。

所述的胺碱是多羟多胺类有机碱，如羟乙基乙二胺、三乙醇胺。

所述的渗透剂是聚氧乙烯仲烷基醇醚（JFC）。

所述的醚醇类活性剂是非离子活性剂，如 OP-7($C_{10}H_{21}$—C_6H_4—O—$CH_2CH_2O)_7$—H、OP-10($C_{10}H_{21}$—C_6H_4—O—$CH_2CH_2O)_{10}$—H、OP-20($C_{12\sim18}H_{25\sim37}$—O—$CH_2CH_2O)_{20}$—H 的一种。

所述的螯合剂是 FA/O。

聚乙二醇作为黏度适当的分散剂，可以吸附于固体颗粒表面，产生足够高的位垒和电垒，不仅阻碍颗粒互相接近、聚结，也能促使固体颗粒团开裂散开，可保证线切割液的悬浮性能。同时，在固体颗粒团受机械力作用出现微裂缝时，该分散剂能渗入微细裂缝中，定向排列于固体颗粒表面而形成化学能的劈裂作用，分散剂继续沿裂缝向深处扩展，有利于切割效率的提高。

胺碱是一种有机醇，使线切割液呈微碱性，可与硅发生化学反应，如式 $Si+2OH^-+H_2O \rightarrow SiO_3^{2-}+2H_2 \uparrow$，胺碱产生的氢氧根离子与硅反应，均匀地作用于硅片的被加工表面，可使硅片剩余损伤层小，减小了后工序加工量，有利于降低生产成本。碱性线切割液对金属有钝化作用，避免线切割液腐蚀设备和线锯，减少断线率。

渗透剂兼有润滑剂作用，渗透力≤50s，有良好的起泡力和消泡力，能极大地降低线切割液的表面张力，使本线切割液具有良好的渗透性，很容易渗透到线锯与硅棒之间，具有减小浆料、切屑与切削表面之间的摩擦的作用，有效地降低机械损伤，提高晶棒的利用率。良好的渗透性促使线切割液及时均匀地作用于线锯与硅棒之间，保证其化学作用的连贯性及一致性，并可充分发挥线切割液的冷却作用，防止硅片表面热应力的积累。同时也可以防止线锯的金属离子在升温的情况下向硅片表面扩散，降低金属离子对硅片的污染。

醚醇类活性剂是非离子活性剂，可增强线切割液的润滑作用，能够将切屑和切粒粉末托起，使活性剂分子取代其可吸附于硅片表面，并能阻止切屑和切粒粉末再沉积，有利于硅片的清洗。

去离子水用于溶解分子量在 $400\sim500$ 以上呈固态的聚乙二醇。

螯合剂 FA/O 是河北工业大学研制并生产的具有优良的去除金属离子的性能的螯合剂，尤其是可以去除线锯产生的铁离子。

产品应用 本品主要用作半导体材料的线切割液。

（1）将现有中性或酸性线切割液改进为可与硅发生化学作用的碱性线切割液，使切片中单一的机械作用转变为均匀稳定的化学机械作用，从而有效地解决了切片工艺中的应力问题并降低损伤。同时碱性线切割液能避免设备的酸腐蚀和降低线锯断线率。

（2）有效地解决了切屑和切粒粉末再沉积的问题，避免了硅片表面的化学键合吸附现象的发生，从而便于对硅片的清洗和后续加工。

（3）渗透、润滑和冷却作用显著，所得切片的表面损伤、机械应力、热应力及金属离子对硅片的污染明显降低。

（4）成本较低，有利于取代进口线切割液。

半导体精密薄片金刚石砂线切割液

原料配比

原料		配比（质量份）							
		1#	2#	3#	4#	5#	6#	7#	8#
多元醇	丙二醇	20	30	20	25	30	30	22.5	40
	聚乙二醇	40	36	35	50	40	48	45	40
氢气抑制剂	十八碳烯酸	0.5	—	—	0.1	—	—	—	—
	十三醇	—	—	—	0.1	—	—	0.2	0.01
	甘油	—	0.2	—	—	—	—	—	—
	异壬酸	—	—	0.1	—	—	0.3	—	—
	邻苯二甲酸	—	0.2	—	0.1	—	—	—	—
	醇醚羧酸	—	—	0.1	—	0.4	—	0.2	—
	聚醚	—	—	0.1	—	—	—	—	—
酸剂	水杨酸	0.4	—	—	0.2	—	—	0.2	—
	氨基磺酸	—	0.2	—	—	0.5	—	—	0.1
	乙二酸	—	—	0.1	—	—	—	—	—
	柠檬酸	—	—	0.4	—	—	0.01	0.2	—

原料		配比（质量份）							
		1#	2#	3#	4#	5#	6#	7#	8#
酸剂	山梨酸	0.1	—	—	—	—	—	—	0.3
	苯甲酸	—	0.2	—	0.2	—	—	—	—
表面活性剂	烷基醇酰胺	0.1	—	—	—	0.3	—	0.15	0.3
	脂肪醇聚氧乙烯醚	—	0.5	—	0.4	0.3	0.1	—	0.3
	烷基酚聚氧乙烯醚	—	—	1	0.4	0.4	0.1	0.15	0.3
分散剂	乙二醇单丁醚	10	—	—	2	—	—	1.5	—
	乙二醇单甲醚	—	5	—	2	2	—	—	1.4
	乙二醇单乙醚	—	—	8.0	2	1	—	—	0.79
	二乙二醇丁醚	—	—	—	—	—	1	—	1
	异丙醇	—	—	—	—	—	—	1	1
	乙醚	—	—	—	—	—	—	—	1
	乙二醇	—	—	—	—	—	—	1	2
	乙醇	—	—	—	—	1	—	—	1
防腐剂	三嗪	—	0.25	—	—	—	—	—	—
	山梨酸钾	—	0.25	—	0.1	—	—	—	—
	吡啶硫酮钠	—	—	—	0.1	—	0.01	—	—
	羟苯丙酯	—	—	—	—	0.1	—	0.05	0.5
	羟苯甲酯	0.3	—	0.2	—	—	—	—	—
去离子水		28.6	27.2	35	17.3	23	20.48	27.85	10

【制备方法】

（1）将丙二醇与聚乙二醇以 1∶(1~2)的比例放入容器内进行混合。

（2）将去离子水加入容器中，充分搅拌溶解，丙二醇和聚乙二醇的混合物溶解后制得基础溶液。

（3）将氢气抑制剂、表面活性剂、分散剂和防腐剂加入基础溶液内，充分搅拌溶解，再加入酸剂将混合溶液的 pH 值控制在 5.5~6.5，在各组分全部溶解后静置 30min，即得半导体精密薄片金刚石砂线切割液。

原料配伍 本品各组分质量份配比范围为：多元醇 55～80，氢气抑制剂 0.01～0.5，酸剂 0.01～0.5，表面活性剂 0.1～1.0，分散剂 1.0～10.0，防腐剂 0.01～0.5，去离子水 10～35。

所述的多元醇为丙二醇与聚乙二醇以 1∶1～2 的比例混合的混合物，且聚乙二醇的分子量在 100～600 之间。丙二醇与聚乙二醇混合使用比单独使用聚乙二醇的润滑性更好。

所述氢气抑制剂为十八碳烯酸、十三醇、甘油、异壬酸、邻苯二甲酸、醇醚羧酸或聚醚的其中一种或任意两种以上的混合物。其混合物如十八碳烯酸与十三醇的混合物，或十八碳烯酸以及邻苯二甲酸和异壬酸的混合物，或异壬酸、甘油、邻苯二甲酸、醇醚羧酸以及聚醚的混合物，混合时比例不限。通过氢气抑制剂来抑制和消除在切割硅片过程中因切屑硅粉粒度太细、瞬间高温而产生的氢气，从而消除安全隐患。

所述的酸剂为水杨酸、氨基磺酸、乙二酸、柠檬酸、山梨酸、苯甲酸中的一种或任意两种以上的混合物。通过酸剂的加入，使切割液具有更好的黏度稳定性，从而保持切割工艺稳定。

所述的表面活性剂为烷基醇酰胺、脂肪醇聚氧乙烯醚或烷基酚聚氧乙烯醚的其中一种或任意两种以上的混合物。混合物如烷基醇酰胺和脂肪醇聚氧乙烯醚的混合物，或脂肪醇聚氧乙烯醚和烷基酚聚氧乙烯醚的混合物，混合时比例不限，烷基酚聚氧乙烯醚可采用 APE 或 OP。通过使用表面活性剂使切割液具有较好的渗透、清洗、钙皂分散等性能。

所述的分散剂为乙二醇单丁醚、乙二醇单甲醚、乙二醇单乙醚、二乙二醇丁醚、异丙醇、乙醚、乙二醇或乙醇的其中一种或任意两种以上的混合物。如混合物为乙二醇单丁醚、乙二醇单甲醚的混合物，或异丙醇、乙醚以及乙二醇和乙醇的混合物，混合时比例不限。通过使用分散剂使切割液具有较好的渗透、清洗、钙皂分散等性能。

所述的防腐剂为三嗪、山梨酸钾、吡啶硫酮钠、羟苯丙酯或羟苯甲酯的其中一种或任意两种以上的混合物。如混合物为三嗪、山梨酸钾的混合物，或羟苯丙酯和羟苯甲酯的混合物，混合时比例不限。通过使用防腐剂使切割液对切屑硅粉有良好的分散性，也使硅粉更容易被回收利用。

质量指标

检测项目	1#	2#	3#	4#	5#	6#	7#	8#
黏度/10^{-3}Pa·s	10.5	10.8	10.1	11.6	11.3	11.5	10.8	12.6
pH 值	5.6	5.7	6.0	5.6	5.9	58	6.0	5.6
润滑性(P_B)/N	260	280	270	290	300	300	280	310

产品应用 本品主要用作半导体精密薄片金刚石砂线切割液。

产品特性 本产品采用多元醇使切割液具有更好的润滑性，使切出来的硅片划痕更小，可保证硅片表面在金刚石砂线的摩擦下不产生云朵式的切痕，不容易断线，满足金刚石砂线的高切割速度和高摩擦力。酸剂的加入可保证切割液在使用过程中保持黏度稳定，使切割液性能稳定，从而保持切割工艺稳定。氢气抑制剂能迅速吸附在硅粉的表面，保证了在切割硅片过程中，细小的硅粉不会在切削瞬间因高温而产生氢气，避免发氢气对安全造成的隐患。表面活性剂使得切割液具有较好的渗透、清洗、钙皂分散等性能，并通过分散剂使得切割液对切屑硅粉有良好的分散性，也使硅粉更容易回收利用，具有优良的用离心分离而进行的磨粒和切割液的再生利用性能。防腐剂的加入保证了切割液的长时间的稳定使用。本产品的润滑、防锈性以及冷却性作用明显，易于清洗，成本低，性能稳定，对人体温和，且对环境友好。

半导体切割液

原料配比

原料	配比（质量份）		
	1#	2#	3#
分子量 200~10000 聚乙二醇	35	90	62.5
pH 值调节剂	25	10	17.5
渗透剂聚氧乙烯仲烷基醇醚（JFC）	8	2	5
螯合剂 FA/O	2	8	6
去离子水	加至 100	加至 100	加至 100

制备方法 将各组分原料混合均匀即可。

原料配伍 本品各组分质量份配比范围为：分子量 200～10000 聚乙二醇 35～90，pH 值调节剂 10～25，渗透剂 2～8，螯合剂 2～8，去离子水加至 100。

所述渗透剂是聚氧乙烯仲烷基醇醚（JFC）。

所述螯合剂是 FA/O。

产品应用 本品主要用作半导体切割液。

产品特性 本产品能有效降低表面张力、减少摩擦力，切割片薄，成品率明显优于其他切割润滑产品。

低黏度研磨切割液

原料配比

原料		配比（质量份）									
		1#	2#	3#	4#	5#	6#	7#	8#	9#	10#
分子量为60～200的多元醇	丙三醇	285	290	—	—	—	—	360	—	—	420
	1，2-丙二醇	350	—	690	—	—	—	390	270	—	—
	1，3-丙二醇	—	347	—	—	—	—	—	—	—	—
	一缩二丙二醇	—	—	—	350	—	—	—	—	550	—
	二甘醇	—	—	—	275	265	800	—	230	—	—
	三甘醇	—	—	—	—	390	—	—	—	—	290
去离子水		343	330	295	358	325	180	242	460	400	240
增稠剂	羟乙基纤维素	7	—	—	—	—	—	—	—	—	25
	卡博特气相二氧化硅 CAB—O—SIL M-5	—	18	—	—	—	—	—	—	—	—
	德固赛气相二氧化硅 AEROSIL 200	—	—	—	—	—	15	—	—	—	—
	SMP 铝镁硅酸盐无机凝胶	—	—	—	—	—	—	—	—	30	—

原料		配比（质量份）									
		1#	2#	3#	4#	5#	6#	7#	8#	9#	10#
增稠剂	膨润土 YH-D	—	—	7	—	—	—	—	—	—	—
	甲基纤维素	—	—	—	8	9	—	5	—	20	—
润滑剂	三乙醇胺硼酸酯	15	—	—	9	—	—	—	10	30	—
	三异丙醇胺环硼酸酯	—	15	8	—	11	5	3	—	—	25

(制备方法) 按照上述原料的质量份配比，在 30～60℃条件下，将分子量为 60～200 的多元醇、去离子水混合均匀，然后加入增稠剂，用高速分散机细化分散，再加入润滑剂，搅拌均匀，制备成低黏度研磨切割液。

(原料配伍) 本品各组分质量份配比范围为：分子量为 60～200 的多元醇 500～800，去离子水 180～460，增稠剂 5～30，润滑剂 3～30。

所述的分子量为 60～200 的多元醇选自丙三醇、1,2-丙二醇、1,3-丙二醇、一缩二丙二醇、二甘醇、三甘醇中的任意一种或两种以上的混合物。

所述的增稠剂为甲基纤维素、羟乙基纤维素、膨润土、表面改性的气相 SiO_2 中的任意一种。

所述的表面改性的气相 SiO_2 为卡博特气相二氧化硅 CAB－O－SIL 或德固赛气相二氧化硅 AEROSIL，所述的膨润土为含 75%蒙脱石的铝镁硅酸盐无机凝胶。

所述的润滑剂为三乙醇胺硼酸酯或三异丙醇胺环硼酸酯。

(质量指标)

切割液种类	研磨切割砂浆黏度（25℃）/mPa·s	切割加工精度（平行度≤0.005mm 的基片占总体比例）/%	洗涤性
市售研磨切割油	130	91.4%	水洗涤效果差
1#	117	91.2%	水洗涤效果良
2#	97	90.7%	水洗涤效果良

切割液种类	研磨切割砂浆黏度（25℃）/mPa·s	切割加工精度（平行度≤0.005mm 的基片占总体比例）/%	洗涤性
3#	93	90.8%	水洗涤效果良
4#	102	92.0%	水洗涤效果良
5#	125	91.5%	水洗涤效果良

产品应用　本品主要用作研磨切割液。可应用在小型多线切割机上对无机非金属材料进行多线切割，如石英晶片、光学基片、陶瓷基片等的精密切割。使用方法为：将低黏度研磨切割液与 1000#碳化硅磨料按质量比 1：(0.5～1.2)混合均匀，调制成研磨切割砂浆。

产品特性　本产品中的低分子量多元醇价格低廉，可以润湿渗透磨料，并提高磨料的再分散效果；去离子水可有效提高切割液的冷却效果，并能降低切割液成本；增稠剂具有亲水性，容易清洗，增稠剂分散均匀后，使切割液具有增稠流变特性，有助于砂浆中磨料的悬浮稳定，所得到的低黏度研磨切割液为可生物降解产品，易清洗，长期使用对操作人员无害，克服了油基切割液难清洗、废液难处理的缺陷。本产品与碳化硅磨料调制成的研磨切割砂浆黏度低、流动性好，研磨切割砂浆供给正常，避免了因局部温度过高引起精密切割机停机的问题，同时解决了多线切割机使用低黏度切割液时，磨料颗粒沉降快的难题，更有效实现了磨料在切割液中的悬浮稳定。

电火花线切割工作液（1）

原料配比

原料		配比（质量份）	
		1#	2#
多功能添加剂	油酸	27	27
	三乙醇	13	13
	硼酸	6	6
	聚乙二醇 400	54	54

原料	配比（质量份）	
	1#	2#
20 号机油	58	48
油酸	6	8
三乙醇胺	1.5	2.5
氢氧化钠	0.5	1.5
复合乳化剂	16	18
多功能添加剂	8	10
水	10	12

制备方法

（1）制备多功能添加剂：将油酸与三乙醇胺在 60℃、60r/min 条件下混合搅拌反应 40min；加入硼酸混合反应 2h；加入聚乙二醇 400 混合反应 1h 得到反应产物并进行干燥处理。

（2）加热搅拌混合原料配制工作液包括如下步骤：将 20 号机油、油酸、三乙醇胺和氢氧化钠在 70℃、40r/min 条件下保温反应 30min；加入复合乳化剂、多功能添加剂和水，搅拌反应至液体透明。

原料配伍　本品各组分质量份配比范围为：20 号机油 48～58，复合乳化剂 16～18，多功能添加剂 8～10，油酸 6～8，三乙醇胺 1.5～2.5，氢氧化钠 0.5～1.5，水 10～12。

所述的复合乳化剂由非离子表面活性剂失水由梨醇脂肪酸酯与阴离子表面活性剂雷米邦 A 按质量比 3：2 复配而成。

所述的多功能添加剂可选用如下原料进行合成：三乙醇胺、油酸、硼酸、聚乙二醇 400。

所述的多功能添加剂选用的原料质量百分含量分别为：三乙醇胺 13%、油酸 27%、硼酸 6%、聚乙二醇 400 54%。

产品应用　本品主要用作新型电火花线切割工作液。

产品特性

（1）本产品在制备过程中首先以三乙醇胺、油酸、硼酸和聚乙二醇 400 为原料合成了一种具有较好水解稳定性、防锈性、润滑性和表面活性的多功能添加剂；然后采用一步法将多功能添加剂、20 号机油、复合乳化剂、油酸、三乙醇胺、氢氧化钠和水混合配制成稳定透明的线切割工作液。其中，复合乳化剂由非离子表面活性剂失水山梨醇脂肪酸酯与阴离子表面活性剂雷米邦 A 按质量比 3∶2 复配而成，该复合乳化剂具有较好的清洗性能、防锈性能、润滑性能和消泡性能。油酸、三乙醇胺和氢氧化钠在混合体系中可生成油酸三乙醇酰胺和油酸钠，这类油酸皂类乳化防锈剂不仅极大提高了工作液的防锈性能，而且摒弃了另外配备反应器单独合成的方式，大大降低了成本。

（2）本产品采用一步法制备，简单易行、成本低廉，制得的工作液具有良好的防锈性、消泡性、清洗性、润滑性，且电导率适中，无毒无异味，具有较高的应用价值。

电火花线切割工作液（2）

（原料配比）

原料	配比（质量份）	
	1#	2#
基础油：10 号机油	44	45
乳化剂：石油磺酸钡和聚氧化乙烯（7∶1）	7	7.5
防锈剂：三乙醇胺和油酸（1∶4）	6	6.5
调配剂：浓度为 95% 的乙醇溶液	5	4.5
洗涤剂：柠檬酸钠	0.8	0.6
水质软化剂：含水磷酸三钠	5.5	6
纯净水	加至 100	加至 100

（制备方法）

（1）选材备料。基础油选用 10 号机油；乳化剂选用石油磺酸钡和聚氧化乙烯，两者的使用比例约为 7∶1；防锈剂选用三乙醇胺和油酸，两者的使用比例约为 1∶4；调配剂选用浓度为 95% 的乙醇溶液；洗涤剂选用柠檬酸钠；水质软化剂选用含水磷酸三钠。

（2）混合制备。将基础油和乳化剂添加至搅拌桶，缓慢加热并搅拌充分，升温速度控制在 10℃/min，最高温度控制在 110℃ 以下；然后，在混合料随炉冷却过程中，当其温度为85℃左右时添加防锈剂并充分搅拌；最后，当混合料温度为55℃左右时添加洗涤剂、水质软化剂和纯净水，继续搅拌直至完全融合；洗涤剂和水质软化剂应加纯净水进行充分溶解后，方可加入热态的混合料。

（3）调配处理。将调配剂添加至步骤（2）制取的混合料中，均匀搅拌，整个过程在常温下进行，目的是使混合料变得透明，乳化效果更加充分。

（4）成品后处理。后处理工艺包括过滤除渣、pH 值的检测和调节、除臭处理、品质检验、桶装及成品存储等；工作液的 pH 值应调至 8～8.5。

原料配伍　本品各组分质量份配比范围为：基础油 40～50，乳化剂 6～10，防锈剂 5～10，调配剂 3～8，洗涤剂 0.6～1，水质软化剂 4～8，纯净水加至 100。

所述的基础油可选用 10 号或 20 号机油。

所述的乳化剂选用石油磺酸钡和聚氧化乙烯。

所述的防锈剂选用三乙醇溶液胺和油酸。

所述的调配剂选用乙醇溶液。

所述的洗涤剂选用柠檬酸钠。

所述的水质软化剂选用含水磷酸三钠。

产品应用　本品主要用作电火花线切割工作液。

产品特性　本产品成分配制合理，制备成本适中，具有良好的洗涤、冷却、防锈和机械加工性能，在水质硬度较高的地区亦可正常使用。

电火花线切割水基工作液

原料配比

原料	配比（质量份）		
	1#	2#	3#
三乙醇胺	21.0	21.0	23.0
硼酸	2.1	2.1	2.3
油酸	9.0	9.0	9.3

续表

原料	配比（质量份）		
	1#	2#	3#
聚乙二醇 PEG 600	15.0	14.0	13.0
石油磺酸钠	2.2	2.0	2.2
石油磺酸钡	2.4	2.5	2.4
十二烷基磺酸钠	1.3	1.4	1.5
壬基酚聚氧乙烯醚 OP-10	1.3	1.5	1.5
脂肪醇聚氧乙烯醚 MOA-15	1.3	1.4	1.6
斯盘 S-80	1.3	1.6	1.6
净洗剂 6501	2.2	3.0	2.5
脂肪醇聚氧乙烯醚硫酸钠 AES	0.9	1.2	1.0
水解聚马来酸酐 HPMA	0.7	0.8	0
羟基亚乙基二膦酸 HEDP	0.4	0.5	0
甘油	1.0	1.2	1.3
乙醇	11.5	13.0	11.0
苯甲酸钠	0.6	0.5	0.5
水	加至 100	加至 100	加至 100

制备方法

（1）将按配比量取的二乙醇胺加入反应锅中并加热至 80℃±3℃。

（2）加入量取的粉状硼酸，搅拌 8～12min 待其溶解。

（3）升温至 120℃±3℃，在此温度条件下反应 100～140min。

（4）降温至 80℃±3℃，加入量取的油酸反应 50～70min。

（5）降温至 60℃±3℃。

（6）将预先用苯甲酸钠溶解的石油磺酸钡与量取的石油磺酸钠、十二烷基磺酸钠、壬基酚聚氧乙燃醚 OP-10、斯盘 S-80、脂肪醇聚氧乙烯醚 MOA-15、脂肪醇聚氧乙烯醚硫酸钠 AES 混合，并用加热至 60℃±3℃的余量水混合，搅拌 8～12min。

（7）将步骤（6）的混合体及量取的聚乙二醇 PEG 600、净洗剂 6501、甘油、乙醇、水解聚马来酸酐 HPMA、羟基亚乙基二膦酸 HEDP

一并投入到步骤（5）所得溶液中，搅拌 25～35min 即得成品。

原料配伍 本品各组分质量份配比范围为：三乙醇胺 20～25，硼酸 2～5，油酸 8～12，聚乙二醇 PEG 600 10～15，石油磺酸钠 2～5，石油磺酸钡 2～5，十二烷基磺酸钠 1～4，壬基酚聚氧乙烯醚 OP-10 1～4，脂肪醇聚氧乙烯醚 MOA-15 1～4，斯盘 S-80 1～4，净洗剂 6501 2～5，脂肪醇聚氧乙烯醚硫酸钠 AES 0.5～1.5，水解聚马来酸酐 HPMA 0～1.0，羟基亚乙基二膦酸 HEDP 0～1.0，甘油 0.5～1.5，乙醇 10～15，苯甲酸钠 0.2～0.8，水加至 100。

产品应用 本品主要用作电火花线切割水基工作液。也可以用于车削、磨削、铣削和锯削加工冷却。

产品特性

（1）本产品所有组分易购且价格低廉，制造成本低。

（2）本产品组分中不含矿物油或植物油，无毒、无刺激性气味，易生物降解，排放的污水 BOD、COD 等指标均符合国家环保排放标准。

（3）本产品中水解聚马来酸酐 HPMA 和羟基亚乙基二膦酸 HEDP 属于抗硬水分散剂，在硬水地区使用可避免工件加工表面发黑。

多功能水性环保可循环利用晶硅精密切割液

原料配比

原料		配比（质量份）								
		1#	2#	3#	4#	5#	6#	7#	8#	9#
聚醚链烷醇胺梳状聚合物 A	梳状聚合物（R=2，x=3，y=19）	0.3	0.5	1.0	—	—	—	—	—	—
	梳状聚合物（R=2，x=3，y=41）	—	—	—	0.5	—	—	—	—	—
	梳状聚合物（R=3，x=29，y=5）	—	—	—	—	0.5	0.5	—	—	—
	梳状聚合物（R=3，x=10，y=32）	—	—	—	—	—	—	0.5	0.5	0.5

原料		配比（质量份）								
		1#	2#	3#	4#	5#	6#	7#	8#	9#
环氧乙烷和环氧丙烷反向共聚聚醚 B	反向共聚聚醚（$x+z$=10%，y=90%）	—	0.3	—	—	—	—	—	—	—
	反向共聚聚醚（$x+z$=20%，y=80%）	0.5	—	—	—	—	0.5	0.5	0.5	0.5
	反向共聚聚醚（$x+z$=40%，y=60%）	—	—	0.5	—	—	—	—	—	—
	反向共聚聚醚（$x+z$=20%，y=80%）	—	—	—	0.5	—	—	—	—	—
	反向共聚聚醚（$x+z$=90%，y=10%）	—	—	—	—	0.7	—	—	—	—
脂肪族环氧乙烷和环氧丙烷衍生物低泡表面活性剂 C	低泡表面活性剂（R=18，R'=1，x=12）	0.1	0.1	0.1	—	—	—	—	—	—
	低泡表面活性剂（R=12，R'=1，x=12）	—	—	—	0.2	0.2	0.2	—	—	—
	低泡表面活性剂（R=13，R'=2，x=15）	—	—	—	—	—	—	0.1	0.1	0.1
脂肪酸盐 D	邻苯二甲酸乙基甲胺盐	0.5	0.5	0.5	—	—	—	—	—	—
	柠檬酸钠盐	—	—	—	0.5	0.5	0.7	—	—	—
	苹果酸甲基尔乙醇胺盐	—	—	—	—	—	—	0.5	0.5	0.7
多元醇及其加成物 E	乙二醇	—	—	30	30	—	—	—	30	—
	二乙二醇	90	90	40	40	—	—	90	40	—
	丙二醇	—	—	20	20	80	80	—	20	80
水溶性低泡磷酸酯及其衍生物 F	C_{10}~C_{12}磷酸酯环氧乙烷（5）衍生物	—	—	—	—	—	—	0.1	—	—
	C_{16}~C_{18}磷酸酯环氧乙烷（3）衍生物	—	—	—	—	—	—	—	0.2	—
	C_{10}~C_{12}磷酸酯环氧丙烷（2）环氧乙烷（5）衍生物	—	—	—	—	—	—	—	—	0.2
水		加至100	加至100	加至100	加至100	加至100	加至100	加至100	加至100	加至100

[制备方法] 将各组分原料混合均匀即可。

[原料配伍] 本品各组分质量份配比范围为：聚醚链烷醇胺梳状聚合物 A 0.1～5，环氧乙烷和环氧丙烷反向共聚聚醚 B 0.1～3，脂肪族环氧乙烷和环氧丙烷衍生物低泡表面活性剂 C 0.1～2，脂肪酸盐 D 0.1～7，多元醇及其加成物 E 50～95，水加至 100。

式（Ⅰ）所示结构的聚醚链烷醇胺梳状聚合物 A、式（Ⅱ）所示结构的环氧乙烷和环氧丙烷反向共聚聚醚 B 和式（Ⅲ）所示结构的脂肪族环氧乙烷和环氧丙烷衍生物低泡表面活性剂 C 为必需成分。

式（Ⅰ）：

其中，R 为碳数为 1～4 的烷基，x 为 3～30 中的任一实数，y 为 1～60 中的任一实数。

式（Ⅱ）：

$$H(OCHCH_2)_xO(CH_2CH_2O)_y(CH_2CHO)_zH$$

其中，$x+z$ 满足环氧丙烷的分子量占总分子量的百分比为 10%～90%，y 满足环氧乙烷的分子量占总分子量的百分比为 10%～90%。

式（Ⅲ）：

$$R-O-[R'-CH_2O]_x-H$$

其中，R 为碳数为 6～8 的烷基，R′为碳数为 1～3 的烷基，x 为 3～20 中的任一实数。

——还包含以基于所述切割液质量的质量百分比计的水溶性低泡磷酸

酯及其衍生物 F 0.1～2。

所述聚醚链烷醇胺梳状聚合物 A 为不同环氧乙烷和环氧丙烷嵌段共聚的聚醚链烷醇胺梳状聚合物，可提供优异的分散性能；上述环氧乙烷和环氧丙烷反向共聚聚醚 B 可提供低泡且良好的润滑性能；上述脂肪族环氧乙烷和环氧丙烷衍生物低泡表面活性剂 C 可提供低泡且优良的润湿性能。

所述脂肪酸盐 D 为脂肪酸胺盐、脂肪酸无机碱盐、脂肪族烷醇胺盐中的一种或几种组合。

所述脂肪酸胺盐包括丁二酸异丙胺盐、邻苯二甲酸乙基甲胺盐、间苯二甲酸二乙胺盐、对苯二甲酸乙胺盐、丁二酸三甲基二胺盐、柠檬酸丙二胺盐；所述脂肪酸无机碱盐包括间苯二甲酸钠盐、间苯二甲酸钾盐、丁二酸钠盐、对苯二甲酸钠盐、柠檬酸钠盐、柠檬酸钾盐、苹果酸钠盐；所述脂肪族烷醇胺盐包括对苯二甲酸单乙醇胺盐、对苯二甲酸二乙醇胺盐、对苯二甲酸三乙醇胺盐、间苯二甲酸单乙醇胺盐、间苯二甲酸异丙醇胺盐、间苯二甲酸甲基二乙醇胺盐、丁二酸二甘醇胺盐、对苯二甲酸二甘醇胺盐、柠檬酸三乙醇胺盐、柠檬酸二甘醇胺盐、苹果酸二甲基乙醇胺盐、苹果酸甲基二乙醇胺盐。

所述多元醇及其加成物 E 为乙二醇、二乙二醇、三乙二醇、丙二醇、丙三醇中的一种或几种的混合。

所述水溶性低泡磷酸酯及其衍生物 F 为碳数为 10～12、环氧乙烷摩尔数为 5 的磷酸酯环氧乙烷衍生物、碳数为 16～18、环氧乙烷摩尔数为 3 的磷酸酯环氧乙烷衍生物、碳数为 16～18、环氧乙烷摩尔数为 5 的磷酸酯环氧乙烷衍生物、碳数为 16～18、环氧丙烷摩尔数为 3.5、环氧乙烷摩尔数为 9 的磷酸酯环氧丙烷环氧乙烷衍生物或碳数为 10～12、环氧丙烷摩尔数为 2、环氧乙烷摩尔数为 5 的磷酸酯环氧丙烷环氧乙烷衍生物。

〔质量指标〕

性能测定	指标								
	1#	2#	3#	4#	5#	6#	7#	8#	9#
极压润滑性能/mm^2（Rechiert Test）	0.816	0.987	0.787	0.765	0.753	0.793	0.634	0.615	0.623
分散性能/mm	2.0	1.8	1.5	2.5	2.0	2.0	2.0	1.8	2.0

性能测定	指标								
	1#	2#	3#	4#	5#	6#	7#	8#	9#
润湿性能 （表面张力）	37.4	37.8	38.3	36.5	36.7	37.1	37.9	38.7	38.4
泡沫趋势	A	B	A	B	A	A	A	A	A
与硅粉反应性	A	A	A	A	A	A	A	A	A

性能测定	指标							
	10#	11#	12#	13#	14#	15#	16#	17#
极压润滑性能/mm^2 （Rechiert Test）	0.776	0.657	0.723	0.613	0.756	0.732	0.610	0.615
分散性能/mm	2.5	1.3	2.0	1.2	1.8	1.8	1.5	2.0
润湿性能 （表面张力）	37.6	37.1	36.3	37.2	37.8	37.5	37.1	37.3
泡沫趋势	A	C	B	B	A	A	A	A
与硅粉反应性	A	A	A	A	C	A	A	B

泡沫趋势测定：

A——基本无泡产生。

B——有 0.2～1cm 高度泡沫，静置后泡沫在 1min 内消尽。

C——有 1～2cm 高度泡沫，静置后泡沫在 1～3min 内消尽。

D——有 2～4cm 高度泡沫，静置后泡沫在 3～5min 内消尽。

E——有超过 4cm 高度泡沫，静置后泡沫在 5min 内仍未消尽。

与硅粉反应性测定：

A——收集气体量小于 15mL。

B——收集气体量在 15～25mL 之间。

C——收集气体量在 25～35mL 之间。

D——收集气体量大于 35mL。

产品应用　本品主要用作多功能水性环保可循环利用晶硅精密切割液。

产品特性

（1）本产品具有优异的润滑性能、分散能力及恰当的润湿能力，所选组分可循环利用，从而提高使用效率。

（2）本产品具有低泡趋势，使用过程中对水与硅的反应抑制性较强，安全性优异。

（3）本产品具有多功能性，可应用于多种不同材质的加工工艺中，其中包含半导体单晶硅、多晶硅、蓝宝石、陶瓷、硬脆性材料等开方、切片加工工艺，也适用于游离研磨粒及固定研磨粒金刚线的加工方式。

多功能无毒水基防锈切割液

原料配比

原料	配比（质量份）	
	1#	2#
水溶性有机防锈剂（癸二酸和二乙醇胺混合剂）	20	—
水溶性有机防锈剂（T485 和三乙醇胺混合剂）	—	25
油酸二乙醇酰胺硼酸酯	15	20
硼砂	3	1
苯甲酸盐	1	1
EDTA 二钠	1	3
苯并三氮唑	1	1
JF-1124 消泡剂	0.1	0.2
水	加至 100	加至 100

制备方法

（1）制备水溶性有机防锈剂：将有机羧酸和乙醇胺按照 1∶(1~3)的比例混合均匀，升温至 60~80℃，恒温搅拌 90~120min，待该反应液澄清且为无分层的均一混合液，冷却至室温，出料即为水溶性有机防锈剂。

（2）将 EDTA 二钠、硼砂、苯甲酸盐、苯并二氮唑按照顺序依次溶解在水中。

（3）将有机防锈剂、硼酸酯水基润滑剂依次加入步骤（2）制得溶液中，搅拌均匀。

（4）待上述溶液变成澄清透明时，加入消泡剂，继续搅拌 1h，即得产品。

[原料配伍] 本品各组分质量份配比范围为：水溶性有机防锈剂 20～25，硼酸酯水基润滑剂 15～20，硼砂 1～3，苯甲酸钠 0.5～2，EDTA 二钠 1～3，苯并三氮唑 1～3，消泡剂 0.1～1，水加至 100。

所用的有机羧酸为油酸和/或癸酸和/或癸二酸和/或有机杂环多元羧酸 T485；所用的乙醇胺为一乙醇胺和/或二乙醇胺和/或三乙醇胺。

所述的硼酸酯水基润滑剂为油酸二乙醇酰胺硼酸酯。

所述的消泡剂为水溶性有机硅消泡剂，如 JF－1124 消泡剂。

[产品应用] 本品主要用于车、磨、钻等各种金属切削加工。

使用时，将上述的产品液稀释成 3%～10%的水溶液即可。

[产品特性]

（1）本产品提供的配方中未用到亚硝酸钠等有毒物质，所含添加剂均为可生物降解的添加剂，是一种对环境无毒、无污染的金属切削液，属绿色环保产品。

（2）本产品没有添加机械油类的物质，生物稳定性好，使用周期长。

（3）本产品中使用的有机防锈剂具备优异的缓蚀和防锈润滑性能，可以满足工序间中短期防锈要求。本产品不仅适用于铸铁等黑色金属的加工，而且适用于铝合金等有色金属材质的加工。

多晶硅或单晶硅切割液

[原料配比]

原料		配比（质量份）					
		1#	2#	3#	4#	5#	6#
钼酸盐添加剂	钼酸钠	1	1	1	1	1	1
	油酸二乙醇酰胺硼酸酯	5	10	5	8	15	20
聚乙二醇	PEG 200	900	700	—	—	—	—
	PEG 600	—	—	85	—	—	—
	PEG 1000	—	—	—	300	—	—
	PEG 100	—	—	—	—	500	500

原料		配比（质量份）					
		1#	2#	3#	4#	5#	6#
非离子表面活性剂	烷基糖苷（APG）	20	30	35	—	—	—
	辛基苯基聚氧乙烯（10）醚（OP-10）	—	—	—	5	—	—
	脂肪醇聚氧乙烯醚（JFC）	—	—	—	—	50	50
螯合剂	乙二胺四乙酸二钠	50	55	65	—	—	—
	乙二胺四乙酸四钠	—	—	—	10	—	—
	柠檬酸钠	—	—	—	—	100	—
	葡萄酸钠	—	—	—	—	—	100
有机醇	异丙醇	20	25	40	—	—	—
	乙二醇	—	—	—	5	—	50
	辛醇	—	—	—	—	50	—
钼酸盐添加剂		10	40	10	10	50	50
去离子水			150		670	250	250

制备方法 将所述组分按配比简单混合后即得。较佳地为在搅拌下，将有机醇、非离子表面活性剂和钼酸盐添加剂加入聚乙二醇 100～1000 中，待溶液澄清后加入螯合剂并搅拌均匀。对于常温下为固态或黏流态的聚乙二醇，需要将其熔融后，在熔融状态下加入其他组分，或用去离子水溶解后在溶液状态下加入其他组分。

原料配伍 本品各组分质量份配比范围为：聚乙二醇 300～900，非离子表面活性剂 5～50，螯合剂 10～100，有机醇 5～50，钼酸盐添加剂 10～50，去离子水 0～670。

所述的聚乙二醇 100～1000 指数均分子量 100～1000 的聚乙二醇。

所述的钼酸盐添加剂是本产品特别优选的一种添加剂，可以降低切割液与硅片的摩擦系数，具有优良的减摩抗磨性能。添加到切割液中能在金属表面形成钝化膜，起到良好的防锈性能。同时可以抑制切割液本身菌藻类滋生繁衍，起到一定的抗菌和抑菌效果，延长多晶硅或单品硅切割液的保存时间。所述的钼酸盐添加剂可以混合物的形式添加到所述的切割液中，也可分别将钼酸钠和油酸二乙醇酰胺硼酸酯按照钼酸盐添加剂中所述的配比分别添加到所述的切割液中。所述的钼酸盐添加剂的含量较佳地为切割液质量的 1%～4%。

所述的聚乙二醇 100～1000 作为分散剂，具有适当的黏度，并可以吸附于固体颗粒表面而产生足够高的位垒和电垒，不仅防止切割颗粒在新表面的吸附，也能促使固体颗粒团开裂散开，从而保证切割液的悬浮性能。同时也可以在晶块受刀具机械力作用出现裂纹时，渗入到微细裂缝中，定向排列于微细裂纹表面而形成化学能的劈裂作用，该分散剂还能继续沿裂缝向深处扩展，从而有利于切割效率的提高。所述的聚乙二醇 100～1000 的含量较佳地为切割液质量的 70%～90%。所述的聚乙二醇的数均分子量较佳地为 200～1000。

所述的非离子表面活性剂具有润滑作用，能极大地降低切割液的表面张力，同时能够将切屑和磨料粉末托起，使非离子表面活性剂分子取代其吸附于硅片表面，并能阻止切屑和切粒粉末再沉积，从而有利于后工序硅片清洗。所述的非离子表面活性剂可采用本领域常规使用的各类非离子表面活性剂，较佳地为烷基糖苷（APG）、辛基苯基聚氧乙烯（10）醚（OP－10）和脂肪醇聚氧乙烯醚（JFC）中的一种或多种。所述的非离子表面活性剂的含量较佳地为切割液质量的 2%～4%。

所述的螯合剂能使本产品的多晶硅或单晶硅切割液具有优良的去除金属离子的性能，尤其可以去除钢丝磨削过程中产生的铁离子。所述的螯合剂可采用本领域中常规使用的各类螯合剂，只要其具有良好的螯合金属离子的性能即可。所述的螯合剂较佳地为氨基羧酸类和/或羟基羧酸类螯合剂。所述的氨基羧酸类螯合剂较佳地为乙二胺四乙酸钠盐；所述的乙二胺四乙酸钠盐较佳地为乙二胺四乙酸二钠和/或乙二胺四乙酸四钠。所述的羟基羧酸类螯合剂较佳地为柠檬酸钠和/或葡萄酸钠。所述的螯合剂的含量较佳地为切割液质量的 5%～7%。

所述的有机醇为烷烃分子中的氢被羟基取代后的化合物，可以与硅发生化学反应，均匀地作用于硅片的被加工表面，可降低硅片切割损伤层厚度，减小后工序加工量，有利于降低生产成本。同时，对金属也有钝化作用，避免线切割设备接触浆料部位和钢丝的慢性腐蚀，减少断线率。所述的有机醇可采用本领域常规使用的各类醇，只要其具有醇的结构和共性，例如甲醇、乙醇、乙二醇、异丙醇、辛醇等等。

考虑到切割液的成本，本产品中特别使用价格低廉的有机醇，较佳地为乙二醇和/或异丙醇。所述的有机醇的含量较佳地为切割液质量的 2%～4%。

所述的去离子水作为主要溶剂，去离子水的含量较佳地为切割液质量的 0～15%。

本产品提供了一种钼酸盐添加剂，其为钼酸钠和油酸二乙醇酰胺硼酸酯按照(1∶5)～(1∶20)的质量比组成的混合物，其中钼酸钠和油酸二乙醇酰胺硼酸酯的质量比较佳地为(1∶5)～(1∶10)。钼酸钠和油酸二乙醇酰胺硼酸酯都具有良好的防锈性能和抑菌效果。在上述钼酸钠和油酸二乙醇酰胺硼酸酯的质量比范围内能够得到成本合适且具有良好防锈性能和抑菌效果的钼酸盐添加剂。

产品应用 本品是一种含有该钼酸盐添加剂的多晶硅或单晶硅切割液。

产品特性

（1）本产品性能优异，切割效果好，重复性好，质量稳定，保证了多线切割设备的连续运行，减少非正常停机时间。

（2）有效地解决了切削和磨料粉末再沉积的问题，48h 的砂浆的悬浮率达 81%以上。避免了硅片表面的化学键合吸附现象的出现，便于硅片的清洗和后续加工。

（3）集渗透、润滑、冷却、清洗以及防锈性能于一体，不含有毒成分，无毒无害，成本低廉，总回收率高。

（4）本产品的储存时间为 36 个月，且可长时间循环使用。

改性的回收切割液

原料配比

原料	配比（质量份）					
	1#	2#	3#	4#	5#	6#
回收液	4995	4997	4970	4993	4800	4984.5
AEO-9 磷酸酯	2.5	—	—	2	—	—
2,2′,2″-氮基三乙基钛酸酯三甘醇	2.5	—	—	—	—	—

原料	配比（质量份）					
	1#	2#	3#	4#	5#	6#
双（二辛氧基焦磷酸酯基）亚乙基钛酸酯和三乙醇胺的螯合物	—	3	—	—	—	—
蓖麻油聚氧乙烯醚	—	—	25	1	150	—
异丙基三油酸酰氧基钛酸酯	—	—	—	4	—	—
异丙基三（二辛基磷酸酰氧基）钛酸酯	—	—	—	—	—	0.5
AEO-3 磷酸酯	—	0.025	—	—	—	—
NP-8	—	0.025	—	—	—	—
LN-8	—	—	5	—	50	—
PPG-700	—	—	—	—	—	15

制备方法 将各组分按照所述比例通过常规方法混合搅拌均匀即可。

原料配伍 本品各组分质量份配比范围为：回收切割液 4800～4997，抗极压螯合防沉剂 0.5～9，非离子表面活性剂 0.01～150。

所述的回收切割液是用于晶硅切片或切方后回收的切割液；进一步优选以聚烷氧基化合物为主要成分的水溶性切割液。

所述聚烷氧基化合物选自聚乙二醇、聚丙二醇、脂肪醇聚氧乙烯聚氧丙烯醚中的一种或两种以上的混合物。

所述的抗极压螯合防沉剂选自水溶性有机钛酸酯类化合物。

所述蓖麻油聚烷氧基化物可以按照以下制备方法制备得到：在高压反应器中加入适量引发剂和催化剂（根据反应器的大小比例及配比情况确定引发剂的最低加入量，催化剂量为成品量的 0.05%～0.3%），密封设备，之后氮气置换，升温，当温度达到 60～140℃时通入少量环氧烷烃原料，当温度升高压力下降说明引发反应，之后通入配比量（根据不同分子量的原料确定）的环氧烷烃原料，控制反应温度在 60～180℃和釜内压力在 0.2～0.6MPa，反应完毕，釜内压力逐渐下降至连续 30min 不再下降后，老化降温出料，即得所述蓖麻油聚烷氧基化物。所述引发剂为蓖麻油，所述催化剂为 KOH 或 NaOH。

所述环氧烷烃为环氧乙烷、环氧丙烷、环氧丁烷中的一种或两种以上的混合物。

所述的水溶性有机钛酸酯类化合物为不含金属离子的水溶性有机钛酸酯，优选醇胺螯合类钛酸酯的一种或两种以上的混合物。

所述的水溶性有机钛酸酯类化合物可以选自：二（三乙醇胺）钛酸二异丙酯、四异丙氧基钛、异丙基二油酸酰氧基（二辛基磷酸酰氧基）钛酸酯、异丙基三（二辛基磷酸酰氧基）钛酸酯、异丙基三油酸酰氧基钛酸酯、异丙基三（二辛基焦磷酸酰氧基）钛酸酯、双（二辛氧基焦磷酸酯基）亚乙基钛酸酯、双（二辛氧基焦磷酸酯基）乙撑钛酸酯和三乙醇胺的螯合物、四异丙基二（二辛基亚磷酸酰氧基）钛酸酯、2,2′,2″-氮基三乙基钛酸酯三甘醇等溶液的一种或两种以上的混合物，或者它们各自和醇胺的螯合物中的一种或两种以上的混合物。

所述的非离子表面活性剂选自 AEO-3 磷酸酯、AEO-9 磷酸酯、壬基酚聚氧乙烯醚、十二烷基胺聚氧乙烯醚或聚丙二醇中的一种或两种以上的混合物。

所述的壬基酚聚氧乙烯醚进一步优选环氧加成数为 7、8 或 9 的壬基酚聚氧乙烯醚（即 NP-7、NP-8 或 NP-9）。

所述的十二烷基胺聚氧乙烯醚进一步优选环氧加成数为 5、6、7、8 或 9 的十二烷基胺聚氧乙烯醚（即 LN-5、LN-6、LN-7、LN-8 或 LN-9）。

所述的聚丙二醇进一步优选分子量 800 以下的聚丙二醇（即 PPG-200、PPG-300、PPG-350、PPG-400、PPG-450、PPG-500、PPG-550、PPG-600、PPG-650 等等）。

产品应用 本品主要用作晶硅切片或切方后回收的切割液。

产品特性

（1）通过在回收切割液中添加功能组分，例如抗极压螯合防沉剂，对回收的切割液实现了改性，可以显著降低回收液直接使用所带来的切片质量问题。

（2）有效地解决了直接使用回收液导致的硅片难清洗、易产生污片的问题。

（3）有效地降低了硅片表面损伤的发生率，提高了切片成品率。

（4）回收切割液经改性可以百分之百使用，无须掺兑新液，能够有效地降低切割成本。

（5）实现了废切割液变废为宝，减少了环境污染，实现了资源的重复利用。

高速电火花线切割全合成液

原料	配比（质量份）		
	1#	2#	3#
油酸钠皂	10	15	18
二聚酸酰胺	5	8	13
复合硼酸盐	5	2	3
三乙醇胺	6	—	—
单乙醇胺	—	10	—
异丙醇胺	—	—	13
铜缓蚀剂	0.3	0.3	0.3
聚醚类	1	2	2
消泡剂	0.1	0.1	0.1
纯净水	加至 100	加至 100	加至 100

制备方法

（1）在 80～90℃下，将油酸与氢氧化钠溶液按比例制作成油酸钠皂，油酸钠皂再与醇胺按一定比例加热至透明。

（2）在 125～130℃下，将二元酸与二乙醇胺按比例加热搅拌。

（3）把上述的复合油酸皂和二元酸酰胺混合，加入少量水搅拌至均匀透明状态，再加入 pH 值调节剂、余量水，搅拌至均匀透明为止。

（4）再依次加入复合硼酸盐、聚醚、铜缓蚀剂，搅拌至均匀透明。

（5）加入消泡剂，搅拌至均匀透明。

原料配伍　本品各组分质量份配比范围为：复合油酸皂 8～20，多元酸酰胺 3～15，复合硼酸盐 3～10，pH 值调节剂 5～15，铜缓蚀剂 0.3～1，聚醚类 1～5，消泡剂 0.05～0.15，纯净水加至 100。

所述的复合油酸皂为油酸钠皂与多元酸酰胺在特定的工艺下复合而成。

所述的多元酸酰胺为高分子量二元酸与二乙醇胺复合而成。

所述的 pH 值调节剂为单乙醇胺、三乙醇胺、异丙醇胺、三异丙醇胺中的一种。

所述的铜缓蚀剂为甲基苯并三氮唑。

所述的聚醚类为聚氧乙烯、聚氧丙烯嵌段聚合物。

所述的消泡剂为硅酮类的一种或几种。

产品应用 本品主要用于高速电火花线切割的金属加工。

产品特性 本产品具有较好的防锈性能，是一种具有稳定电导率的线切割液。

高性能电火花线切割用工作液

原料配比

原料		配比（质量份）	
		1#	2#
基础油	20 号机油	56	57
油酸		8	9
三乙醇胺		1.5	1.8
乳化剂	OP－10	18	19
硼酸酯防锈剂		6	6.5
催化剂	氢氧化钠	0.7	0.8
絮凝剂	聚丙烯酰胺	0.2	0.25
纯净水		加至 100	加至 100
硼酸酯防锈剂	磷酸三钠	15	15
	苯乙胺	4	4
	硼酸	7	7
	聚乙二醇 400	6	6

　（1）选材备料。该工作液的主要成分为：基础油、油酸、三乙醇胺、乳化剂、硼酸酯防锈剂、催化剂、絮凝剂和纯净水。其中，基础油选用 20 号机油；乳化剂选用 OP－10；硼酸酯防锈剂为磷酸三钠、苯乙胺、硼酸和聚乙二醇 400 的混合制剂；催化剂选用氢氧化钠；絮凝剂选用聚丙烯酰胺。

（2）调制硼酸酯防锈剂。硼酸酯防锈剂的主要成分及其质量份为：磷酸三钠 15、苯乙胺 4、硼酸 7、聚乙二醇 400 6。调制过程如下：首先，将磷酸三钠和苯乙胺添加至反应釜，加热并搅拌充分，加热温度控制在 70～75℃；其次，将混合料倒入减压蒸馏装置中进行除水处理，混合料的含水量控制在 0.3%～0.35%；然后，将混合料倒入反应釜中并添加硼酸，搅拌后反应 2～2.5h；接着，添加聚乙二醇 400，继续搅拌 30～35min；最后，将混合料倒入减压蒸馏装置中进行除水处理，制得的硼酸酯防锈剂的含水量约为 0.2%～0.25%。上述调制过程中，反应釜的温度不低于 65℃。

（3）配制工作液。将基础油和油酸添加至反应釜，加热搅拌充分，温度控制在 40～45℃；然后，添加三乙醇胺和催化剂，继续搅拌 30～35min，反应釜温度提升至 65～70℃；接着，依次添加乳化剂、硼酸酯防锈剂和纯净水，搅拌至透明状态，反应釜温度维持在 45～50℃；最后，添加絮凝剂，搅拌 5～8min 后，在 40℃左右恒温处理 20～25min。

（4）成品后处理。后处理工艺包括过滤除渣、pH 值的检测和调节、除臭处理、品质检验、桶装及成品存储等。

　本品各组分质量份配比范围为：基础油 56～60，油酸 8～10，三乙醇胺 1.5～2，乳化剂 18～20，硼酸酯防锈剂 6～7，催化剂 0.7～0.9，絮凝剂 0.2～0.3，纯净水加至 100。

　本品主要用作高性能电火花线切割用工作液。

　本产品配制工序安排合理，制备工艺简便，且制备成本适中，具有良好综合性能，在洗涤、润滑、冷却和消泡方面的性能优异，特别是防锈能力尤为突出，可有效确保金属制品的表面质量。

固定磨料线切割的切削液

原料	配比（质量份）
煤油	13
对叔丁基苯甲酸	2.5
油酸	1.5
乌洛托品	1.5
磺酸钠	3.5
硫酸钠	2.5
聚氧乙烯蓖麻油	14
月桂醇硫酸钠	1.5
助剂	7
水	200
助剂	氧化铵	1
	吗啉	2
	纳米氮化铝	0.1
	硅酸钠	1
	硼砂	2
	2-氨基-2-甲基-1-丙醇	2
	聚氧乙烯山梨糖醇酐单油酸酯	3
	桃胶	2
	过硫酸铵	1
	水	20

制备方法 将水、磺酸钠、硫酸钠、聚氧乙烯蓖麻油、月桂醇硫酸钠混合，加热至 40～50℃；加入煤油、对叔丁基苯甲酸、助剂，在 1000～1200r/min 搅拌下继续加热到 70～80℃，搅拌 10～15min；加入剩余成分，继续搅拌 15～20min，即得。

原料配伍　本品各组分质量份配比范围为：煤油 12~14，对叔丁基苯甲酸 2~3，油酸 1~2，乌洛托品 1~2，磺酸钠 3~4，硫酸钠 2~3，聚氧乙烯蓖麻油 12~15，月桂醇硫酸钠 1~2，助剂 6~8，水 200。

所述的助剂由下列质量份的原料制成：氧化铵 1~2，吗啉 2~3，纳米氮化铝 0.1~0.2，硅酸钠 1~2，硼砂 2~3，2-氨基-2-甲基-1-丙醇 1~2，聚氧乙烯山梨糖醇酐单油酸酯 2~3，桃胶 2~3，过硫酸铵 1~2，水 20~24。制备方法是将过硫酸铵溶于水后，再加入剩余物料，搅拌 10~15min，加热至 70~80℃，搅拌反应 1~2h，即得。

质量指标

项目		GB 6144	实测	评定结果
最大无卡咬负荷值/kg		≥40	≥48	合格
防锈性（35℃±2℃）一级灰铸铁	单片，24h，合格		>54h 无锈	合格
	叠片，8h，合格		>12h 无锈	合格
腐蚀试验（55℃±2℃）全浸	铸铁，24h，合格		>48h	合格
	紫铜，8h，合格		>12h	合格
对机床油漆适应性		不起泡、不开裂、不发黏		

产品应用　本品主要用作固定磨料线切割的切削液。

产品特性　本产品含有多种表面活性剂，具有良好的渗透性、清洗性，而且冷却速度快、润滑性和防锈性能好，适用于固定磨料线锯切割，不仅操作简单，成本低廉，而且环保安全。

固定磨料线切割的水溶性冷却液

原料配比

原料		配比（质量份）		
		1#	2#	3#
防锈剂	三乙醇胺	20	10	5
表面活性剂	壬基酚聚氧乙烯醚	0.1	1	2
消泡剂	硅油	0.1	1	1
润滑剂	聚乙二醇和水	5	15	20
pH 调节剂		适量	适量	适量
水		加至 100	加至 100	加至 100

制备方法

（1）将防锈剂与部分水混合，得到第一溶液。

（2）将非离子表面活性剂与水混合，得到表面活性剂水溶液。

（3）依次将消泡剂和润滑剂加入到所述表面活性剂水溶液中得到第二溶液。

（4）将所述第一溶液与所述第二溶液混合得到固定磨料线切割的水溶性切削液。

原料配伍 本品各组分质量份配比范围为：非离子表面活性剂 0.1～10，防锈剂 2～20，润滑剂 4～20，消泡剂 0.1～2，水加至 100。

所述防锈剂为有机醇胺类化合物、亚硝酸盐或苯并三氮唑及其衍生物中的一种或多种。优选三乙醇胺、三乙醇胺硼酸酯和苯并三氮唑中的一种或多种，更优选三乙醇胺、三乙醇胺硼酸酯和苯并三氮唑的混合物。所述防锈剂为能够应用于水性切削液的防锈剂，并且与切削液中的其他组分不发生反应。

所述防锈剂选自三乙醇胺、苯并三氮唑和亚硝酸钠中的一种或多种。三乙醇胺具有优秀的水性防锈性能，它可通过极性端吸附在金属的表面，形成保护膜，防止金属的氧化，所配制冷却液的防锈性能符合国家标准 GB 6144。

所述水溶性切削液还包括 pH 值调节剂。

所述非离子表面活性剂选自聚氧乙烯类化合物或烷基醇酰胺类化合物。所述非离子表面活性剂优选聚氧乙烯类化合物或烷基醇酰胺类化合物，更优选烷基酚聚氧乙烯醚、脂肪醇聚氧乙烯醚、聚氧乙烯酰胺或聚氧乙烯胺，最优选烷基酚聚氧乙烯醚。按照本产品，非离子表面活性剂在水中不电离，稳定性高，高温乳化性能好，由于在线切割时，钢线和磨料在快速摩擦运动，生成大量的热，如果选择不耐高温的表面活性剂抑或一些高温乳化性能不好的表面活性剂，在切割过程中会造成表面活性剂分解，失去乳化作用，从而降低了润滑和冷却的作用。且非离子表面活性剂溶液为中性，不会对切割机械造成氧化腐蚀，减少离子对硅片表面的污染，防止阳离子吸附在硅片的表面，且表面活性剂有一定的渗透能力，可以使切削液到达切割部位，更好地起到润滑和冷却作用。

所述润滑剂选自多元醇或羧酸，更优选聚乙二醇、聚乙二醇单甲醚、硬脂酸。所述润滑剂选择能够起到润滑、冷却作用，同时又能够溶于水的化合物，来降低钢线、磨料和硅片之间的摩擦力。

所述消泡剂为有机硅类化合物。所述有机硅类消泡剂由硅脂、乳化剂、防水剂、稠化剂等配以适量水经机械乳化而成。其特点是表面张力小，表面活性高，消泡力强，用量少，成本低。它与水及多数有机物不混溶，对大多数气泡介质均能消泡。它具有较好的热稳定性，可在5～150℃宽广的温度范围内使用；其化学稳定性较好，难与其他物质反应，只要配制适当，可在酸、碱、盐溶液中使用，无损产品质量。

所述第二溶液中添加pH值调节剂，所述pH值调节剂优选有机胺类或无机碱，用于使切削液呈弱碱性，不会对施工人员造成危害，也防止了切削液对切割机的腐蚀。

[质量指标]

项目	1#	2#	3#
泡沫高度/mm	<2	<2	<2
防锈性能（35+2℃）	单片>24h 无锈	单片>24h 无锈	单片>24h 无锈
切割速度/（mm/min）	0.5	0.5	0.5
成品率/%	85	95	90

[产品应用]　本品主要用作固定磨料线切割的水溶性冷却液。

[产品特性]

（1）本产品中加入的防锈剂选自有机醇胺类化合物、亚硝酸盐或苯并三氮唑及其衍生物中的一种或多种，这些化合物和水有很好的相容性，且含有胺、亚硝酸根等具有还原性的基团，与水中具有氧化性的离子进行反应，并阻隔氧气与切割机械表面接触，降低了切割机械的锈蚀概率，提高了防锈能力。另外，所述防锈剂不会增加切削液的黏度，溶于水后流动性好，且有利于增强切削液的润滑性能。

（2）本产品的制备方法是将防锈剂水溶液即第一溶液与由表面活性剂、润滑剂、消泡剂制备的第二溶液混合，这样做的目的是使防锈剂在水中分散更均匀，加入到第二溶液中才不会发生沉降分层等问题。本产品提供的制备方法操作简单，条件温和，效率高，提高了切割机的防锈能力。

固结磨料线切割液

原料配比

原料	配比（质量份）		
	1#	2#	3#
金刚石微粉	1～30	—	—
去离子水	加至100	—	—
碳化硅微粉	—	10～60	—
聚乙二醇	—	加至100	—
硅微粉碳化硼微粉	—	—	5～60
煤油、硬脂酸	—	—	加至100
悬浮剂、润湿剂、表面活性剂、极性溶剂、润滑剂、pH值调节剂、还原剂、螯合剂、增稠剂（增黏剂）、稳定剂、生物灭杀剂	适量	—	—
润湿剂、表面活性剂、极性溶剂、润滑剂、pH值调节剂、螯合剂、稳定剂、生物灭杀剂	—	适量	—
润湿剂、表面活性剂、极性溶剂、润滑剂、稳定剂、生物灭杀剂	—	—	适量

制备方法 将磨料颗粒和液体混合，并加入悬浮剂、润湿剂、表面活性剂、极性溶剂、润滑剂、pH值调节剂、还原剂、螯合剂、增稠剂（增黏剂）、稳定剂、生物灭杀剂，搅拌混配成切割液。

原料配伍 本品各组分质量份配比范围为：全刚石微粉1～30、碳化硅微粉10～60、硅微粉碳化硼微粉5～60、添加剂适量、去离子水或聚乙二醇加至100。

用作固结磨料线切割的切割液，包含至少一种液体，作为例如冷却剂和分散或悬浮剂，并包含磨料颗粒，和任选的分散助剂或悬浮剂、润湿剂、消泡剂、表面活性剂、极性溶剂、极压剂或润滑剂、腐蚀剂、缓蚀剂、缓冲剂或pH值调节剂、氧化剂或者还原剂、螯合剂、增稠剂（增黏剂）、稳定剂、生物灭杀剂。其中，所述的磨料颗粒分散或悬浮于所述的液体中。

所述的液体可以是水、水的盐溶液或醇溶液，酸溶液、碱溶液，也可以是任意的适宜油性液体，例如棕榈油、石蜡油，或醇类，例如丙二醇，或聚合醇类，例如聚乙二醇，或任意的适宜植物油酸，或硬脂酸，或酯类，或以上液体的任意混合液体。

所述的磨料颗粒可以是任意种类的磨料颗粒，包括天然或人造的磨料，例如沙、硅藻土、石榴石、玻璃屑、各种陶瓷磨料颗粒，又例如金刚石、立方氮化硼、聚晶立方氮化硼、四硼化钨、碳化硼、稀上碳化硼、氮化硅、碳化硅、稀土碳化硅、氧化铬、氧化铝、微晶氧化铝、稀土氧化铝、氧化铈、石英颗粒等等。

所述的磨料在切割液中的含量可以是任意有意义的含量，例如从 0.1%～70%，但优选适当和适中的含量，例如 0.5%～60%，进一步优选 1%～30%；偏低的磨料含量辅助切割的效果较差，更低的磨料含量，例如低于 0.1%，也是可用的，但其辅助切割的效果轻微，并且为增强作用而倾向于使用更小尺寸的磨料颗粒；更高的切割液磨料比例也是可用的，但增加了切割液磨料与切割线上的固结磨料的相互磨损的概率，并增加了切割液的黏稠度和降低流动性，不利于切割，也增加了成本；本产品发现，1%～30%的磨料比例，可以获得良好的在辅助切割效果、良好的流动性、较低的成本之间的综合平衡。

产品应用 本品主要用作固结磨料线切割的切割液。可用于任何固体材料的切割，例如金属、合金、石材、混凝土、木材、玻璃、塑料、化合物晶体、石墨材料的切割，但更适用于硬脆材料的切割，例如金刚石、蓝宝石（或白宝石）、刚玉、碳化硅、氧化锆、二氧化硅、石英或石英陶瓷、镁铝尖晶石、其他陶瓷材料等的切割。可用于任何适宜方式的切割，例如单线切割、多线切割；例如切片切割、剖方切割、异形切割，异形切割的例子包括（但不限于）切割前沿在切割过程中发生前进方向和形状的改变的切割，或者切割面为曲面的切割。可用于任何种类的固结磨料线切割，例如单线或多线的单纯固结磨料线切割、超声波固结磨料线切割、机械振动固结磨料线切割、电火花固结磨料线切割、化学腐蚀固结磨料线切割。

固结磨料线切割方法如下：

（1）设置单根或多根固结磨料切割线或切割线网；设置待切割物体；准备切割液。

（2）使切割线切割待切割物体，同时使切割液浸润或浸没待切割物体的切割前沿。

所述的切割包括但不限于剖方、切片、异形切割；其中，所述的固结磨料切割线包括各种固结磨料切割线，例如金刚石线、立方氮化硼、碳化硼线，其由芯线和经电镀、黏结、包埋、钎焊等方式附着在芯线表面的磨料粒子构成，芯线的例子如钢线、铜线、钼线、镀镍钢线，包括单芯线、双绞芯线或三绞芯线；其中，所述的由固结磨料切割线设置成的切割线网，可以是单层或多层的平行线网，也可以是两层平行线网组成的交叉线网；其中，所述的待切割物体可以是任意具有确定形状的固体物体，包括金属、非金属、有机物，优选硬、脆物体，例如金刚石、蓝宝石、碳化硅、氧化锆、二氧化硅、钨、氧化锆、石英、石英陶瓷、镁铝尖晶石、其他陶瓷材料。

其中，所述的切割前沿是切割线切入和持续切入待切割物体的部位，其所在部位切割后形成待切割物体的切割表面；其中，所述的切割液浸润或浸没待切割物体的切割前沿，是指切割液或液流接触、覆盖并润湿所述的位于切割前沿的待切割物体表面，从而起到冷却切割前沿及切割线、分散和带走切屑的作用；其中，所述的游离磨料是分散并悬浮在切割液中的任意的磨料微粒，根据本产品的方法，切割液包含中的磨料微粒在切割中起到了辅助切割的作用。

所述的固结磨料切割线或其芯线可以是任意直径的固结磨料切割线或芯线，例如直径 0.01～10mm 的固结磨料切割线或芯线。

所述的固结磨料切割线的固结磨料，其颗粒整体和裸露在芯线外的部分的尺寸，可以是任意适宜的尺寸，例如 0.001～5mm 大小的颗粒。

所述的固结磨料切割线的固结磨料，可以是任意硬度的磨料，硬度大于、等于或小于待切割物体硬度的磨料。

产品特性 本产品用于固结磨料线切割，可以极大地改善切割面的线痕、微损伤等缺陷，降低表面粗糙度，减少切屑和掉落的微量固结磨料粒子黏附在切割线表面的现象，并提高切割效率，减少切割后切割面的研磨和抛光等表面改善处理需求，降低切割成本和后续加工成本。

硅晶体线切割液

原料	配比（质量份）		
	1#	2#	3#
聚乙二醇 400（PEG 400）	60	65	70
去离子水	25	14	3
二乙醇胺	8	10	12
二甲基硅油	2	4	6
十二烷基苯磺酸钠	4	5	6
乙二胺四乙酸二钠	1	2	3

【制备方法】 取分散剂，在搅拌条件下加入去离子水，使之与分散剂完全互溶，再加入有机碱，搅拌均匀，然后加入消泡剂，最后加入表面活性剂和螯合剂，搅拌均匀即可。

【原料配伍】 本品各组分质量份配比范围为：分散剂 60～70，有机碱 8～12，表面活性剂 4～6，消泡剂 2～6，螯合剂 1～3，去离子水 3～25。

所述分散剂为聚乙二醇。

所述有机碱为醇胺碱。

所述表面活性剂为阴离子表面活性剂。

所述消泡剂为硅油。

所述聚乙二醇为聚乙二醇 400，所述醇胺碱为二乙醇胺，所述硅油为二甲基硅油，所述阴离子表面活性剂为十二烷基苯磺酸钠。

所述螯合剂为乙二胺四乙酸二钠。

【产品应用】 本品主要用作硅晶体线切割液。

所制备的线切割液与磨料（800#绿 SiC）的混合质量比为 1：(0.6～1)，优选 1：0.8。

【产品特性】

（1）本产品中所使用的分散剂聚乙二醇为非离子型，能够吸附在 SiC 磨粒表面，在 SiC 磨粒表面产生空间位阻，有利于 SiC 磨粒的均匀分散，能有效阻碍团聚；表面活性剂十二烷基苯磺酸钠为阴离子型，除了具有非常好的清洗去污能力外，还能吸附于磨粒表面使磨粒因带有同种电荷而相互排斥，提高磨粒的分散性并阻碍团聚。故在非离子型的聚乙二醇和离子型的十二烷基苯磺酸钠共同作用下，可以使磨粒表面同时产生空间位阻和ξ电势，由于磨粒表面位垒和电垒的共同作用能够更加有效地增加磨粒的分散悬浮性能，这是本产品具有高悬浮性的重要原因之一。

（2）本产品中十二烷基苯磺酸钠的去污性能会随水的硬度而降低，因此采用去离子水减少水中金属离子含量，并加入适量螯合剂，络合切割液中的金属离子，双重作用下可以大大减小水的硬度，从而提高十二烷基苯磺酸钠的清洗去污能力。故在十二烷基苯磺酸钠、螯合剂及去离子水的共同作用下，使本产品具有良好的清洗去污的能力。

（3）本产品中十二烷基苯磺酸钠具有很高的表面活性，其临界胶团浓度（CMC）只有 0.0012 mol/L，在极低的浓度下能大幅度降低切割液的表面张力，有效加强切割液的润湿性和润滑渗透性。另外采用二甲基硅油作为切割液的消泡剂，在有效消泡的同时，也能在一定程度上起到润滑的作用，并降低表面张力，加强润湿和渗透性。故在十二烷基苯磺酸钠和二甲基硅油共同作用下，能大幅度提高切割液的润湿和润滑渗透性能，这是本产品具有较低的摩擦系数的重要原因。

（4）本产品中的二乙醇胺作为调节切割液 pH 值的有机碱，调节能力强，其在溶液中电离程度类似于强碱，能够很有效地加强切割过程中的化学作用，有效降低应力和损伤。研究表明，当 pH 值大于等电点（pH=3.9 附近）时，SiC 表面的ξ电位随 pH 值的升高而升高，本产品在二乙醇胺作用下，pH 值达到 11、12，可大大提高磨粒表面的ξ电位，从而使磨粒之间的静电斥力增强，提高分散性。故二乙醇胺在加强化学作用、降低表面损伤和应力的同时，还能提高切割液中 SiC 磨粒的分散悬浮性，这是本产品具有高悬浮率和形成低粗糙度、低损伤表面的又一重要原因。

（5）二乙醇胺也能与金属离子络合成稳定产物，一定程度上减少金属离子的污染，与本产品中螯合剂乙二胺四乙酸二钠配合使用，用于络合金属离子，能在很大程度上减少金属离子的污染。

（6）本产品增强了线切割液的碱性，从而提高了切割过程中的化学作用，降低磨粒和材料的强机械摩擦作用，可有效降低表面应力和损伤，并对切割机床起到防锈作用；以聚乙二醇为主体，浸润性好，排屑能力强，且对碳化硅类磨料具有高悬浮、高润滑、高分散的特性；具有较高的含水量和消泡效果，使切割液具有较好的带热性；具有适宜的黏度指标，使得切割液的流动性和挂线性能得到较好的优化；在表面活性剂、消泡剂、螯合剂的共同作用下，可在极低的浓度下大幅度降低切割液的表面张力，提高其渗透性，同时可有效去除金属离子，易清洗。

硅片的水基型线切割液

原料配比

原料	配比（质量份）		
	1#	2#	3#
聚乙烯醇（分子量 100000）	16	—	60
聚乙烯醇（分子量 10000）	—	80	60
去离子水	783.6	719.6	734.6
苯并三氮唑	0.4	0.4	0.4

制备方法　首先称量聚乙烯醇，溶入温度约为80℃的去离子水中，搅拌约3h，待聚乙烯醇完全溶解后，加入苯并三氮唑，制得硅片的线切割的分散液。

原料配伍　本品各组分质量份配比范围为：聚乙烯醇 20～100，苯并三氮唑 0.05～0.5，去离子水 700～800。

所述的聚乙烯醇的分子量可在10000～100000之间选取，也可以是几种不同分子量聚乙烯醇的混合，优选的聚乙烯醇最佳的分子量应在30000～80000之间。通常现行的非水基聚乙二醇类的切割液的黏度为35～50 mPa·s（25℃），为了达到相同的带沙量，需要聚乙烯醇的水溶液有近似的黏度。所选聚乙烯醇的分子量过小，则所添加的去离子水减少，于降低切割液的成本不利，若选取聚乙烯醇的分子量过大，则添加的去离子水过多，使刃料分散性下降。

聚乙烯醇所占的比例，以聚乙烯醇水溶液的黏度为基准，通常的黏度应为35～50mPa·s（25℃），小于此黏度范围，将导致与刃料混合后，在切割时带出刃料量不够，导致切割速度下降；若是聚乙烯醇水溶液大于上述黏度范围，将导致与刃料混合后，在切割时带出刃料量过多，硅片容易产生划痕。

为了有效地保护切割线，可适当在聚乙烯醇的水溶液中添加少量的防腐蚀剂如苯并三氮唑，苯并三氮唑的用量以小于切割液质量的0.05%为宜，浓度过大将污染硅片。

所述硅片的水基型切割液与刃料（碳化硅、氧化铈）的混合比以质量计为1：(0.5～1)。

产品应用 本品主要用作硅片的水基型线切割液。

产品特性 本产品由于使用的有机溶剂量很少，所以对环境友好；另外，由于刃料的悬浮分散性优良，所以使用该切割液后，晶片无线痕；晶片易清洗，切割损耗小，成品率高。

硅片切割液（1）

原料配比

原料	配比（质量份）					
	1#	2#	3#	4#	5#	6#
切割液常用原料	99	80	95	88	92	85
甲酰胺溶液	1	20	5	12	8	15

制备方法

（1）首先根据需要调配的硅片切割液质量来计算所需甲酰胺溶液的用量。

（2）先将硅片切割液进行搅拌，在搅拌的过程中缓慢加入甲酰胺溶液，等溶液全部倒入后，均匀搅拌5min。

（3）调配好的硅片切割液立刻罐装密封储藏，避免长时间暴露于空气中。

原料配伍 本品各组分质量份配比范围为：切割液常用原料80～99、甲酰胺溶液1～20。

所述硅片切割液主要由PEG、表面活性剂、润滑剂、渗透剂和螯合剂组成，所述硅片切割液中含有甲酰胺溶液。

甲酰胺的化学式为 CH_3NO，常温下为一种无色油状液体，具有弱碱性、吸湿性。其闪点、燃点都较高，因此安全性能相对而言较高，相对密度为 1.12，与 PEG 的密度相仿。其缺点是具有轻微的刺激性和致敏性，因此在实际使用中需要佩戴化学防护镜和橡胶手套。

本产品在硅片切割液中加入甲酰胺溶液，可以增加硅片切割液的存放时间，有效降低因存放时间过长导致硅片切割液的 pH 值下降的影响。

所述甲酰胺溶液占所述硅片切割液质量的 1%～20%，例如可选择 1.02%～19.6%、5%～17.3%、7.2%～14.8%、10%～12.7%、11% 等，优选 5%～12% 或 8%～15%。

所述甲酰胺溶液的浓度为 99.50%。

产品应用 本品主要用作硅片切割液。

产品特性 在硅片切割液中加入一定比例的甲酰胺溶液，可以有效降低切割液在存储过程中的 pH 值下降的影响，保证 PEG 的化学性能稳定、均一，为切割过程提供保障。

硅片切割液（2）

原料配比

原料		配比（质量份）						
		1#	2#	3#	4#	5#	6#	7#
润滑剂	二乙二醇	77	76	80	78	79.5	77.1	78
	聚乙二醇	17	17	15	16	15.5	16.5	16.1
	丙三醇	3	3	3.3	2.85	2.05	2.85	2.6
乳化剂	脂肪醇聚氧乙烯醚	1	1.5	0.5	1.45	0.95	1.45	1.1
	去离子水	1	1.2	0.7	0.8	1.05	1.15	1.13
消泡剂	聚醚	0.4	0.5	0.2	0.4	0.45	0.45	0.37
分散剂	聚丙烯酸钠	0.35	0.5	0.2	0.35	0.25	0.33	0.42
抗氧剂	抗氧剂 264	0.25	0.3	0.1	0.15	0.25	0.17	0.28

制备方法

（1）将二乙二醇、聚乙二醇、丙三醇按照质量百分比为(76～80)：

(15～17)∶(2～3.5)的比例混合，并在室温下将其搅拌均匀。

（2）将抗氧剂、脂肪醇聚氧乙烯醚、去离子水按照质量百分比为(0.1～0.3)∶(0.5～1.5)∶(0.7～1.2)的比例混合。

（3）将步骤（2）制得的混合液加入到步骤（1）形成的混合液中，形成基础切割液。

（4）在步骤（3）中的基础切割液中添加一定比例的消泡剂及分散剂，并搅拌均匀，形成硅片切割液。

原料配伍 本品各组分质量份配比范围为：二乙二醇 76～80，聚乙二醇 15～17，丙三醇 2～3.5，脂肪醇聚氧乙烯醚 0.5～1.5，去离子水 0.7～1.2，消泡剂 0.2～0.5，分散剂 0.2～0.5 及抗氧剂 0.1～0.3。

所述分散剂为聚丙烯酸钠。

所述消泡剂为聚醚。

所述去离子水的电导率小于 1.5μS/mm。

所述抗氧剂为抗氧剂 264。

产品应用 本品主要用作硅片切割液。

产品特性 本产品中主要原料为二乙二醇，制备工艺简单，易于操作，成本低廉，有效提高碳化硅微粉的分散性和再分散性，确保了浆料的稳定性和持久性，且具有很好的润滑效果，有效降低切割时的表面损失，提高切割良率。本产品适用于硅片切割工艺。

硅片切割液（3）

原料配比

原料		配比（质量份）	
		1#	2#
二乙二醇		75	70
聚乙二醇		75	80
分散剂		15	18
表面活性剂	阴离子表面活性剂与阳离子表面活性剂为 1∶1	7	7
	消泡剂	3	3

原料		配比（质量份）	
		1#	2#
螯合剂		3	6
去离子水		100	105
分散剂	丙烯酸	5	6
	乙基丙烯酸	5	6
	马来酸酐	1.5	1.8
	丙烯酰氨基磺酸	3.5	4.2
阴离子表面活性剂	N,N-二甲基-1-十四烷胺氧化物	1	1
	月桂酰肌胺酸钠	1	1
	十二烷基二苯醚二磺酸	1	1
阳离子表面活性剂	氯化硬脂基二甲基苄基铵	1	1
	四乙基氢氧化铵	2	2
	四丁基氢氧化铵	1	1
消泡剂	聚甲基硅氧烷	1	1
	聚甲基乙基硅氧烷	2	2
螯合剂	苯二酚	0.5	1
	邻巯基苯酚	0.75	1.5
	连苯三酚	1.75	3.5

制备方法　将以上各组分加入搅拌装置中，在35～55℃的条件下搅拌30min即可。

原料配伍　本品各组分质量份配比范围为：二乙二醇65～85，聚乙二醇70～85，分散剂8～22，表面活性剂1～12，消泡剂1～3，螯合剂1～8，去离子水65～120。

所述分散剂由丙烯酸、乙基丙烯酸、马来酸酐、丙烯酰胺基磺酸以1∶1∶0.3∶0.7的质量比组成。

所述表面活性剂为阴离子表面活性剂与阳离子表面活性剂以(1～

2)：1 的质量比组成，所述阴离子表面活性剂为 N,N-二甲基-1-十四烷胺氧化物、月桂酰肌胺酸钠、十二烷基二苯醚二磺酸以 1：1：1 的质量比组成，所述阳离子表面活性剂为氯化硬脂基二甲基苄基铵、四乙基氢氧化铵、四丁基氢氧化铵以 1：2：1 的质量比组成。

所述消泡剂为聚甲基硅氧烷、聚甲基乙基硅氧烷以 1：2 的质量比组成。

所述螯合剂为苯二酚、邻巯基苯酚、连苯三酚以 1：1.5：3.5 的质量比组成。

产品应用 本品主要用作硅片切割液。

产品特性

（1）本品提高了碳化硅的分散性和再分散性，确保了浆料的稳定性和持久性。

（2）提高了回收碳化硅的使用量，可以实现 100%使用回收碳化硅，大大降低了成本，比原有成本降低了一倍以上。

（3）具有很好的冷却和润滑作用，降低了切片的表面损伤、机械应力、热应力及金属离子对硅片的污染，有利于硅片后道清洗，提高了后端太阳能电池的转化效率，转化率增加了 150%。

（4）能有效地改善硅片的厚度误差，提高切割良率。

（5）便于进行回收，是一种绿色环保材料。

（6）可实现中央供砂，让工艺更加自动化，提高效率。

硅片切割液中回收水溶性切割液

原料配比

原料	配比（质量份）
硅片切割废液	2
水	1

制备方法

（1）将硅片切割废液搅拌均匀或将硅片切割液加水进行搅拌，硅片切割液搅拌转速为 150～300r/min，再经离心沉降分离器分离出固体组分和半成品切割液，离心沉降分离器的转速为 700～

900r/min。硅片切割液由泵抽进废液罐进行搅拌，以降低硅粉在废水溶性切割液中的悬浮能力，搅拌后的混合液进入离心沉降分离器，利用离心力、重力分离，上部为半成品切割液，下部为含硅粉的含水量较高的固体组分。

（2）为提高固、液分离效果，半成品切割液进入储罐送切割液精制工段，固体组分进入板框压滤机做进一步固液分离，压滤出固体硅粉（副产品）及半成品切割液，固体组分通过压滤机进行分离，分离出固体硅粉（副产品）及液体；所述压滤机的压力为0.6~0.8MPa。

（3）将步骤（2）过滤得到的半成品切割液并入半成品切割液，所有半成品压滤液一起送入鼓膜压滤机，进一步分离出中细硅粉和半成品水溶性切割液，所述压滤机的压力为0.6~0.8MPa。

（4）将步骤（3）中收集到的半成品水溶性切割液送入脱色罐，加入活性炭进行吸附脱色处理，去除溶液中色素。为使半成品水溶性切割液达到最佳脱色效果，在脱色前须对半成品水溶性切割液进行水分测试，控制水含量在35%左右，水分偏低则加水稀释。活性炭：半成品水溶性切割液=(5.3~6.3)：1000，按质量比计。

（5）将脱色后的半成品水溶性切割液通过助滤剂进行过滤，过滤时，先将助滤剂涂抹在过滤机的腔体内周上，在过滤机的内周面上形成助滤膜，再将半成品切割液流过，对半成品切割液进行过滤。

（6）对过滤后的半成品水溶性切割液进行树脂交换，将半成品水溶性切割液中的金属离子分离出来。处理后的半成品水溶性切割液的电导率小于5μS/cm，pH值为6.8。

（7）对经步骤（6）处理后的半成品水溶性切割液进行蒸发脱水，得到水溶性切割液。所述蒸发脱水在真空状态下进行，压力为0.09~0.1MPa，温度为65~70℃，蒸汽压力为0.1MPa。

原料配伍 本品各组分质量份配比范围为：活性炭：半成品水溶性切割液=(5.3~6.3)：1000。

硅片切割废液的组分为切割冷却液、水、少量硅粉及其他金属离子。可将硅片切割液进行搅拌（为提高固、液分离效果，硅片切割废液：水=1：2，按质量比计，硅片切割废液可加入一定量水稀释，以降低硅粉在硅片切割液中的悬浮能力），再经离心机分离出固体组分和液体组分；分离出来的半成品切割冷却液即半成品切割液经压滤进一步分离出冷却液中的中细硅粉；加入适量的活性炭吸附脱色；吸附脱色后加入助滤剂过滤，滤去活性炭、助滤剂（如硅藻土），并去除半成品切割液中残存的硅粉。再进入树脂交换床，采用强酸阳树脂、强碱阴树脂及弱酸阳树脂进行离子树脂交换，以去除金属离子，金属离子主要为金刚线磨损所产生的铁离子，不含重金属离子。最后纯净的半成品切割液在脱水釜经蒸汽加热蒸发脱去水分得到成品，脱水釜运行过程中注意冷冻机出温温度变化，调节蒸汽阀控制蒸汽压力和温度，经真空低压蒸发脱水去除少量多余水分，经冷却装置冷却后得到水溶性切割液；蒸馏分离的冷凝水可回收用作吸附脱色前添加水。

质量指标

项目	质量指标
电导率/（μS/cm）	≤10
密度/（g/cm³）	1.03～1.1
pH 值	5～7
酸值（以 KOH 计）/（mg/g）	≤0.15
水含量/%	≤35
黏度/（mPa·s）	9.5～13
外观	透明
颜色	≤50

产品应用 本品主要用作硅片切割液中水溶性切割液。

产品特性 本方法操作方便，且通过该方法加工的水溶性切割液利用率高，提高了硅片质量和生产效率，实现 TTV10μm（硅片最大厚度值与最小厚度值之间相差 10μm）以下的高精度加工，切割硅片合格率达 98%以上，金刚砂线 1mm/min 高速切割时使用本方法回收的水溶性切割液，生产能力比传统机型利用悬浮砂浆切割方式生产提高 2 倍以上；另外，本产品不仅提高了企业经济效益，同时减少了聚乙二醇、碳化硅带来的污染，大大降低了 CO 的排放量，保护了环境。

环保高性能水基电火花线切割工作液

原料配比

原料	配比（质量份）
缓蚀剂	38～51
油性剂	5～7
爆炸剂	8～10
清洗剂	1～2
防锈剂	6～8
表面活性剂	3～5
光亮剂	1～2
消泡剂	0.5～1
抗硬水剂	0.5～1
水	24～26

制备方法

（1）将缓蚀剂、油性剂、爆炸剂、清洗剂和防锈剂在 55℃、60r/min 条件下保温反应 20min。

（2）加入表面活性剂、光亮剂、消泡剂、抗硬水剂和水，在 40℃、40r/min 条件下搅拌反应 2h。

原料配伍　本品各组分质量份配比范围为：缓蚀剂 38～51，油性剂 5～7，爆炸剂 8～10，清洗剂 1～2，防锈剂 6～8，表面活性剂 3～5，光亮剂 1～2，消泡剂 0.5～1，抗硬水剂 0.5～1，水 24～26。

所述的缓蚀剂由羧酸酯、多元酸酰胺和水溶性有机硼按质量比 1：6：2 复配而成。该缓蚀剂对环境及人体均无不良影响，对黑色、有色等多种金属具有良好的缓蚀效果，且能保证工作液长期使用。

所述的油性剂为棕榈酸，棕榈酸具有较好的润滑性能，可保证工作液使线切割加工工件获得较好的表面光洁度且不引起切割工件变色。

所述的爆炸剂为聚乙烯醇，爆炸剂聚乙烯醇具有一定的爆炸能力，可确保工作液使用时用较小的电流切割较厚的工件，且有利于熔化金属微粒的排出以及快速消除电离。

所述的清洗剂为二甲基乙酰胺，清洗剂二甲基乙酰胺具有较强的去污性能，且无泡沫，有一定的防锈性、润滑性，可保证工作液具有良好的洗涤作用。

所述的光亮剂为柠檬酸三钠。

所述的消泡剂为聚醚改性有机硅。

所述的抗硬水剂为 EDTA 二钠盐。

所述的防锈剂由三乙醇胺和无机硼酸盐按质量比 4∶3 复配而成。该防锈剂防锈性能优良，可保证线切割工作液长期使用。

所述的表面活性剂由非离子表面活性剂 OP-10 与阴离子表面活性剂十二烷基苯磺酸钠按质量比 6∶5 配制而成。该表面活性剂具有较好的清洗性能、防锈性能和润滑性能。

抗硬水剂 EDTA 二钠盐可使硬水软化，消除水中钙镁等离子对工作液性质的影响。

【产品应用】 本品主要用作环保高性能水基电火花线切割工作液。

【产品特性】 本产品制备工艺简单，使用周期长，不仅安全可靠、无毒无腐蚀无污染，而且具有优异的防锈性、润滑性、冷却性、抗泡性、清洗性和抗硬水性。

环保水剂型线切割工作液

【原料配比】

原料	配比（质量份）		
	1#	2#	3#
癸二酸	5	10	8
辛酸	5	10	8
丙二醇聚氧丙烯聚氧乙烯醚（2040）	10	15	12
苯三唑	0.1	0.1	0.1
乙醇	2	3	3
乙二醇丁醚	0.5	0.5	0.5

原料	配比（质量份）		
	1#	2#	3#
乳化剂 OP－10	6	10	8
聚丙烯酰胺	5	6	6
碳酸钠	3	5	4
中欧 CE110	18	20	19
聚硅氧烷乳液	2	5	4
二甲基硅油	1	1	1
杀菌剂 BK	1	2	2
纯净水	加至 100	加至 100	加至 100

制备方法 按配比将水与聚丙烯酰胺在 50～60℃溶解成黏稠液体，然后依次加入其余原料，恒温 2h，检测合格后出料。

原料配伍 本品各组分质量份配比范围为：第一防锈剂 5～10，第二防锈剂 5～10，润滑剂 10～15，有色金属防腐剂 0.1，清净剂 2～3，偶合剂 0.5，乳化剂 6～10，水质稳定剂 5～6，弱碱剂 3～5，中欧 CE110 18～20，抗静电剂 2～5，消泡剂 1，杀菌剂 1～2，纯净水加至 100。

　　所述第一防锈剂与第二防锈剂分别为癸二酸、辛酸。

　　所述润滑剂为丙二醇聚氧丙烯聚氧乙烯醚。

　　所述有色金属防腐剂为苯三唑，其主要是对铜铝等防腐。

　　所述乳化剂为 OP－10。

　　所述偶合剂为乙二醇丁醚。

　　所述消泡剂为二甲基硅油。

　　所述弱碱剂为碳酸钠。

　　所述水质稳定剂为聚丙烯酰胺。

　　所述抗静电剂为聚硅氧烷乳液。

　　所述清洗剂为乙醇

产品应用 本品是一种环保水剂型线切割工作液。

本品工作液中不含油质组分，环保洁净，容易对机床进行清洗；切割效果好，比传统的切割工作液切割效率提高 20%～30%；在切削铜、铝及其合金时，由于其黏稠性较低，故切削性能好。

环保型电火花线切割液

原料配比

原料	配比（质量份）
润滑油	10～15
防锈剂	2～4
爆炸剂	8～12
表面活性剂	1～2
复合添加剂	1.5～3
去离子水	加至 100

制备方法 将各组分原料混合均匀即可。

原料配伍 本品各组分质量份配比范围为：润滑油 10～15，防锈剂 2～4，爆炸剂 8～12，表面活性剂 1～2，复合添加剂 1.5～3，去离子水加至 100。

所述的润滑油为改性植物油，可选用改性环氧大豆油、改性亚麻籽或磷氮化改性菜籽油中的一种。

所述的防锈剂可选用三乙醇胺或二乙醇胺。

所述的爆炸剂可选用聚乙烯醇或聚乙二醇。

所述的表面活性剂可选用硼酸酯或磷酸酯类表面活性剂。

所述的复合添加剂包括消泡剂、络合剂、光亮剂、pH 值调节剂等。

产品应用 本品主要用作环保型电火花线切割液。

产品特性 本产品配制合理，制备工艺简便，成本适中，配方中使用改性植物油代替传统的机油，制得的切割液具有良好的使用性能，且具有无毒、环保的优点，符合节能环保理念。

环保型金刚线切割用冷却液

原料		配比（质量份）		
		1#	2#	3#
稳定剂	油酸三乙醇胺	7	6	5
	聚甲基丙烯酸铵	—	4	3
	聚乙烯吡咯啉酮	—	—	—
水溶性润滑剂	聚乙二醇	1	1	1
	磷酸三乙酯		1	0.5
	油酸	—	—	0.5
极压剂	硼砂	3	3	2
	硅酸钠		1	2
防锈剂	三乙醇胺硼酸酯	13	16	16
防腐剂	十二烯基丁二酸二乙醇酰胺	5	4	4
	苯甲酸钠	—	4	4
润湿剂	脂肪醇聚氧乙烯醚	2	2	1
	十二烷基苯磺酸钠		2	3
消泡剂	聚氧乙烯聚氧丙醇胺醚	0.02	0.02	0.01
	二甲基硅油		0.02	0.03
去离子水		加至100	加至100	加至100

制备方法 在不断搅拌的条件下，依次向去离子水中加入稳定剂、水溶性润滑剂、极压剂、防锈剂、防腐剂、润湿剂、消泡剂，继续搅拌1～5h，经滤纸过滤后得到所述环保型金刚线切割用冷却液。

原料配伍 本品各组分质量份配比范围为：稳定剂 4～10，水溶性润滑剂 0.5～2，极压剂 1～4，防锈剂 12～16，防腐剂 3～8，润湿剂 1～4，消泡剂 0.01～0.04，去离子水加至100。

所述稳定剂为油酸三乙醇胺、聚乙烯吡咯啉酮、聚甲基丙烯酸铵中的至少一种。

所述防锈剂为三乙醇胺硼酸酯。

所述防腐剂为十二烯基丁二酸二乙醇酰胺、苯甲酸钠中的至少一种。

所述润湿剂为脂肪醇聚氧乙烯醚、十二烷基苯磺酸钠中的至少一种。

所述润湿剂为脂肪醇聚氧乙烯醚、十二烷基苯磺酸钠中的至少一种。

在上述技术方案中，选用油酸三乙醇胺、聚乙烯吡咯啉酮、聚甲基丙烯酸铵中的至少一种作为稳定剂，能够起到增稠冷却液、分散切屑、增强贮存稳定性的作用，且不受稀释水质的影响。选用三乙醇胺硼酸酯作为防锈剂，能够使冷却液具有优越的防锈性能，且其无毒无害，能够有效提高设备工件的防锈、抗蚀能力。选用十二烯基丁二酸二乙醇酰胺、苯甲酸钠中的至少一种作为防腐剂，具有高效低毒、水溶性好的优点，能够有效抑制微生物生长对冷却液稳定性的破坏。选用脂肪醇聚氧乙烯醚、十二烷基苯磺酸钠中的至少一种作为润湿剂，能够降低冷却液表面张力，提高固体物料的润湿速度。另外，去离子水作为溶剂，杂质少，能够提高冷却液的冷却性能、防锈性能和稳定性。

所述水溶性润滑剂为聚乙二醇、磷酸三乙酯、油酸中的至少一种，能够使冷却液的黏附力增强，润滑性能提高。

所述极压剂为硼砂、硅酸钠中的至少一种，能够使冷却液的黏度增大，附着力提高，在切削区形成坚固的润滑膜。

所述消泡剂为聚氧乙烯聚氧丙醇胺醚、二甲基硅油中的至少一种，能够有效抑制切割过程的起泡性，提高切割过程的稳定性。

产品应用 本品主要用作环保型金刚线切割用冷却液。

产品特性

（1）具有优良的冷却、润滑、防锈和清洗性能，能够在满足金刚线高速切割的同时，实现良好的切片表面光洁度。

（2）不易腐败变质，使用寿命长，便于回收再利用。

（3）所用原辅料都环保无毒或者是低毒添加剂，对环境无污染或者低污染，对工作人员的身体健康无害。

（4）废液处理更为方便和经济。

（5）本品具有优良的冷却、润滑、防锈和清洗性能，不易腐败变质，使用寿命长，便于回收再利用。该方法安全可靠，综合成本低，适用于规模化生产。

环境友好型高分散性永磁体线切割液

原料配比

原料	配比（质量份）		
	2#	3#	4#
高分子羧酸	10	20	30
有机胺	20	30	40
新型表面活性剂	1	10	20
纯水	35	50	65
防腐剂或杀菌剂	1	2	5

制备方法 将各组分原料混合搅拌均匀即可。

原料配伍 本品各组分质量份配比范围为：高分子羧酸 10～30，有机胺 20～40，新型表面活性剂 1～20，纯水 35～65，防腐剂或杀菌剂 0～5。

所述高分子羧酸是长链羧酸如辛酸、正壬酸、癸二酸、己二酸、壬二酸、月桂二酸、C_8～C_{18}脂肪酸、油酸、亚油酸、三嗪类多羧酸化合物中的一种或几种。

所述有机胺是一乙醇胺、二乙醇胺、三乙醇胺、一异丙醇胺、二异丙醇胺、三异丙醇胺、吗啉、二环己胺、N-甲基吗啉、2-氨基-2-甲基-1-丙醇、二乙胺基乙醇中的一种或几种。

所述表面活性剂是脂肪醇聚氧乙烯醚（5～12）、脂肪醇聚氧乙烯聚氧丙烯醚、聚氧乙烯聚氧丙烯醚（5～12）、烷基醇酰胺、脂肪醇聚氧乙烯酯（5～12）、磺酸盐中的一种或几种。

所述防腐蚀剂是苯并三氮唑、甲基苯并三氮唑、1H-1,2,4-三氮唑中的一种或几种。

产品应用 本品是一种环境友好型高分散性永磁体线切割液。应用在机加工行业对金属永磁体、陶瓷等脆性材料以固定磨粒方式进行的分片加工。

（1）采用固定磨粒加工方式（替代传统使用的游离磨粒加工方式），分散性好（切屑粉末可长时间均匀地分散悬浮在工作液中，切屑沉降时间≥5min）。

（2）具有优良的防锈性能（3.3%稀释液铁屑防锈≥120h）、抗腐蚀性能（铁离子含量≤10mg/kg），循环使用寿命长（＞100天）。

（3）安全卫生质量高。采用生物可降解度高、对人和环境友好的可替代物质设计配方，产品生物半致死量 LD_{50}≥5000mg/kg，呼吸道黏膜刺激≤1级。

机床切割冷却液

原料配比

原料	配比（质量份）
乙二醇	35
N-膦酰基甲基甘氨酸	0.7
磷酸	7
三乙醇胺	0.9
柠檬酸盐	2
过氧化氢	0.6
正硅酸甲酯	1.5
钼酸钠	1.2
去离子水	35

制备方法 将各组分原料混合均匀即可。

原料配伍 本品各组分质量份配比范围为：乙二醇 30~50，N-膦酰基甲基甘氨酸 0.6~0.8，磷酸 6~8，三乙醇胺 0.8~1，柠檬酸盐 1~3，过氧化氢 0.5~1，正硅酸甲酯 1~2，钼酸钠 1~1.5，去离子水 30~40。

[产品应用] 本品主要用作机床切割冷却液。

[产品特性] 本产品配方科学合理，生产工艺简单，冷却性能强，稳定性好，保证冷却液的有效循环，防腐蚀效果好，可以提高工作效率，使用安全可靠，无毒害，净化工作环境，产品具有良好的润滑性、冷却性、防锈性和抗泡沫性能，适用于铸铁、钢、铝合金和铜合金等多种金属的切削加工，冷却液清洁，环保，不发臭，无毒，无味，对皮肤无不良影响。

机械切割用冷却液

[原料配比]

原料	配比（质量份）		
	1#	2#	3#
去氯自来水	31.5	45.6	40
防锈剂	27.3	36.75	30
氯化钠	9	13	10
碳酸氢钠	9	15	12
苯甲酸钠	4	5	4.5
丁基对苯二酚	3	3.8	3.5
抗磨润滑剂	5	7	6
抗爆剂	0.08	0.2	0.1

[制备方法] 将各组分原料混合均匀即可。

[原料配伍] 本品各组分质量份配比范围为：去氯自来水 31.5～45.6，防锈剂 27.3～36.75，氯化钠 9～13，碳酸氢钠 9～15，苯甲酸钠 4～5，丁基对苯二酚 3～3.8，抗磨润滑剂 5～7，抗爆剂 0.08～0.2。

[产品应用] 本品主要用作机械切割用冷却液。

[产品特性] 本产品不含亚硝酸盐和重金属等有害物质，工作液可循环使用 6 个月无变质、发臭，对机床和工件无腐蚀、不起泡、无异味，便于切割产品，工件 15 天内无锈蚀，防锈能力强。本产品配方简单，操作便捷，合成品可贮藏两年以上。

金刚砂线切割液

原料配比

原料	配比（质量份）						
	1#	2#	3#	4#	5#	6#	7#
水	470	470	470	470	475	470	465
分散剂	200	200	200	200	200	200	200
润滑剂聚醚 $HO(C_3H_6O)_{15}$ $(CH_2CH_2O)_{10}(C_3H_6O)_{10}H$	200	—	100	100	200	200	200
润滑剂聚醚 $C_3H_5O(CH_2CH_2O)_{15}$ $(C_3H_6O)_{20}(CH_2CH_2O)_{15}H$	—	200	100	100	—	—	—
极压剂硼酸酯（c）（$R_1=C_{10}H_{21}$）	50	—	50	50	50	—	50
极压剂硼酸酯（c）（$R_1=C_{10}H_{19}$）	—	—	—	—	—	50	—
润湿剂 $R(EO)_5(PO)_5—OH$	50	50	50	50	50	50	50
pH 值稳定剂	20	20	20	20	20	20	20
消泡剂	10	10	10	10	5	10	5

制备方法

（1）按上述金刚砂线切割液的配方分别称取各组分。

（2）将称取的各组分依次加入搅拌装置，边加入加搅拌；配方中其他组分添加完后，再加入消泡剂。

（3）搅拌至溶液均一透明后，得到金刚砂线切割浓缩液。

原料配伍　本品各组分质量份配比范围为：分散剂 10~500，润滑剂 20~400，极压剂 0~200，润湿剂 10~200，消泡剂 0~10，pH 值稳定剂 0~50，去离子水 100~900。

所述的分散剂可以为（聚）丙烯酸类聚合物、聚丙烯羧酸醚聚合物、羟甲基纤维素、羟丙基纤维素中的一种或一种以上的组合。

所述的润滑剂可以为聚醚（a）结构、聚醚（b）结构中的一种或一种以上的组合。

其中，聚醚（a）结构为：

$$RO(C_3H_6O)_a(CH_2CH_2O)_b(C_3H_6O)_cH$$

R=H、C_3H_5（烯丙基）、C_4H_9[正（异）丁基]

$a=10\sim30$；$b=10\sim30$；$c=10\sim30$。

聚醚（b）的结构为：

$$RO(CH_2CH_2O)_d(C_3H_6O)_e(CH_2CH_2O)_fH$$

R=H、C_3H_6（烯丙基）、C_4H_9[正（异）丁基]

$d=1\sim20$；$e=20\sim50$；$f=1\sim20$。

上述聚醚（a）与聚醚（b）的结构式中环氧烷烃（环氧乙烷、环氧丙烷）嵌入方式可以为嵌段、也可以是混嵌、或二者均有。

通过使用上述配方的润滑剂，采用特殊双亲结构，使润滑剂复配后协同效应最大化，具有极佳的润滑性能，且耐高温区间宽、黏度随温度变化小，冷却性能较其他产品要好，实现切割后的硅片表面线痕较轻或几乎没有，且金刚砂线的耗线量也明显降低。

所述的极压剂可以为硼酸酯类，所述的极压剂结构（c）如下：

$$R^3O - B \begin{smallmatrix} OR^1 \\ \\ OR^2 \end{smallmatrix}$$

$R^1=H$、C_xH_{2x+1}、C_xH_{2x-1}，$x=1\sim20$

$R^2=H$、C_yH_{2y+1}、C_yH_{2y-1}，$y=1\sim20$

$R^3=H$、C_zH_{2z+1}、C_zH_{2z-1}，$z=1\sim20$。

硼酸酯类极压剂作为一种新型的水溶性极压添加剂，其抗极压能力远大于硫磷型和氯铅型添加剂，并且无味、无毒，具有良好的极压抗磨性和热稳定性，对金属无腐蚀，有缓蚀高效特点。另外，由于硼酸酯油膜的强度高，摩擦系数低，具有良好的减摩抗磨性能，和密封材料有良好的相容性，对人体无毒害，是一种理想的绿色环保型添加剂。上述极压剂R端采用饱和与不饱和烃结构，由于硼酸酯水解作用或与添加剂发生摩擦化学反应产生诸如 H_3BO_3、B_2O_3 等构成的非牺牲性沉积膜，几种膜的共同作用有效提高了切割液的摩擦学性能，在配方中体现了较好耐极压性。

所述的润湿剂可以为低泡类非离子表面活性剂，在常温下（25℃）具有极低的泡沫性能，对硅片润湿性能好。所述的润湿剂结构（d）为：

$$R(EO)_m(PO)_n - OH$$

R=$C_{12}\sim C_{14}$脂肪醇

$m=1\sim5$；$n=1\sim5$。

所述的润湿剂的用量质量分数为 1%～20%，优选的质量分数在 5%～15%。该配方中添加的润湿剂，采用特殊脂肪醇经烷氧基化精制而成，对硅片有极佳的润湿能力，在切割过程中切割液能够发挥最大作用。

所述的消泡剂的用量质量分数为 0～10%，优选的质量分数为 1%～8%。该配方中添加的消泡剂，主要作用为抑制在喷洗过程中产生大量气泡，防止溢槽现象发生。该消泡剂具有消泡速度快、发泡能力低特点。

配方中可以选择添加增稠剂，添加增稠剂后，产品黏度有一定提高。提高黏度后的产品，因膜厚度增加，其润滑性能会得到提高，分散能力也会得到提高。

配方中可以选择添加 pH 值稳定剂，添加 pH 值稳定剂后，能够使产品 pH 值在使用过程中维持在一定的范围，该 pH 值范围对配方的稳定最优。

而金刚砂线切割液配方中的水，对其电导率是有一定要求的。电导率过高，容易导致切割过程中因短路而断线；电导率太低，对水质要求高，增加处理水的成本。另外，电导率高证明金属离子含量高，对单晶硅片的制绒有不良影响。因此，用去离子水的目的就是控制浓缩液的电导率，一般工作液电导率要求小于 $100\mu S/cm$。

质量指标

检测项	1#	2#	3#	4#	5#	6#	7#
泡沫性能（动态泡沫测试仪）/mL	65	60	63	59	55	65	60
润滑性能（P_B/N，GB/T 3142）	120	80	100	95	100	130	135
润湿性能（0.1s）/（°）	30	32	30	32	30	30	31

产品应用 本品主要用作金刚砂线切割液。

使用方法将得到的金刚砂线切割浓缩液进行稀释，获得工作液（稀释液）。稀释倍数一般为(1∶10)～(1∶100)，常用的稀释液倍数为(1∶10)～(1∶50)。

产品特性

（1）本产品配方中分散剂的存在，使得切割过程中硅粉均匀分散在溶液中，实现该配方浓缩液均一透明；配方中的润滑剂可采用特殊双亲结构，因此具有极佳的润滑性能，且耐高温区间宽、黏度随温度变化小，冷却性能较其他产品要好；配方中选择添加的极压剂，可在摩擦表面形成物理（或化学）吸附膜，即由于硼酸酯水解作用或与添加剂发生摩擦化学反应产生诸如 H3803、B203 等构成的非牺牲性沉积膜，几种膜的共同作用有效提高了切割液的摩擦学性能；而配方中添加的润湿剂，可采用特殊脂肪醇经烷氧基化精制而成，对硅片有极佳的润湿能力，在切割过程中切割液能够发挥最大铺展作用；配方中选择添加的消泡剂，可抑制在喷洗过程中产生大量气泡，防止溢槽现象发生；配方中选择添加的增稠剂，可使产品黏度有一定提高，提高黏度后的产品，因膜厚度增加，其润滑性能会得到提高，分散能力也会增强；另外，配方中选择添加的 pH 值稳定剂，能够使得产品 pH 值在使用过程中维持在一定的范围，而该 pH 值范围对该配方的稳定最优。可见，上述每个组分在配方中都有独特的作用，且每种组分复配于配方中，能够使润滑、消泡、润湿等各性能都能发挥最大化。

（2）本产品制备方法，只须按配方将各组分混合并搅拌即可，在搅拌过程中，通过各组分的相互协同作用，赋予了该金刚砂线切割液优异的冷却性能、润滑性能、润湿性能，同时保证了低泡沫性的特性。具有制备工艺简单、条件易控、成本低廉、对设备要求低的特点，适于工业化生产。

金刚石线切割设备的冷却液

原料配比

原料		配比（质量份）										
		1#	2#	3#	4#	5#	6#	7#	8#	9#	10#	11#
二乙二醇		86	80	30	40	43	45	70	10	10	2	5
分散剂	丙烯酸、烯基磺酸、马来酸酐、乙二醇、乙二醇甲醚、乙二醇乙醚、环氧乙烷经均聚物质的混合	1	—	—	—	—	—	—	—	—	30	1

原料		配比（质量份）										
		1#	2#	3#	4#	5#	6#	7#	8#	9#	10#	11#
分散剂	乙二醇、乙二醇甲醚、环氧乙烷中经共聚得到物质的混合物	—	5	—	—	—	—	—	20	25	—	—
	二乙二醇、乙二醇甲醚、环氧乙烷中的经均聚得到物质的混合物	—	—	10	10	15	20	20	—	—	—	—
聚乙二醇	平均分子量100	0.1	0.1	0.1	0.1	—	—	—	—	—	—	—
	平均分子量300	—	—	—	—	0.5	—	—	—	—	—	—
	平均分子量600	—	—	—	—	—	1	1	—	—	—	—
	平均分子量1000	—	—	—	—	—	—	—	1	5	—	—
	平均分子量2000	—	—	—	—	—	—	—	—	—	10	0.5
金属腐蚀抑制剂	苯酚、对氨基苯甲酸、氨基苯甲酸、苯甲酸甲酯、乙酸酐中的混合物	0.1	—	—	—	—	—	—	—	—	10	1
	三乙醇胺、苯并三氮唑和亚硝酸钠的混合物	—	1	—	—	—	—	—	4	5	—	—
	苯并三氮唑	—	—	2	2	3	4	4	—	—	—	—
螯合剂	二乙醇胺、三乙醇胺、乙二胺四乙酸、多氨基有机胺或氨基酸的混合物	0.01	—	—	—	—	—	—	—	—	10	2
	三乙醇胺、乙二胺四乙酸的混合物	—	0.01	—	—	—	—	—	2	5	—	—
	乙二胺四乙酸	—	—	0.01	0.01	0.5	1	2	—	—	—	—
消泡剂	聚甲基硅氧烷、有机硅氧烷、聚醚中的混合物	0.01	—	—	—	—	—	—	—	—	5	0.5
	有机硅氧烷、聚醚的混合物	—	0.01	—	—	—	—	—	0.5	3	—	—
	有机硅氧烷	—	—	0.01	0.01	0.1	0.5	0.5	—	—	—	—
去离子水		12.78	13.88	57.88	47.88	37.9	28.5	2.5	80	47	33	90

制备方法

（1）将螯合剂、金属腐蚀抑制剂和消泡剂按配比加入去离子水中，搅拌均匀。

（2）将二乙二醇、分散剂和聚乙二醇加入步骤（1）所得溶液中，再搅拌6～8h，得到所述的用于金刚石线切割设备的冷却液。

原料配伍　本品各组分质量份配比范围为：去离子水 2.5～90，二乙二醇 2～86，聚乙二醇 0.1～10，分散剂 1～30、螯合剂 0.01～10，金属腐蚀抑制剂 0.1～10，消泡剂 0.01～5，所述聚乙二醇平均分子量为 100～2000。

所述分散剂的组成方案为由丙烯酸、甲基丙烯酸、乙基丙烯酸、烯基磺酸、苯乙烯磺酸、马来酸酐、烷基丙烯氧基磺酸、丙烯酰胺基磺酸、乙二醇、二乙二醇、乙二醇甲醚、乙二醇乙醚、环氧乙烷中的一种或两种以上单体单元经均聚或共聚得到的物质中的一种或两种以上物质的混合；优选方案为乙二醇、二乙二醇、乙二醇甲醚、乙二醇乙醚、环氧乙烷中的一种或两种以上单体单元经均聚或共聚得到的物质中的一种或两种以上物质的混合。最优选方案为二乙二醇、乙二醇甲醚、环氧乙烷中的一种或两种以上单体单元经均聚或共聚得到的物质中的一种或两种以上物质的混合。

所述螯合剂的组成方案为二乙醇胺、三乙醇胺、乙二胺四乙酸、多氨基有机胺或氨基酸中的一种或两种物质以上的混合；优选方案为三乙醇胺、乙二胺四乙酸中的一种或两种物质以上的混合；最优选的方案为乙二胺四乙酸。

所述金属腐蚀抑制剂的组成方案为醇胺类（如二乙醇胺、三乙醇胺）、酚类（如苯酚、邻苯二酚）、羧酸类（如对氨基苯甲酸、水杨酸、柠檬酸）、羧酸脂类（如氨基苯甲酸、苯甲酸甲酯、邻苯二甲酸甲酯）、酸酐类（如乙酸酐）、苯并三氮唑和亚硝酸钠中的一种或两种以上物质的混合；优选方案为三乙醇胺、苯并三氮唑和亚硝酸钠中的一种或两种以上物质的混合；最优选的方案为苯并三氮唑。

所述消泡剂的组成方案为聚甲基硅氧烷、有机硅氧烷、聚醚中的一种或两种以上物质的混合；优选方案为有机硅氧烷、聚醚的一种或两种以上物质的混合；最优选的方案为有机硅氧烷。

冷却液	分散性	再分散性	泡沫高度/mm	不锈钢腐蚀抑制性	切割良率
1#	较好	一般	<2	较好	86.5%
2#	较好	较好	<2	较好	85.7%
3#	较好	较好	<2	好	88.5%
4#	好	好	<2	好	93.8%
5#	好	好	<2	好	95.2%
6#	好	好	<2	好	93.0%
7#	较好	较好	<2	好	87.5%
8#	较好	较好	<2	较好	87.2%
9#	较好	较好	<2	较好	87.4%
10#	较好	一般	<2	较好	86.3%
11#	较好	一般	<2	较好	85.7%

产品应用 本品主要用作金刚石线切割设备的冷却液。

产品特性

（1）本产品中各组分的作用。消泡剂：表面张力小，表面活性高，具有消泡能力，在切割过程中，由于冷却液在设备中循环流动，冷却液本身又是有机物和水的混合物，容易产生气泡。气泡会使切割热导出不均、硅粉分散不均，造成切割不良。聚乙二醇：能够溶于水，降低金刚石线、金刚石和硅片之间的摩擦力，起到润滑冷却的作用。分散剂：在切割过程中，会产生大量硅粉、铁和金刚石等杂质，因此需要选用合适的分散剂来分散硅粉，提高硅片表面质量。二乙二醇：不仅在高温条件下稳定性好，能够很好地起到润滑和冷却的作用，而且对硅粉也有一定的分散能力。螯合剂和金属腐蚀抑制剂：由于冷却液在机台管路中流动，由金刚石线携带进入切缝，它对于管路、金刚石钢线都会有一定的腐蚀作用，因此必须加入螯合剂抑制腐蚀的发生。

（2）本产品冷却效果好、硅粉悬浮能力适中、低黏度、低泡沫、低腐蚀性。

（3）本产品成本低廉，制作简单。

金刚石线切割液（1）

原料		配比（质量份）					
		1#	2#	3#	4#	5#	6#
分散剂	聚乙二醇质（均分子量为200）	150	150	—	—	—	—
	聚乙二醇质（均分子量为100）	—	—	90	—	—	—
	聚乙二醇质（均分子量为100）	—	—	—	60	—	—
	聚丙烯酸	—	—	—	—	—	5
	聚乙二醇质（均分子量为400）	—	—	—	—	60	55
抗磨剂	环丁砜	59.85	59.85	—	89.81	89.81	85.81
	苯并三氮唑	—	—	59.79	—	—	4
去离子水		90	90	150	150	150	150
消泡剂	聚氧乙烯聚氧丙醇胺醚	0.1	0.1	—	—	—	—
	二甲基硅油	—	—	—	0.14	0.14	0.04
	丙二醇聚氧乙烯聚氧丙烯醚	—	—	0.15	—	—	0.1
pH 值调节剂	柠檬酸	0.05	—	0.07	—	—	0.03
	草酸	—	0.05	—	—	—	—
	苹果酸	—	—	—	0.05	—	—
	乳酸	—	—	—	—	0.05	0.01

制备方法　在连续搅拌的去离子水中加入 pH 值调节剂、分散剂、抗磨剂和消泡剂，继续搅拌 2～5h 得到所述金刚石线切割液。

原料配伍　本品各组分质量份配比范围为：分散剂 60～150，去离子水 90～150，抗磨剂 30～90，pH 值调节剂 0.06～0.15 和消泡剂 0.06～0.2。

所述的分散剂为聚乙二醇、聚丙烯酸、聚甲基丙烯酸铵中的一种或多种。

　　所述的聚乙二醇的质均分子量为 100～600。聚乙二醇、聚丙烯酸和聚甲基丙烯酸铵具有良好的水溶性，与许多有机物组分有良好的相溶性，此外还具有优良的润滑性、保湿性和分散性。添加聚乙二醇、聚丙烯酸、聚甲基丙烯酸铵，可以提高金刚石切割液对硅粉切屑的分散性，同时增强金刚石线切割液的清洗能力。

　　所述的抗磨剂为苯并三氮唑、甲基苯并三氮唑和含硫氧官能团的砜中的一种或多种。

　　所述的含硫氧官能团的砜为环丁砜。

　　苯并三氮唑、甲基苯并三氮唑、含硫氧官能团的砜是优良的抗磨剂，其抗磨性能远高于一般的润滑剂。添加苯并三氮唑、甲基苯并三氮唑、含硫氧官能团的砜可显著提高金刚石线切割液的润滑性和耐磨性，减少金刚石粉末的磨损，从而降低金刚石粉末的成本。

　　所述的 pH 值调节剂为聚丙烯酸、柠檬酸、草酸、苹果酸、醋酸、乳酸、盐酸和磷酸中的一种或多种。所述的 pH 值调节剂的摩尔浓度为 0.001～0.02mol/L。

　　聚丙烯酸、柠檬酸、草酸、苹果酸、醋酸、乳酸、盐酸和磷酸可调节金刚石线切割液的 pH 值，使其呈弱酸性，可以抑制金刚石线切割液与硅粉切屑的反应，提高金刚石线切割液的稳定性。

　　所述消泡剂为聚氧乙烯聚氧丙醇胺醚、丙二醇聚氧乙烯聚氧丙醚和二甲基硅油中的一种或多种。聚氧乙烯聚氧丙醇胺醚、丙二醇聚氧乙烯聚氧丙烯醚和二甲基硅油可有效抑制切割过程的起泡性，提高切割过程的稳定性。

　　所述去离子水可提高金刚石线切割液的冷却性能，同时也可降低金刚石线切割液的成本。

[产品应用]　本品主要用作金刚石线切割液。

[产品特性]　本产品通过添加抗磨剂，可减少金刚石粉末的磨损，从而降低金刚石粉末的用量；通过添加分散剂，可增强金刚石线切割液的清洗能力，能减小硅片清洗不良的概率，提高硅片的成品率；通过添加去离子水可提高金刚石线切割液的冷却性能，另一方面，由于去离子水所占质量百分比例较大，也降低了金刚石线切割液的生产成本，有利于大规模推广金刚石线切割技术。

金刚石线切割液（2）

原料	配比（质量份）								
	1#	2#	3#	4#	5#	6#	7#	8#	9#
丙二醇切割液	99.9	99.9	99.9	99.9	99.9	99.9	99.9	99.9	99.9
多酚类化合物原花青素	0.1	—	—	5.0	—	—	0.5	—	—
多酚类化合物单宁	—	0.1	—	—	5.0	—	—	0.5	—
多酚类化合物黄酮	—	—	0.1	—	—	5.0	—	—	0.5

制备方法

（1）各组分称量：对多酚类化合物和丙二醇切割液分别进行称量。

（2）配制金刚石线切割液：取步骤（1）中称量的多酚类化合物加入丙二醇切割液中，充分搅拌下溶解，制得金刚石线切割液。进行充分搅拌时，搅拌时间为 0.5～1h。

原料配伍　本品各组分质量份配比范围为：丙二醇切割液 90～100，多酚类化合物 0.1～5.0。

多酚类化合物是指分子结构中有若干个酚羟基的化学物质的总称，包括原花青素类、黄酮类、单宁类、酚酸类以及花色苷类等多酚类物质，但并不限定于此。优选地，所述多酚类化合物选自原花青素类、黄酮类、单宁类、酚酸类和花色苷类中的一种或几种。

所述多酚类化合物为粉末状。

多酚类化合物在金刚石线切割液中的质量百分比为 0.1%～5.0%。

多酚类化合物是极好的氢质子或电子供体，它可以形成稳定的酚类自由基中间体，使过氧化物或其他的自由基变成稳定的氢过氧化物，从而阻止链式反应的发生，即链阻止提供剂。而其自身因为共振非定域作用和没有适合氧分子进攻的位置，不会引发新的自由基或者由于链反应而被迅速氧化，比较稳定。由于其羟基取代的高反应活性和具有吞噬自由基的能力而表现出很好的抗自由基能力。

多酚类化合物阻止自由基链式反应的机理为：自由基进攻酚类化合物上的酚羟基形成一个中间过渡态，然后发生电子转移和氢质子的转移，最终形成能稳定存在的酚羟基自由基。酚羟基自由基由于共振作用产生的稳定性使其比其他自由基更加不活泼，不易与其他有机分子发生自由基链式反应，所以能够起到消除自由基的作用，并且多酚类化合物中酚羟基基团数越多，提供氢质子能力越强，清除自由基的能力越高。

原花青素，英文名是 oligomeric proantho cyanidins（OPC），是一种有着特殊分子结构的生物类黄酮，是一种新型高效抗氧化剂，是目前为止发现的最强效的自由基清除剂。实验证明，OPC 的抗自由基氧化能力是维生素 E 的 50 倍，维生素 C 的 20 倍。OPC 一般为红棕色粉末，气微、味涩，溶于水和大多有机溶剂。因为其酚羟基团数多，所以清除自由基能力强。

黄酮广泛存在于自然界的某些植物和浆果中，总数大约有 4 千多种，其分子结构不尽相同。黄酮的功效是多方面的，它是一种很强的抗氧剂，可有效清除自由基，这种阻止氧化的能力是维生素 E 的 10 倍以上。

单宁（tannins）是复杂的多元酚类化合物，因可用于鞣皮故得名鞣质。广泛分布于植物界，尤以高等植物中分布更为普遍，如地榆、石榴皮、虎杖、四季青、侧柏、仙鹤草、槐米、大黄等中均有大量存在。它也是一种很强的抗氧剂，可有效清除自由基。

产品应用 本品主要用作金刚石线切割液。

产品特性

（1）传统的多线切割过程中，由于磨削表层形成较高的温度梯度（>300℃），导致与磨削表层接触的部分 PG（丙二醇）会发生裂解反应，从而使 PG 组成成分发生变化：本产品采用多酚类化合物加入 PG 切割液中，能及时与裂解产生的自由基反应并将其清除掉，避免引发其他 PG 分子发生自由基连锁反应，从而起到稳定 PG 分子结构、维持 PG 相对分子质量基本不变的作用。

（2）切割液中 PG 组成成分变化影响 PG 切割液的冷却性和润滑性，而切割液的冷却性和润滑性对金刚石线切割过程中硅片成品率有较大的影响：通过本产品技术的运用，可以增加 PG 切割液重复使用次数、加大多线切割过程中回收液的使用量，并最终达到降低硅片切割成本的目的。

（3）本产品所使用的多酚类化合物具有很好的渗透、润滑作用，明显降低了切片的表面损伤、机械应力和热应力，增加了硅片的成品率。

（4）本产品适用范围广，能有效适用于单晶硅、多晶硅等线切割，并能显著提高上述金刚石线切割液的利用率。

（5）本产品有效地解决了金刚石线切割液使用后期切屑和切粒粉末再沉积的问题，避免了硅片表面的化学键合-吸附作用，便于硅片的清洗和后续加工。

（6）本产品整个综合处理和利用硅片切屑砂浆的过程是物理、化学过程的结合，是一个环境友好工艺体系，清洁、安全、污染小。

（7）在生产过程中，切屑液会消耗大量的电力、水等资源，通过此产品的回收技术，循环往复使用，可以节约能源，提高使用效率。

金刚石线切割液（3）

原料配比

原料	配比（质量份）		
	1#	2#	3#
聚乙二醇 200（PEG）	570	—	—
聚乙二醇 400（PEG）	—	400	—
聚乙二醇 600（PEG）	—	—	200
纯水	425	595	791
苯并三氮唑	1	0.5	2
苯甲酸胺	—	0.5	2
三乙醇胺	—	—	2
辛基酚聚氧乙烯（10）醚	1	—	1
壬基酚聚氧乙烯醚	—	0.5	1
聚甲基硅氧烷	3	2	1.66
聚乙基硅氧烷	—	2	1.66
聚二甲基硅氧烷			1.66

<u>制备方法</u>　按配比将上述原料加入低速搅拌缸中均匀搅拌混合而成。

<u>原料配伍</u>　本品各组分质量份配比范围为：聚乙二醇 190～590，纯水 405～80 5，防锈剂 0.5～2，乳化剂 0.5～2 和消泡剂 3～5。

所述防锈剂为苯并三氮唑（$C_6H_5N_3$）、苯甲酸铵、三乙醇胺中的一种或两种以上混合物；所述乳化剂为辛基酚聚氧乙烯（10）醚、壬基酚聚氧乙烯醚中的一种或两种以上混合物；所述的消泡剂为聚甲基硅氧烷、聚乙基硅氧烷、聚丙基硅氧烷、聚丁基硅氧烷、聚甲基乙基硅氧烷和/或聚二甲基硅氧烷中的一种或两种以上混合物。

所述聚乙二醇的分子量为 100～600，它可由一种分子量的聚乙二醇组成，也可由两种不同分子量的聚乙二醇混合组成；所述聚乙二醇为非离子型聚合物，可以与水进行任意比例互溶，是硅片切割液的主体，在硅片加工过程中起了非常重要的作用。

所述纯水是指以符合生活饮用水卫生标准的水为原水，通过电渗析器法、离子交换器法、反渗透法、蒸馏法及其他适当的加工方法制得的密封于容器内、不含任何添加物、无色透明、可直接饮用的水。

<u>质量指标</u>

项目	指标	项目	指标
外观（25℃）	透明液体	黏度（25℃）/(mm²/s)	10～20
色度（Hazen）	≤40	密度（20℃）/(g/cm³)	1.01～1.08
折射率（20℃）	1.454～1.4640	电导率（25℃）/(μS/cm)	≤10
含水量/%	≤0.5		

<u>产品应用</u>　本品主要用作金刚石线专用切割液。

<u>产品特性</u>

（1）本产品中各组分的作用分别为：聚乙二醇作为黏度适当的分散剂，可以吸附于固体颗粒表面而产生足够高的位垒和电垒，不仅阻碍颗粒互相接近、聚结，也能促使固体颗粒团开裂散开，可保证线切割液的悬浮性能。同时，该分散剂在固体颗粒团受机械力作用出现微裂缝时，能渗入到微细裂缝中定向排列于固体颗粒表面而形成化学能的劈裂作用，分散剂继续沿裂缝向深处扩展，有利于切割效率的提高；纯水可溶解聚乙二醇，并降低切割液制备成本；防锈剂起保护切割体系的作用；乳化剂分散不同液体间的界面张力，阻止分散的小液滴、

微粒互相凝结；消泡剂可消除切割液制备、硅片加工过程中产生的泡沫，提高切割液的渗透能力。

（2）本产品可提高切割硅晶片产品质量。

① 由于在硅晶片应用上对太阳能硅片表面的平整度、洁净度、导电性等性能指标有着极其严格的要求，故在太阳能硅片的切割过程中，使用电镀金刚石颗粒作为介质，形成机理是使金刚石微粉颗粒持续快速摩擦硅棒表面，利用金刚石颗粒的坚硬特性和锋利菱角将硅棒逐步截断，这一过程伴随着较大的摩擦热释放，同时由于金刚石颗粒与硅棒之间的摩擦而产生的破碎金刚石颗粒和硅颗粒也将混入切割体系中。

② 由于本产品具有良好的流动性，可将切割热及破碎颗粒及时带出切割体系，使被切割开的硅晶片不因受切割体系温度升高的影响而发生翘曲和其表面不因被细碎颗粒过度研磨而影响其光洁度，在金刚石线切割的高速运动中以均匀平稳的切割力场作用于硅棒表面，同时及时带走切割热和破碎颗粒，保证硅晶片的表面质量。

（3）本产品应用于金刚石线切割硅晶片所产生的技术效果。

① 本产品密度与黏度均小于传统切割液，具有良好的流动性，可提高硅晶片切割效率、降低硅晶片切割成本，满足金刚石线切割技术要求。

② 本产品具有良好的易清洗性，切割后依照正常硅晶片清洗工艺进行清洗，无异常现象产生。

③ 本产品用于金刚石线切割的硅晶片厚度、TTV、WARP 均满足要求，电池片制绒后亦无异常。

④ 本产品制备成本低，切割液成本不超过传统切割液的 60%，有利于取代进口切割液。

金刚石线切割液（4）

原料配比

原料		配比（质量份）				
		1#	2#	3#	4#	5#
聚醚：聚氧乙烯-聚氧丙烯共聚物	分子量 2500，浊点 34℃	50	—			
	分子量 4300，浊点 45℃	—	80			

原料		配比（质量份）				
		1#	2#	3#	4#	5#
聚醚：聚氧乙烯-聚氧丙烯共聚物	分子量 5800，浊点 56℃	—	—	100	—	—
	分子量 6800，浊点 38℃	—	—	—	70	—
	分子量 3700，浊点 48℃	—	—	—	—	90
分散润湿剂	脂肪醇聚氧乙烯醚	40	—	20	—	27
	烷基酚聚氧乙烯醚	—	15	—	27	—
	聚甲基丙烯酸	40	—	20	—	16
	聚马来酸酐	—	10	—	18	—
	聚环氧琥珀酸	—	10	—	—	12
	聚天冬氨酸	—	—	20	18	—
缓蚀防锈剂	乙二胺四乙酸二钠	—	10	—	—	—
	谷氨酸二乙酸钠	—	—	—	17	15
	苯并三氮唑	15	10	12	15	8
	巯基苯并咪唑	—	—	12	—	—
有机碱	二乙醇胺	2	—	—	—	4.0
	三乙醇胺	—	2.5	—	2.0	—
	乙醇胺	—	—	2.5	—	—
消泡剂	二甲基聚硅氧烷	0.5	1.5	—	—	—
	二乙基聚硅氧烷	—	—	1.5	1.5	2
水		加至 1000	加至 1000	加至 1000	加至 1000	加至 1000

制备方法　在室温条件下，将除有机碱以外的各组分按任意顺序添加到水中搅拌均匀，最后加入有机碱再次搅拌均匀即可。

原料配伍　本品各组分质量份配比范围为：聚醚 50～100，分散润湿剂 30～80，缓蚀防锈剂 15～35，有机碱 2～5，消泡剂 0.5～2，水加至 1000。

　　本产品中的聚醚，是聚氧乙烯-聚氧丙烯共聚物，进一步地，是聚氧乙烯-聚氧丙烯嵌段共聚物或无规共聚物，更优选分子量为 2000～

7000、浊点（10%）为30～60℃的水溶性聚醚。

本产品中的分散润湿剂，是脂肪醇聚氧乙烯醚、烷基酚聚氧乙烯醚、聚甲基丙烯酸、聚马来酸酐、聚环氧琥珀酸、聚天冬氨酸中的两种或两种以上的混合物。

本产品中的缓蚀防锈剂，是乙二胺四乙酸盐、谷氨酸二乙酸盐、苯并三氮唑、巯基苯并咪唑中的一种或一种以上的混合物。

本产品中的有机碱，是乙醇胺、二乙醇胺、三乙醇胺中的一种。

本产品中的消泡剂是烷基聚硅氧烷类，更优选二甲基聚硅氧烷或二乙基聚硅氧烷。

产品应用 本品主要用作金刚石专用线切割液。

产品特性 本产品具有合适的黏度和优良的冷却性能，且切屑悬浮和分散性好，金刚石钢丝锯清洁干净，长期使用也不会造成喷嘴的堵塞。本产品用于金刚石线切割的硅晶片厚度、TTV、WARP 均满足要求，总成品率>97.5%。还具有重复使用性能好、回收处理简单等突出优点。

金刚线切割多晶硅片用的冷却液

原料配比

原料		配比（质量份）					
		1#	2#	3#	4#	5#	6#
去离子水		80	90	70	60	20	40
冷却助剂	聚乙二醇	17	7	27	37	78	57
	三乙醇胺	1	1	—	0.5	0.8	0.8
	乙二醇	—	—	1	0.5	—	—
	羟乙基纤维素	—	0.8	—	—	—	1
	羟甲基纤维素	—	—	0.8	—	—	—
	黄原胶	0.8	—	—	0.8	0.2	—
	聚马来酸酐	—	1	—	—	—	1
	聚丙烯酸	1	—	—	0.5	0.8	—
	聚丙烯酸钠	—	—	1	0.5	—	—

原料		配比（质量份）					
		1#	2#	3#	4#	5#	6#
冷却助剂	聚二甲基硅氧烷	—	0.1	—	—	—	0.1
	聚甲基硅氧烷	0.1	—	0.1	0.1	0.1	—
	异噻唑啉酮	—	0.1	0.1	—	—	0.1
	硝基吗啉	0.1	—	—	0.1	0.1	—
D_{50} 为 2μm 的碳化硅		50	—	—	—	—	—
D_{50} 为 20μm 的碳化硅		—	5	—	—	—	—
D_{50} 为 50μm 的碳化硅		—	—	20	—	—	—
D_{50} 为 12μm 的金刚石		—	—	—	20	—	—
D_{50} 为 10μm 的碳化硅		—	—	—	—	40	—
D_{50} 为 0.1μm 的刚玉		—	—	—	—	—	10

【制备方法】 冷却助剂添加一定量的水（去离子水或蒸馏水等），即可配制得到金刚线切割多晶硅片用的冷却液。

【原料配伍】 本品各组分质量份配比范围为：水 20～90、冷却助剂 10～80、硬度大于硅的磨料 5～50。

所述磨料为碳化硅固体颗粒、刚玉固体颗粒和金刚石固体颗粒中的至少一种。

所述磨料的质量占所述水和冷却助剂的总质量的 5%～50%。

所述冷却助剂包括分散剂、黏度调节剂、金属螯合剂、消泡剂和杀菌剂。

所述分散剂为聚乙二醇和乙二醇中的至少一种。

所述黏度调节剂为黄原胶、羟甲基纤维素和羟乙基纤维素中的至少一种。

所述金属螯合剂为聚丙烯酸、聚马来酸酐、聚丙烯酸钠和三乙醇胺中的至少一种。

所述消泡剂为聚甲基硅氧烷和聚二甲基硅氧烷中的至少一种。

所述杀菌剂为硝基吗啉和异噻唑啉酮中的至少一种。

所述磨料的 D_{50} 为 0.1～50μm。

所述的磨料的 D_{50} 需要控制在一定的范围内，2~20μm 范围内为佳，磨料粒径过小容易黏附在金刚线表面，造成金刚线表面裸露的金刚石被包裹盖覆，失去切割能力；磨料粒径过大容易沉淀，且不容易进入切割缝中实现对硅锭或硅块的切割。

产品应用 本品主要用作金刚线切割多晶硅片用的冷却液。

产品特性

（1）本产品使切割产生的多晶硅片表面形成类似采用切割刃料进行多线切割的方法在硅片的表面形成的表面损伤层，有利于多晶硅片的后续制绒，采用现有的常规电池制绒工艺能够实现对金刚线切割多晶硅片进行制绒，有利于多晶硅片金刚线切割技术的产业化应用。

（2）本产品在一定程度上提升了金刚线切割过程中的切割能力，有利于减少由于金刚线切割能力不足而导致的线痕及断线风险。

（3）本产品中，由于加入的磨料不直接参与切割，所需用量不大，在使用该冷却液时可以回收再使用，并可以通过反复回收使用保证较低的成本。

金刚线切割太阳能硅片的冷却液（1）

原料配比

原料		配比（质量份）									
		1#	2#	3#	4#	5#	6#	7#	8#	9#	10#
去离子水		80	12	45	90	40	10	20	40	82	85
聚乙二醇	分子量 600	2	—	—	—	—	—	—	—	—	—
	分子量 1000	—	80	—	—	—	—	—	—	—	—
	分子量 5000	—	—	18	—	—	—	—	—	8	—
	分子量 10000	—	—	—	5	—	—	—	35	—	3
	分子量 3000	—	—	—	—	18	—	—	—	—	—
	分子量 200	—	—	—	—	—	86	50	—	—	—
分散剂	聚乙基丙烯酸	15	—	—	—	—	—	—	—	—	—
	聚马来酸酐	—	0.5	3	—	—	—	—	25	4	—

原料		配比（质量份）									
		1#	2#	3#	4#	5#	6#	7#	8#	9#	10#
分散剂	聚丙烯酸	—	0.5	—	—	—	—	—	10	—	—
	聚烯基磺酸	—	—	2	—	—	—	—	—	—	—
	聚丙烯酸-马来酸酐共聚物	—	—	—	3	—	—	—	—	—	2
	聚丙烯酰基磺酸	—	—	—	—	5	—	—	—	—	—
	聚烷基丙烯氧基磺酸	—	—	—	—	—	1	—	—	—	—
金属腐蚀抑制剂	苯酚	1	—	—	—	—	—	1	—	—	—
	水杨酸	—	6	10	—	—	—	—	—	—	—
	没食子酸	—	—	3	—	—	0.5	—	2	—	3
	乙酸酐	—	—	2	—	—	—	—	—	—	—
	柠檬酸	—	—	—	1.5	—	—	1	—	3	—
	邻苯二酚	—	—	—	—	7	—	—	—	—	—
	邻苯二甲酸甲酯	—	—	—	—	8	—	—	—	—	—
消泡剂	聚甲基硅氧烷	0.1	—	—	0.2	2	—	—	—	0.5	2
	聚二甲基硅氧烷	—	0.5	—	—	—	—	—	—	—	—
	聚乙基硅氧烷	—	—	2	0.2	—	1.5	2	0.5	0.5	—
螯合剂	五甲基二乙烯三胺	—	1.9	15	—	3	0.5	—	5	2.5	—
	亚氨基二乙酸	—	0.5	—	—	—	0.5	—	3	—	—
	三乙醇胺	—	—	—	0.1	15	—	1	2	—	5

制备方法 将各组分原料混合均匀即可。

原料配伍 本品各组分质量份配比范围为：水 10～90，聚乙二醇 2～86，分散剂 1～25，螯合物 0.1～20，金属腐蚀抑制剂 0.5～15，消泡剂 0.1～2。

在切割过程中，会有大量的硅粉产生，并伴有一些铁和金刚砂的杂质出现，因此，选用合适的分散剂来分散硅粉、防止结块，对硅片的表面质量有很大的影响。所述的分散剂为由丙烯酸、甲基丙酸酸、乙基丙烯酸、烯基磺酸、苯乙烯磺酸、马来酸酐、烷基丙烯氧基磺酸或丙烯酰胺基磺酸中的一种或多种为单体单元聚合得到的均聚物或共聚物中的一种或多种。

由于水基冷却液在机台的循环管路中流动，对于不锈钢材质的管路长时间会有腐蚀产生，因此必须在冷却液中加入相应的螯合剂，来抑制金属腐蚀的产生。所述的螯合剂优选醇胺、多氨基有机胺或氨基酸中的一种或多种。

所述的水为去离子水，质量优选为冷却液总量的 20%～80%。

所述的聚乙二醇平均分子量为 200～10000，质量优选为冷却液总量的 5%～80%。

所述的分散剂质量优选为冷却液总量的 3%～15%。

所述的金属腐蚀抑制剂优选自酚类，如苯酚、1,2-二羟基苯酚、邻苯二酚、邻巯基苯酚、对羟基苯酚或连苯三酚；羧酸类，如苯甲酸、对氨基苯甲酸（PABA）、邻苯二甲酸（PA）、没食子酸（GA）、水杨酸或柠檬酸；羧酸酯类，如对氨基苯甲酸甲酯、邻苯二甲酸甲酯或没食子酸丙酯；酸酐类，如乙酸酐或己酸酐中的一种或多种。所述金属腐蚀抑制剂质量优选为冷却液总量的 2%～6%。

在切割过程中，由于冷却液在循环流动过程中会有气泡产生，这种气泡会对切割造成不良的影响，因此应加入消泡剂，所述的消泡剂为聚甲基硅氧烷、聚乙基硅氧烷、聚丙基硅氧烷、聚丁基硅氧烷、聚甲基乙基硅氧烷和聚二甲基硅氧烷中的一种或多种。

在螯合剂选择中所述的醇胺较佳地为乙醇胺、二乙醇胺或三乙醇胺的一种或多种，优选三乙醇胺；所述的多氨基有机胺较佳地为二乙烯三胺、五甲基二乙烯三胺或多乙烯多胺中的一种或多种，优选五甲基二乙烯三胺；所述的氨基酸较佳地为 2-氨基乙酸、2-氨基苯甲酸、亚氨基二乙酸、氨三乙酸或乙二胺四乙酸中的一种或多种，优选亚氨基二乙酸。

所述的螯合剂较佳地质量优选为冷却液总量的 1%～10%。

产品应用 本品主要用作金刚线切割太阳能硅片的冷却液。

产品特性 本产品能很好配合金刚线的切割，润滑冷却效果好，有效降低断线率；对于切割过程中产生的硅粉和铁杂质具有很好的分散作用，保证了硅片的表面性能；冷却液成本低，无污染，是一种环境友好冷却液。

金刚线切割太阳能硅片的冷却液（2）

原料配比

原料	配比（质量份）	
	1#	2#
三乙醇胺	2	3
丙三醇	2	4
聚乙二醇单甲醚	2	3
丙烯酸羟乙酯	3	5
脂肪醇聚氧乙烯醚	2	3
对甲苯磺酸	3	4
反丁烯二酸	2	5
邻苯二甲酸酐	1	2
马来酰亚胺	2	4
顺丁烯二酸	1	3
二异丙醇胺	2	4
正丁胺	2	3
三异丙醇胺	1	2
山梨酸钾	2	3
苯氧乙醇	1	3
羟苯甲酯	2	3
乙二胺四乙酸二钠	2	3
二氧化钛	2	5
甲基丙烯酸甲酯	2	4
丙酮	3	5
去离子水	50	70

【制备方法】 将各组分原料混合均匀，溶于水。

【原料配伍】 本品各组分质量份配比范围为：三乙醇胺2~3，丙三醇2~4，聚乙二醇单甲醚2~3，丙烯酸羟乙酯3~5，脂肪醇聚氧乙烯醚2~3，对甲苯磺酸3~4，反丁烯二酸2~5，邻苯二甲酸酐1~2，马来酰亚胺2~4，顺丁烯二酸1~3，二异丙醇胺2~4，正丁胺2~3，三异丙醇胺1~2，山梨酸钾2~3，苯氧乙醇1~3，羟苯甲酯2~3，乙二胺四乙酸二钠2~3，二氧化钛2~5，甲基丙烯酸甲酯2~4，丙酮3~5，去离子水50~70。

【产品应用】 本品主要用作金刚线切割太阳能硅片的冷却液。

【产品特性】 本产品能很好配合金刚线的切割，润滑冷却效果好，有效降低断线率，对于切割过程中产生的硅粉和铁杂质具有很好的分散作用，保证了硅片的表面性能，成本低，无污染。

具有抗氧化性能的切割液

【原料配比】

原料		配比（质量份）		
		1#	2#	3#
去离子水		0.65	0.5	1
聚醚	聚乙二醇 PEG 300	4.25	—	—
	聚乙二醇 PEG 200	—	3.84	—
	聚丙二醇 PPG 400	—	0.56	—
	聚丙二醇 PPG 250	—	—	3.905
螯合剂	柠檬酸	0.05	—	—
	酒石酸（TA）	—	—	0.07
	乙二胺四乙酸（EDTA）	—	0.05	—
主抗氧剂	BHT	0.05	—	—
	甲基氢醌	—	0.025	—
	对苯二胺	—	—	0.02
辅助抗氧剂	双十八碳醇酯	—	0.025	—
	双十二碳醇酯	—	—	0.005

　在 30～60℃下，将去离子水、聚醚、抗氧剂和螯合剂按照所述配比混合后，搅拌 2～3h，再用三乙醇胺中和至 pH 值为 5～7，然后降温至常温，即得到本产品。

原料配伍　本品各组分质量份配比范围为：聚醚 3～5，螯合剂 0.05～1，抗氧剂 0～0.03，去离子水 0～2。

所述聚醚可以是分子量在 100～10000 的聚乙二醇、聚丙二醇或其混合物。

所述的螯合剂可以是乙二胺四乙酸（EDTA）、柠檬酸（CA）、酒石酸（TA）、聚丙烯酸、聚磷酸中的一种或两种以上的混合物。

所述的抗氧剂由主抗氧剂和辅助抗氧剂组成，其中主抗氧剂的用量占切割液质量的 0.01%～10%，辅助抗氧剂的用量占切割液质量的 0～10%。

所述的主抗氧剂可以是二苯胺、对苯二胺、二氢喹啉、2,6-二叔丁基对甲基苯酚、甲基氢醌、双（3,5-三级丁基-4-羟基苯基）硫醚、四［β-(3,5-三级丁基-4-羟基苯基)丙酸］季戊网醇酯等化合物及其聚氧乙烯的衍生物中的一种或两种以上的混合物。最佳选择为 2,6-二叔丁基对甲基苯酚、甲基氢醌中的一种或它们的混合物。

所述辅助抗氧剂对主抗氧剂的抗氧化性能起到增效作用，可以是双十二碳醇酯、双十四碳醇酯、双十八碳醇酯、三辛亚磷酸酯、三癸亚磷酸酯、三（十二碳醇）亚磷酸酯和三（十六碳醇）亚磷酸酯等的其中一种或两种以上的混合物。最佳选择为双十二碳醇酯、三辛亚磷酸酯中的一种或它们的混合物。

产品应用　本品主要用作晶体硅等硬脆性材料多线切割的切割液。

产品特性

（1）本产品中各组分的作用分别为：抗氧剂是指能够抑制或者延缓高聚物和其他有机化合物在空气中热氧化的有机化合物，也是能防止聚合物材料因氧化引起变质的物质。切割液的主体成分为高分子聚醚类，由于醚键中的氧原子的诱导效应，使 Q 位的 H 原子活性增加，故它们能被空气中的氧（或氧化剂）氧化，生成过氧化物，即其 C—H 键自动地被氧化成—COOH，而形成过氧化物。过氧化物有利于硅片表面氧化层的生成，氧化层中包裹某些金属杂质及氧化硅粉类，使硅粉及金属杂质易于吸附于硅片表面，由于其吸附力产生于化学键合吸附，从而导致在清洗过程中不易被除去，造成污片的产生。在切割液组分中加入抗氧剂后，可有效防止—COOH 在切割液中存在，而且有效保护了新生硅片表面免于被氧化，此时附着于硅片表面的金属杂质及硅粉属物理吸附，易于清洗除掉。另外，由于切割液中的聚醚组分具有自氧化功能，即自身形成过氧化物，进一步分解导致聚醚断链，这一过程为聚醚的降解过程。聚醚的降解过程不断产生小分子的聚醚组分，在从废砂浆中回收回收液的过程中，须将聚醚降解产生的小分子聚醚组分除掉，以保持回收切割液的黏度特性，从而保证切割质量。这不仅会对环境造成污染，而且会随着回收次数的增加回收切割液的收率不断下降，从而提高切割成本。抗氧剂对聚醚具有良好的抗降解特性，可有效防止切割液中的高分子聚醚断链，有助于提高回收切割液的收率，有效减少环境污染。高分子量的聚醚不仅可以作为固体颗粒的分散剂，而且保证了足够的润滑能力，其分散能力表现在吸附于固体颗粒表面，产生足够高的位垒，阻碍固体颗粒互相接近、聚集，保证了砂浆的悬浮性能。螯合剂具有优良的去除金属离子的性能，尤其是可以明显去除线锯产生的铁离子，防止其与新切硅片表面键合，污染硅片。去离子水主要用作溶剂，溶解呈固态的高分子量聚醚组分，同时，因其具有高的比热容，具有良好的带热效果，可有效防止硅片热应力的产生。

（2）有效解决了硅片在切割过程中表面氧化的问题，使硅片表面易于清洗，有效减少了污片的产生，提高了成品率。

（3）有效防止了切割液中的聚醚组分的降解，提升了废砂浆回收中回收切割液的收率，降低了切割成本。

快速水基线切割工作液

原料配比

原料	配比（质量份）					
	1#	2#	3#	4#	5#	6#
精制妥尔油	8	8	4	3	15	10
一乙醇胺	8	—	—	1	8	8
二乙醇胺	—	4	14	—	3	8

原料	配比（质量份）					
	1#	2#	3#	4#	5#	6#
三乙醇胺	8	—	—	1	4	4
脂肪醇醚磷酸酯 MOA-3P	8	—	6	10	—	8
脂肪醇醚磷酸酯 MOA-9P	—	5	2	—	1	—
可溶性淀粉	2	5	2	0.5	10	2
二乙二醇乙醚	2	5	2	—	—	—
二乙二醇丁醚	2	—	—	—	—	2
二乙二醇丙醚	—	—	2	—	—	—
三丙二醇甲醚	—	—	—	10	—	4
三丙二醇乙醚	—	—	—	—	1	—
去离子水	加至 100	加至 100	加至 100	加至 100	加至 100	加至 100

制备方法

（1）分别称取精制妥尔油和醇胺，将其混合加热至 50～120℃反应 30～120min 即制得润滑防锈剂，其中醇胺为一乙醇胺、二乙醇胺和三乙醇胺中的一种或任意两种以上的混合物。

（2）按照配比分别称取润滑防锈剂、磷酸酯极压剂、爆炸剂、醇醚偶合剂，离子水。

（3）在称取的去离子水中加入爆炸剂、醇醚偶合剂和磷酸酯极压剂，混合均匀，溶解充分。

（4）将称取的润滑防锈剂加入到步骤（3）形成的混合溶液中，溶解充分，冷却至室温，测定 pH 值为 8～9.5，即制得合格的快速水基线切割工作液。

原料配伍 本品各组分质量份配比范围为：润滑防锈剂 5～30，磷酸酯极压剂 1～10，爆炸剂 0.5～10，醇醚偶合剂 1～10，去离子水加至 100。

所述的润滑防锈剂是由精制妥尔油和醇胺制备而成的，其中精制妥尔油与醇胺的质量配比为 m（精制妥尔油）：m（醇胺）=1:(0.5～3.5)，醇胺为一乙醇胺、二乙醇胺和三乙醇胺中的一种或任意两种以上的混合物，所述的磷酸酯极压剂为脂肪醇醚磷酸酯 MOA-3P 或脂肪醇醚磷酸酯 MOA-9P，所述的爆炸剂为可溶性淀粉，所述的醇醚偶合剂为二乙二醇乙醚、二乙二醇丙醚、二乙二醇丁醚、三丙二醇甲醚和三丙二醇乙醚中的一种或任意两种以上的混合物。

产品应用　本品主要用作快速水基线切割工作液。

产品特性

（1）本产品所用的精制妥尔油润滑性能优越，清洗效果好并且有一定的抗泡作用，对硬水的适应范围宽，使用后易清洗，具有良好的润滑防锈性能。

（2）本产品环保安全性能好，避免了使用油类物质产生的油污、油烟问题，提高了工件的表面质量，同时也改善了工作环境，降低了工业废水的排放和污染，节约了成本。本产品经实验证明对人体无毒，保障了工作人员的安全。

（3）本产品使用后工艺效果好，不仅提高了加工速度，也提升了切割效率，加工后的工件表面光洁度高，不存在发黑、烧丝问题。

（4）本产品颜色透明，避免了油性线切割工作液的分层问题，化学性能稳定，保质期较长。

快走丝电火花线切割加工工作液

原料配比

原料	配比（质量份）									
	1#	2#	3#	4#	5#	6#	7#	8#	9#	10#
白油	10	11	12	13	14	15	15	15	10	12
聚氧乙烯醚	5	6	7	8	9	10	11	12	12	10
四乙酰基乙二胺	2	3	4	5	2	3	4	5	2	3
钼酸钠	0.5	0.5	0.5	0.5	0.5	0.5	1.0	1	1	1
纳米碳化硅粉（平均直径10nm）	0.05	0.05	0.05	0.05	0.05	0.05	0.05	0.05	0.05	0.05
68 号机械油	加至100	加至100	加至100	加至100	加至100	加至100	加至100	加至100	加至100	加至100

【制备方法】 首先将 68 号机械油、白油、聚氧乙烯醚与四乙酰基乙二胺加入反应釜中加热至 80～120℃，加入钼酸钠和纳米碳化硅粉充分混合，保温 10～25min，得到上述快走丝电火花线切割加工工作液。

【原料配伍】 本品各组分质量份配比范围为：白油 10～15，聚氧乙烯醚 5～12，四乙酰基乙二胺 2～5，钼酸钠 0.5～1.0，纳米碳化硅粉 0.05，68 号机械油加至 100。

所述的聚氯乙烯醚为烷基酚聚氧乙烯醚。

所述的纳米碳化硅的平均直径为 5～15nm，更优选平均直径为 5～10nm，最大直径不超过 25nm。

【产品应用】 本品主要用作快走丝电火花线切割加工工作液。

【产品特性】

（1）闪点高，远高于普通煤油 46℃的闪点，因而其放电加工安全性好。

（2）工艺性能好，加工后得到的工件表面光洁度高，表面粗糙度明显优于普通煤油，并且所述的工作液不会腐蚀工件材料，相反其会抑制工件在空气中的腐蚀。

（3）特别适合于快走丝电火花线切割加工，有利于缩短加工时间。

（4）使用过程中不容易产生油雾，对机床不会产生不良影响。

慢走丝电火花线切割加工工作液

【原料配比】

原料	配比（质量份）									
	1#	2#	3#	4#	5#	6#	7#	8#	9#	10#
白油	15	16	17	18	19	20	21	25	24	23
高级脂肪醇	10	11	12	13	14	15	16	20	19	18
四乙酰基乙二胺	2	3	4	5	6	7	8	8	7	6
钼酸钠	0.5	0.5	0.5	0.5	0.5	0.5	1	1	1	1
纳米氧化铝粉（平均直径 10nm）	0.05	0.05	0.05	0.05	0.05	0.05	0.05	0.05	0.05	0.05
100 号机械油	加至 100	加至 100	加至 100	加至 100	加至 100	加至 100	加至 100	加至 100	加至 100	加至 100

[制备方法] 首先将 100 号机械油、白油、高级脂肪醇与四乙酰基乙二胺加入反应釜中加热至 80～120℃，加入钼酸钠和纳米氧化铝粉充分混合，保温 10～25min，得到上述慢走丝电火花线切割加工工作液。

[原料配伍] 本品各组分质量份配比范围为：白油 15～25，高级脂肪醇 10～20，四乙酰基乙二胺 2～8，钼酸钠 0.5～1.0，纳米氧化铝粉 0.05，100 号机械油加至 100。

高级脂肪醇为碳原子数为 16～20 的高级脂肪醇。

纳米氧化铝的平均直径为 5～15nm，更优选平均直径为 5～10nm，最大直径不超过 25nm。

[产品应用] 本品主要用作慢走丝电火花线切割加工工作液。

[产品特性]

（1）闪点高，远高于普通煤油 46℃ 的闪点，因而其放电加工安全性好。

（2）工艺性能好，加工后得到的工件表面光洁度高，表面粗糙度明显优于普通煤油，并且所述的工作液不会腐蚀工件材料，相反其会抑制工件在空气中的腐蚀。

（3）特别适合于慢走丝电火花线切割加工，有利于缩短加工时间。

（4）使用过程中不容易产生油雾，对机床不会产生不良影响。

钕铁硼永磁材料用线切割液

[原料配比]

原料		配比（质量份）				
		1#	2#	3#	4#	5#
脂肪酸	油酸	3	5.0	—	3	6
	癸二酸	3	—	3	2	—
	十二烯基丁二酸	—	1	1.5	1	1.0
乙醇胺	单乙醇胺	2	2	1	2	—
	二乙醇胺	4	4	3	4	3
	三乙醇胺	6	7	6	9	12
胺基硼膦酸酯		3	5	5	5	6

原料		配比（质量份）				
		1#	2#	3#	4#	5#
清洗剂	壬基酚聚氧乙烯醚（OP-10）	6	—	—	3	—
	聚醚 L44	—	3	3	3	4.5
	聚醚 L62	—	1	1	1	1.5
防锈剂	硼酸酯	3	4	6	3	—
	钼酸钠	0.5	1.5	1	0.5	1.0
	磷酸钠	5	4	5	6	5
抗硬水剂	二乙胺四乙酸	0.3	—	—	0.3	—
	羟二乙胺四乙酸	—	—	0.5	—	—
	二乙胺四乙酸盐	—	1.0	—	—	—
	羟二乙胺四乙酸盐	—	—	—	—	1.0
消泡剂	乳化硅油	0.5	0.3	0.3	—	0.5
	无规则聚醚	—	0.2	0.2	0.5	—
水		加至 100	加至 100	加至 100	加至 100	加至 100

制备方法　按原料配方的量将脂肪酸加入反应釜中，加热到 60～70℃，在搅拌状态下加入乙醇胺，继续升温至 120～150℃反应 2h，然后降温到 80℃，再依次加入胺基硼膦酸酯、清洗剂、防锈剂、抗硬水剂、消泡剂和水，继续搅拌 2h 即为成品。

原料配伍　本品各组分质量份配比范围为：脂肪酸 3～9，乙醇胺 10～15，胺基硼膦酸酯 3～6，清洗剂 5～10，防锈剂 6～9，抗硬水剂 0.3～1.0，消泡剂 0.3～1.0，水加至 100。

　　所述的脂肪酸至少为油酸、十二烯基丁二酸、癸二酸或它们的混合物中的一种。

　　所述的乙醇胺至少为单乙醇胺、二乙醇胺、三乙醇胺或它们的混合物中的一种。

　　所述的胺基硼膦酸酯为一种配制的 N－P－B 型润滑油添加剂。这种配制的胺基硼磷酸酯，其中各组分按摩尔比计为有机胺：亚磷酸二丁酯：甲醛：硼化剂=1：(2～3)：(2～3)：1。

所述的有机胺为乙二胺或二乙烯三胺。所述的硼化剂为硼酸。

胺基硼磷酸酯的制备方法，分两步进行：

（1）按照原料的摩尔比，将亚磷酸二丁酯和甲醛加入反应釜中，然后在搅拌下将有机胺全部滴加到反应釜中，控制反应釜内温度≤30℃，待釜内温度不再上升时继续搅拌1～2h。

（2）将配方量的硼化剂加入步骤（1）的反应釜中，开启分水装置，加热升温到110～130℃，回流反应3～5h，待分水器中水的液面不再增加时反应结束，冷却至室温，得到目标产物。

所述的清洗剂为普洛尼克聚醚（简称聚醚）L44、L62、壬基酚聚氧乙烯醚或它们的混合物中的一种。

所述的防锈剂为硼酸酯、钼酸钠和磷酸钠三种物质按不同质量比组成的混合物中的一种。

所述的抗硬水剂至少为乙二胺四乙酸、羟乙二胺四乙酸、乙二胺四乙酸盐或羟乙二胺四乙酸盐中的一种。

所述的消泡剂至少为乳化硅油、无规则聚醚或它们的混合物中的一种。

【质量指标】

检验项目		标准要求	检测数据及结论	检测依据
原液外观		均匀透明液体	均匀透明液体合格	
pH 值		8～9	8.5 合格	
腐蚀性55℃±2℃全浸（10%溶液）	一级灰口铸铁	24h	24h 合格	GB 6144
	钕铁硼磁片	24h	24h 合格	
防锈性35℃±2℃（10%溶液）	一级灰口铸铁	单片 36h 叠片 4h	单片 36h 合格 叠片 4h 合格	
	钕铁硼磁片	单片 36h 叠片 4h	单片 36h 合格 叠片 4h 合格	
消泡性/(mL/10min)		≤2	0 合格	
最大无卡咬负 P_B/N		≥500	600 合格	GB 3142
对机床油漆适应性（不变色）		21d	30d 不变色合格	—

【产品应用】 本品主要用作钕铁硼永磁材料用线切割液。

（1）本产品具有更好的润滑性和防锈性，与乳化液相比具有更长的使用寿命和更快的切割速度。

（2）具有良好的导电性和润滑性能，可有效提高表面精度。

（3）具有优良的清洗、排屑性能，可有效提高加工速度。

（4）具有极佳的灭弧效果，可有效延长钼丝使用寿命。

切割太阳能硅片的水性游离磨料切割液

原料配比

原料		配比（质量份）									
		1#	2#	3#	4#	5#	6#	7#	8#	9#	10#
非离子型高分子润湿剂	吐温-80	0.1	—	—	—	0.5	—	0.7	—	0.9	—
	烷基酚聚氧乙烯醚	—	0.2	—	0.4	—	0.6	—	0.8	—	1.0
	吐温-80 或烷基酚聚氧乙烯醚	—	—	0.3	—	—	—	—	—	—	—
助溶剂	椰子油脂肪酸二乙醇酰胺	0.1	0.3	—	—	0.9	1.0	—	1.3	—	0.8
	AES	—	—	0.5	0.7	—	—	1.1	—	1.5	—
脂肪醇聚氧乙烯醚		1.0	0.9	0.8	0.7	0.6	0.5	0.4	0.3	0.2	0.1
聚乙二醇 600 单油酸酯		0.2	1.5	1.2	1.1	1.4	1.0	0.8	0.6	0.4	0.1
水		91	93	95	97	99	98	96	94	92	91
分散剂	分散剂 Tamol	0.05	—	0.15	—	0.25	—	0.35	—	0.45	—
	亚甲基双甲基萘磺酸钠	—	0.1	—	0.2	—	0.2	—	0.4	—	0.5
消泡剂	SRE 消泡剂	0.01	—	—	—	—	—	—	—	—	—
	SRE 消泡剂与 DE889 消泡剂的混合物	—	—	0.03	—	—	0.06	—	0.08	—	—
	SRE 消泡剂与二甲基硅油的混合物	—	—	—	0.04	—	—	0.07	—	—	—

原料		配比（质量份）									
		1#	2#	3#	4#	5#	6#	7#	8#	9#	10#
消泡剂	二甲基硅油与DE889消泡剂的混合物	—	—	—	—	0.05	—	—	—	0.09	—
	二甲基硅油、二甲基硅油、DE889消泡剂中的一种或多种混合物	—	0.02	—	—	—	—	—	—	—	—
	SRE消泡剂、二甲基硅油以及DE889消泡剂的混合物	—	—	—	—	—	—	—	—	—	0.1
合成高分子增稠剂	聚乙二醇400单硬脂酸酯	1	—	—	2.5	—	—	4	—	—	5
	聚乙二醇400双硬脂酸酯	—	1.5	—	—	3	—	—	4.5	—	—
	聚乙二醇6000双硬脂酸酯	—	—	2	—	—	3.5	—	—	3	—

制备方法

（1）将 0.1～1 份的非离子型高分子润湿剂、0.1～1.5 份的助溶剂、0.1～1 份的脂肪醇聚氧乙烯醚以及 0.1～1.5 份的聚乙二醇 600 单油酸酯加入 91～99 份的水中，混合后，再向该体系中依次加入 0.05～0.5 份的分散剂和 0.01～0.1 份的消泡剂，充分混匀，得到混合液。

（2）将混合液加热并搅拌至溶质完全溶解，得混合溶液。

（3）将 1～5 份的合成高分子增稠剂加入步骤（2）得到的混合溶液中，在加入合成高分子增稠剂时保温并不断搅拌至合成高分子增稠剂完全溶解，得到用于切割太阳能硅片的水性游离磨料切割液。

原料配伍　本品各组分质量份配比范围为：合成高分子增稠剂 1～5，非离子型高分子润湿剂 0.1～1，助溶剂 0.1～1.5，分散剂 0.05～0.5，消泡剂 0.01～0.1 以及水 91～99。

还包括 0.1～1 份的脂肪醇聚氧乙烯醚以及 0.1～1.5 份的聚乙二醇 600 单油酸酯。

所述的合成高分子增稠剂为聚乙二醇 400 单硬脂酸酯、聚乙二醇 400 双硬脂酸酯或聚乙二醇 6000 双硬脂酸酯。

所述的非离子型高分子润湿剂为吐温-80 或烷基酚聚氧乙烯醚。

所述的烷基酚聚氧乙烯醚由壬基酚与 8～12 摩尔数的环氧乙烷加成制得。

所述的助溶剂采用椰子油脂肪酸二乙醇酰胺或 AES。

所述的分散剂为分散剂 Tamol 或亚甲基双甲基萘磺酸钠。

所述的消泡剂为 SRE 消泡剂、二甲基硅油、DE889 消泡剂中的一种或多种混合物。

所述的非离子型高分子润湿剂为吐温-80 或烷基酚聚氧乙烯醚；烷基酚聚氧乙烯醚为由壬基酚与 8～12 摩尔数的环氧乙烷加成得到的；助溶剂采用椰子油脂肪酸二乙醇酰胺或 AES；分散剂为分散剂 Tamol 或亚甲基双甲基萘磺酸钠；消泡剂为 SRE 消泡剂、二甲基硅油、DE889 消泡剂中的一种或多种混合物；合成高分子增稠剂为聚乙二醇 400 单硬脂酸酯、聚乙二醇 400 双硬脂酸酯或聚乙二醇 6000 双硬脂酸酯。

[质量指标]

编号	1#	2#	3#
黏度/mPa·s	58	52	56
沉降速度/（mL/h）	0.16	0.15	0.15
氢气产生速度/（mL/min）	0.0018	0.0011	0.0015
润滑性/g	1800	2000	1850
COD/（mg/L）	91900	90822	91088
表面张力/（mN/m）	23	22	23

[产品应用]　本品主要用作切割太阳能硅片的水性游离磨料切割液。

[产品特性]

（1）含水量高。本产品主要组分为水，大大降低了生产成本，且由于含水量高、有机物含量低使切割液的 COD 值很低，是真正意义上的绿色环保型切割液。

（2）比热容高。由于本产品含量最高组分为水，因此该切割液比热容高，切片的表面质量好、成品率高。

（3）润滑性好。本产品用于硅片的游离磨料线切割，具有极好的润滑性，可以加快切割速度，同时减小硅片切割后的表面损伤。

（4）分散、悬浮性好。本产品具有更好的分散性，有助于 SiC 的均匀分散，从而提高切割线的携砂能力，提高硅片成品率。

（5）本产品在硅片切割过程中，能够很好地抑制氢气的产生速度，可达到 0.0015～0.0018mL/min。

（6）本产品黏度为 52～58mPa·s，沉降速度为 0.15～0.16mL/h，润滑性为 1800～2000g，COD 为 90822～91900mg/L，表面张力为 22～23mN/m。

（7）本产品性能良好，成品率高。

切割液

原料配比

原料		配比（质量份）					
		1#	2#	3#	4#	5#	6#
聚乙二醇（PEG 400）		100	100	100	100	100	100
表面活性剂	丁醇聚氧乙烯醚	2.5	—	—	—	—	—
	月桂醇聚氧乙烯醚	—	1.5	—	—	—	—
	异辛醇聚氧乙烯醚	—	—	2	2	2	2
	羟乙基乙二胺	1	—	—	—	—	—
	辛基酚聚氧乙烯醚	—	—	3	—	—	—
	壬基酚聚氧乙烯醚	—	—	—	4	3.4	4
	聚氧乙烯醚硼酸酯	—	—	—	3	3.8	4
醇胺	二甘醇胺	—	1	—	—	—	—
	三乙醇胺	—	—	1	2	2.2	3
爆炸剂		0.1	0.1	0.1	0.1	0.18	0.2
螯合剂	环己六醇六膦酸酯	0.1	0.1	0.1	0.2	0.25	0.3
有机硅消泡剂		0.1	0.1	0.1	0.1	0.1	0.1

制备方法 将聚乙二醇、表面活性剂、醇胺和螯合剂混合，并以 250～300r/min 的转速搅拌 30～40min。

原料配伍 本品各组分质量份配比范围为：聚乙二醇 100、表面活性剂 1～10、醇胺 0～4、爆炸剂 0.1～0.2、螯合剂 0.1～0.4、消泡剂 0.1～0.2。

本产品中采用的聚乙二醇重均分子量为 200～600。上述聚乙二醇可通过商购得到，如 PEG 200、PEG 400、PEG 600。

所述表面活性剂的含量可以在较大范围内变动，优选情况下，以聚乙二醇的含量为基准，所述表面活性剂的含量为 1.5%～11%，更优选 3%～4%。

所述表面活性剂为本领域常用的表面活性剂，例如烷基酚聚氧乙烯醚和/或脂肪醇聚氧乙烯醚。上述烷基酚聚氧乙烯醚和脂肪醇聚氧乙烯醚均为本领域技术人员公知的，例如所述脂肪醇聚氧乙烯醚可以为异辛醇聚氧乙烯醚、月桂醇聚氧乙烯醚、丁醇聚氧乙烯醚、十二醇聚氧乙烯醚中的一种或多种。所述烷基酚聚氧乙烯醚可以为壬基酚聚氧乙烯醚、辛基酚聚氧乙烯醚、多芳基酚聚氧乙烯醚中的一种或多种。上述烷基酚聚氧乙烯醚和脂肪醇聚氧乙烯醚均可通过商购得到。

对于上述烷基酚聚氧乙烯醚，其含量可在较大范围内变动，优选情况下，以聚乙二醇的含量为基准，所述烷基酚聚氧乙烯醚的含量为 3%～4%。

对于上述脂肪醇聚氧乙烯醚，其含量可在较大范围内变动，优选情况下，以聚乙二醇的含量为基准，所述脂肪醇聚氧乙烯醚的含量为 1.5%～2.5%。

所述切割液中的表面活性剂同时包括烷基酚聚氧乙烯醚和脂肪醇聚氧乙烯醚。

通过采用上述表面活性剂，可增强切割液的润滑作用，使表面活性剂分子能吸附于硅片表面，在切割过程中能够减小切割的摩擦力，减少硅片表面的划痕，有效地提高了切割良率。

所述切割液的表面活性剂中还可以含有聚氧乙烯醚硼酸酯。通过添加聚氧乙烯醚硼酸酯，可大大降低切割液中的含水量，避免由于切割液中的水分导致切割过程中水分影响碳化硅的悬浮性，进而影响切割效率。

所述聚氧乙烯醚硼酸酯的含量，可以在较大范围内变动，优选情况下，所述切割液中，以聚乙二醇的含量为基准，所述聚氧乙烯醚硼酸酯的含量为3%～4%。

所述表面活性剂可同时含有聚氧乙烯醚硼酸酯、烷基酚聚氧乙烯醚和脂肪醇聚氧乙烯醚。当表面活性剂中同时含有上述三种组分时，三者之间的含量没有关系，三者总含量在1.5%～11%范围内即可。

本产品中还包括醇胺，所述醇胺选自三乙醇胺、羟乙基乙二胺、三异丙醇胺、二甘醇胺、二甲基乙醇胺、N-甲基二乙醇胺中的一种或多种。上述醇胺的含量可以在较大范围内变动，优选情况下，所述切割液中，以聚乙二醇的含量为基准，所述醇胺的含量为1%～3%。

螯合剂为环己六醇六膦酸酯。螯合剂的含量，可以在较大范围内变动，优选情况下，所述切割液中，以聚乙二醇的含量为基准，所述螯合剂的含量为0.1%～0.3%。

为了进一步提高切割液的综合性能，所述切割液中还含有爆炸剂和消泡剂。

所述爆炸剂为本领域公知的，可改善切割过程的硬力问题，减小切割过程对硬度较高的硅片的损害，同时有效地提高了切割效率。所述爆炸剂可通过商购得到。以聚乙二醇的含量为基准，所述爆炸剂的含量为0.1%～0.2%。

为了降低切割液中的气泡含量，切割液中还可以含有消泡剂。上述消泡剂为本领域公知的，例如有机硅消泡剂，具体可以采用甲基硅油。以聚乙二醇的含量为基准，所述消泡剂的含量为0.1%～0.3%。

产品应用 本品主要用作多晶硅线切割的切割液。

产品特性

（1）本产品含有聚乙二醇。聚乙二醇可以吸附于固体颗粒（切割砂）表面，产生足够高的位垒和电垒，不仅阻碍颗粒相互接近、聚结，也能促使固体颗粒团开裂散开，可在一定程度上保证切割液的携砂性能。但是，聚乙二醇的携砂性能仍不足，切割效率和切割液的寿命仍非常短。采用本产品进行线切割时，切割液中的各个组分共同作用，促使上述切割液中的螯合剂有效地络合切割砂颗粒，形成较稳定的空间网络结构，赋予了切割液优异的携砂性能，防止切割砂颗粒的沉降，使切割砂能长时间悬浮于切割液中，大大提高了切割的效率。

（2）所述切割液具有非常低的电导率，在对太阳能电池用多晶硅进行线切割时，不会导致切割得到的硅片的电导率提高，避免了对太阳能电池性能的影响。

全合成电火花线切割金属加工液

原料		配比（质量份）
基础液	去离子水	71.9
润滑添加剂一	硼氮改性蓖麻油	10
润滑添加剂二	聚丙二醇	11
防锈剂	硼酸盐（十水四硼酸钠）	1
钙镁离子软化剂	磷酸三钠	1
光亮剂	月桂酸	3
爆炸剂	聚乙烯醇	1
消泡剂	长链醇	0.1
表面活性剂	GK－30（氨基酸类表面活性剂）	1

制备方法

（1）将防锈剂 0.5～2 份、钙镁离子软化剂 0.5～2 份、光亮剂 1～5 份及爆炸剂 0.5～2 份溶于 70～75 份基础液中。

（2）将 10～30 份润滑添加剂搅拌均匀后，在搅拌下加入到步骤（1）溶液中。

（3）30min 后，向步骤（2）溶液中加入 0.5～2 份表面活性剂，继续搅拌 20min，最后加入 0～0.2 份消泡剂，质检合格后即得全合成电火花线切割金属加工液产品。

原料配伍　本品各组分质量份配比范围为：基础液 70～75，润滑添加剂 10～30，防锈剂 0.5～2，钙镁离子软化剂 0.5～2，光亮剂 1～5，爆炸剂 0.5～2，消泡剂 0～0.2，表面活性剂 0.5～2。

所述的基础液为去离子水。

所述的润滑添加剂为 BNTXH 和聚丙二醇。

所述的润滑添加剂 BNTXH 与聚丙二醇的质量比为 10∶11。

硼氮改性蓖麻油的制备方法为：

（1）将一定量的精致蓖麻油 1000g 和碱性溶液（40%氢氧化钠溶液，用量为 100g）充分混合，搅拌。

（2）反应完成后分出上层油层（反应时间 2h）。

（3）分出后加入一定量的硼酸（硼酸加入量为 62g）。

（4）在 128℃先反应 1h。

（5）再加入三乙醇胺反应 2h 即得硼氮改性蓖麻油（三乙醇胺用量 200g）。

所述的防锈剂为无机硼酸盐。

所述的钙镁离子软化剂为磷酸三钠，光亮剂为月桂酸，爆炸剂为聚乙烯醇，消泡剂为长链醇。

所述的表面活性剂为 N-酰胺基氨基酸。

质量指标

测试项目	测试结果	测试方法
外观	透明均匀液体	目测
P_N/N	588	GB/T 3142
P_D/N	1569	GB/T 12586
电阻率	320Ω·m	实测
pH 值	8.5	实测
消泡性	合格	GB 5096
腐蚀性	5%工作液全清	
LY12 铝	8h 不腐蚀	
一级灰口铁	24h 不腐蚀	
防锈实验	5%工作液 35℃±2℃	GB 6144
单片	96h 无锈	
叠片	24h 无锈	

产品应用　本品主要用作新型全合成电火花线切割金属加工液。

产品特性

（1）本产品中所有添加剂均为生物降解速度较快的添加剂，使本加工液具有环保的作用，不会导致环境污染问题的发生，而且本加工液没有生理毒性，是一类较理想的对环境无污染的新型全合成电火花线切割金属加工液。

（2）本产品在综合性能上完全满足各种金属加工过程中对润滑、

清洗及冷却等性能的要求，以及金属加工后对抗氧化等性能的要求。

（3）本产品制备方法简单、操作方便，而且节约能源，适于工业化生产。

乳化型线切割工作液

原料配比

原料		配比（质量份）									
		1#	2#	3#	4#	5#	6#	7#	8#	9#	10#
改性松香爆炸剂	丙烯酸改性松香三甘醇酯	8	6	—	—	—	—	—	—	—	—
	丙烯酸改性松香二甘醇酯	—	—	4	8	—	—	—	—	—	—
	松香三元醇酯	—	—	—	—	5	14	—	—	—	—
	二氢松香	—	—	—	—	—	—	10	12	—	—
	四氢松香	—	—	—	—	—	—	—	—	8	—
	马来松香	—	—	—	—	—	—	—	—	—	10
植物油油性剂	菜籽油	20	—	—	16	—	15	—	—	—	—
	棕榈油	—	25	28	—	—	—	—	—	—	—
	棉籽油	—	—	—	—	30	—	—	10	—	—
	油酸	—	—	—	—	—	20	—	—	—	—
	大豆油	—	—	—	—	—	—	—	—	18	35
pH 值调整剂	异丙醇胺	2	—	—	—	—	—	—	—	3.5	—
	氢氧化钾	—	1.5	1	—	—	—	—	—	—	—
	氢氧化钠	—	—	—	2	1.3	—	2.6	—	—	—
	三乙醇胺	—	—	—	—	—	4	—	—	—	—
	一乙醇胺	—	—	—	—	—	—	—	—	3.5	5
乳化剂	山梨醇酐单棕榈酸	1	—	—	—	—	1	—	—	2	—
	山梨醇酐单硬脂酸酯	—	2.5	2.5	—	—	—	—	—	—	—

原料		配比（质量份）									
		1#	2#	3#	4#	5#	6#	7#	8#	9#	10#
乳化剂	C_{12}脂肪醇聚氧乙烯醚（4）	—	—	—	0.5	—	—	0.1	—	—	0.2
	C_{12}脂肪醇聚氧乙烯醚（3）	—	—	—	—	7.6	—	—	5.5	—	—
耦合剂	水	2	—	4.5	4	—	0.5	—	—	—	—
	乙醇	—	2	—	—	—	—	4	—	2	—
	$C_{12}\sim C_{14}$混合醇	—	—	—	—	3	—	—	1	—	5
基础油	I类加氢矿物油	67	63	—	69.5	—	60.5	—	—	66.5	44.8
	II类加氢矿物油	—	—	60	—	—	—	—	—	—	—
	合成油	—	—	—	—	53.1	—	—	68	—	—
	III类加氢矿物油	—	—	—	—	—	—	68.3	—	—	—

[制备方法] 将基础油、改性松香爆炸剂、植物油油性剂、pH 值调整剂加入反应釜，充分混合均匀，65～100℃反应 6～15h，加入乳化剂、耦合剂搅拌 1～2h，即得所述乳化型线切割工作液。

[原料配伍] 本品各组分质量份配比范围为：改性松香爆炸剂 1～20，植物油油性剂 2～40，pH 值调整剂 0.2～5，耦合剂 0.1～10，乳化剂 0.1～8，基础油 25～80。

所述改性松香爆炸剂选自通过与松香分子结构中的羧基发生酯化反应或中和反应，或者与松香分子结构中的双键发生加成反应、氢化反应、歧化反应或聚合反应而制备的改性松香中的至少一种。更优选地，所述改性松香爆炸剂选自松香乙二醇酯、松香三元醇酯、松香四元醇酯、马来松香、丙烯酸改性松香、丙烯酸改性松香二甘醇酯、丙烯酸改性松香三甘醇酯、丙烯酸改性松香季戊四醇酯、马来改性松香丙烯酸树脂、二氢松香或四氢松香中的至少一种。

所述植物油油性剂选自蓖麻油、大豆油、菜籽油、椰子油、棕榈油、棉籽油或油酸中的至少一种。更优选地，所述植物油油性剂选自大豆油、菜籽油、棕榈油、棉籽油或油酸中的至少一种。

所述 pH 值调整剂选自氢氧化钾、氢氧化钠、一乙醇胺、三乙醇胺或异丙醇胺中的至少一种。更优选地，所述 pH 值调整剂选自氢氧化钾、氢氧化钠、三乙醇胺或异丙醇胺中的至少一种。

所述耦合剂选自水、乙醇、丁醚、C_{12}～C_{14}混合醇或异十三醇中的至少一种。更优选地，所述耦合剂选自水、乙醇或C_{12}～C_{14}混合醇中的至少一种。

所述乳化剂选自C_{12}脂肪醇聚氧乙烯醚（3）、C_{12}脂肪醇聚氧乙烯醚（4）、辛基酚聚氧乙烯醚、烷基酚与环氧乙烷缩合物、山梨醇酐单棕榈酸或山梨醇酐单硬脂酸酯中的至少一种。更优选地，所述乳化剂选自C_{12}脂肪醇聚氧乙烯醚（4）、辛基酚聚氧乙烯醚、山梨醇酐单棕榈酸或山梨醇酐单硬脂酸酯中的至少一种。

所述基础油选自Ⅰ类矿物油、Ⅱ类矿物油、Ⅲ类矿物油、Ⅰ类加氢矿物油、Ⅱ类加氢矿物油、Ⅲ类加氢矿物油或合成油中的至少一种。更优选地，所述基础油选自Ⅰ类加氢矿物油、Ⅱ类加氢矿物油、Ⅲ类加氢矿物油或合成油中的至少一种。

产品应用 本品主要用作乳化型线切割工作液。

本产品用于高速走丝电火花线切割加工时，用去离子水配制成水包油乳化液，乳液浓度以质量计为1%～5%。液槽体积为200L，加工电压为70～80V，电极丝为钼丝。

产品特性 本产品充分利用改性松香的稳定性和抗氧性能，且同时具有爆炸、乳化、润滑性能，通过与油性剂、乳化剂的协同作用，能够满足高速走丝电火花线切割加工要求，且使用寿命显著提高，取得了较好的技术效果。

数控钼丝线切割设备的冷却液（1）

原料配比

原料		配比（质量份）
溶液一	金属腐蚀抑制剂	2
	消泡剂	3
	去离子水	10
二乙二醇		1.5
分散剂		1
聚乙二醇		2
溶液一		5

（1）将金属腐蚀抑制剂、消泡剂和去离子水按 2：3：10 的比例混合，加热至 60℃ 搅拌均匀，冷却至常温。

（2）将二乙二醇、分散剂和聚乙二醇加入步骤（1）所得溶液中，配比为 1.5：1：2：5，再搅拌 6~8h，得到用于钼丝线切割设备的冷却液。

原料配伍　本品各组分质量份配比范围为：

溶液一：金属腐蚀抑制剂、消泡剂和去离子水比例为 2：3：10。

二乙二醇、分散剂、聚乙二醇和溶液一比例为 1.5：1：2：5。

所述金属腐蚀抑制剂为醇胺类、酚胺类、羧酸酯类、酸酐类中的一种或两种以上的混合。

所述消泡剂为聚甲基硅氧烷、聚醚中的一种或两种以上的混合。

所述分散剂为丙烯酸、甲基丙烯酸、乙基丙烯酸、烯基磺酸、马来酸酐、乙二醇、二乙二醇、乙二醇甲醚、乙二醇乙醚中的一种或两种以上单体单元经均聚或共聚得到的物质中的一种或两种以上的混合。

产品应用　本品主要用作数控钼丝线切割设备的冷却液。

产品特性　本产品原料简单易得，制作方法简单，在实际使用中，冷却性能好，对机床切割的工作效率、切割件的防锈和被切割钼丝使用性能都有综合提高。

数控钼丝线切割设备的冷却液（2）

原料配比

原料	配比（质量份）		
	1#	2#	3#
去离子水	10~70	30~60	45
二乙二醇	10~80	20~60	50
聚乙二醇	2~8	3~6	5
分散剂	8~15	9~12	10
金属腐蚀抑制剂	3~8	5~7	6
消泡剂	2~5	3~5	4

制备方法 将各组分原料混合均匀即可。

原料配伍 本品各组分质量份配比范围为：去离子水 2～85，二乙二醇 2.5～92，聚乙二醇 0.3～10，分散剂 5～20，金属腐蚀抑制剂 0.02～10，消泡剂 0.03～6，其中，聚乙二醇平均分子量为 100～2000。

所述分散剂为丙烯酸、甲基丙烯酸、乙基丙烯酸、烯基磺酸、马来酸酐、乙二醇、二乙二醇、乙二醇甲醚、乙二醇乙醚中的一种或两种以上单体单元经均聚或共聚得到的物质中的一种或两种以上的混合。

所述金属腐蚀抑制剂为醇胺类、酚胺类、羧酸酯类、酸酐类中的一种或两种以上的混合。

所述消泡剂为聚甲基硅氧烷、聚醚中的一种或两种以上的混合。

产品应用 本品主要用作数控钼丝线切割设备的冷却液。

产品特性 本产品原料简单易得，制作简单，在实际使用中，冷却性能好，对机床切割的工作效率、切割件的防锈和被切割钼丝使用性能都有综合提高。

数控线切割机床切割工作液

原料配比

原料	配比（质量份）				
	1#	2#	3#	4#	5#
松香皂	25	30	18	5	10
石油磺酸钠	1	3	5	8	10
油酸皂	10	6	9	8	5
三乙醇胺	10	5	10	20	15
柠檬酸钠	0.1	0.5	1	1.5	2
碳酸钠	5	2	4	3	1

原料	配比（质量份）				
	1#	2#	3#	4#	5#
磷酸三钠	4	3	1	2	5
磷酸酯	8	1	10	5	3
清水	36.9	49.5	42	47.5	49

制备方法

（1）按配方取配比量的清水放入容器，升温至 60～80℃。

（2）在容器内用搅拌机搅拌，在搅拌状态加入配方量的磷酸酯，保温 50～60℃使其溶解，溶解时间为 30min。

（3）在搅拌情况下加入配方量的松香皂、油酸皂和石油磺酸钠，混合均匀继续保温 30min。

（4）关闭保温，搅拌下依次加入配方量的三乙醇胺、柠檬酸钠、碳酸钠、磷酸三钠，继续搅拌 5～10min，即得棕红色透明的成品切割工作液。

原料配伍　本品各组分质量份配比范围为：松香皂 5～30，石油磺酸钠 1～10，油酸皂 5～10，三乙醇胺 5～20，柠檬酸钠 0.1～2，碳酸钠 1～5，磷酸三钠 1～5，磷酸酯 1～10，清水加至 100。

产品应用　本品主要用作数控线切割机床切割工作液。

产品特性　本产品原料容易获取；无任何污染排放；成本低廉，产品在效率、清洗防锈、耐用性等方面均有理想的性能。所述工作液可适合数控线切割机床中高速走丝加工使用。

水基电火花线切割液

原料配比

原料	配比（质量份）	
	1#	2#
表面活性剂	15	15
防锈剂	1.7	1.6

原料	配比（质量份）	
	1#	2#
爆炸剂	9	10
电解质	1.8	2
其他添加剂	1.2	1.3
去离子水	加至100	加至100

【制备方法】

（1）选材备料。切割液的主要成分为：表面活性剂、防锈剂、爆炸剂、电解质、其他添加剂和去离子水。

（2）调配制剂。该工序包括表面活性剂的调配以及防锈剂的调配。表面活性剂中聚醚与脂肪酸钾皂的质量比为1∶1，混合过程的温度控制在60℃以下，充分搅拌后添加20倍的水进行稀释；防锈剂中硼酸钠和葡萄糖酸的质量比为1∶(1.2~1.3)，在65℃以下充分混合后，添加5倍的水进行稀释。

（3）调制切割液。调制过程如下：首先，按照质量比，将表面活性剂、电解质和去离子水添加至反应釜，反应釜温度控制在45~50℃，充分搅拌；然后，继续添加防锈剂、爆炸剂、消泡剂和防腐剂，反应釜温度升至50~55℃，充分搅拌；最后，将反应釜温度降至35℃左右，添加pH值调节剂，将切割液的pH值调至8.5~9后冷却至室温。

（4）成品后处理。后处理工艺包括过滤除渣、调节气味、品质及外观检测、桶装及成品存储等。

【原料配伍】本品各组分质量份配比范围为：表面活性剂14~18，防锈剂1.4~2，爆炸剂8~12，电解质1.5~2.5，其他添加剂0.8~2，去离子水加至100。

其中，表面活性剂为聚醚与脂肪酸钾皂的复配剂；防锈剂为硼酸钠和葡萄糖酸的复配剂；爆炸剂选用松香或葡萄糖；电解质可选用碳酸钠、碳酸钙或碳酸氢钠中的一种；其他添加剂中的消泡剂选用乳化硅油、防腐剂选用苯甲酸钠、pH值调节剂选用三乙醇胺，三者的配比约为0.5∶0.5∶0.7。

产品应用 本品主要用作水基电火花线切割液。

产品特性 本产品配制工序安排合理，实施简便，且成本适中，制得的切割液无毒环保，且具有优良的防锈、绝缘、快速电离、洗涤及冷却等性能，可在多种材质的板材线切割领域中使用，适用范围宽广，实用性能优良。

水基线切割加工用工作液（1）

原料配比

原料	配比（质量份）		
	1#	2#	3#
三乙醇胺	12	10	15
硼酸钠	2.5	2	3
石油磺酸钠	1.5	1	2
丙烯酰胺	8	10	5
硬脂酸钠	6	8	5
聚乙烯醇	2.5	2	3
聚丙烯酰胺	1.5	1	2
脂肪酸聚氧乙烯醚甲酯	1.5	2	1
甘油	0.6	0.8	0.5
乙醇	9	10	8
蒸馏水	42	45	40

制备方法

（1）将配比量的三乙醇胺、硼酸钠和石油磺酸钠混合，加热至85～90℃，搅拌20～30min，升温至110～115℃，搅拌40～50min。

（2）加入配比量的丙烯酰胺、硬脂酸钠、聚乙烯醇和蒸馏水，搅拌20～30min。

（3）降温至70～80℃，加入配比量的其余组分，搅拌15～20min，降至室温即得。

原料配伍 本品各组分质量份配比范围为：三乙醇胺10～15，硼酸钠

2～3，石油磺酸钠 1～2，丙烯酰胺 5～10，硬脂酸钠 5～8，聚乙烯醇
2～3，聚丙烯酰胺 1～2，脂肪酸聚氧乙烯醚甲酯 1～2，甘油 0.5～0.8，
乙醇 8～10，蒸馏水 40～45。

产品应用 本品主要用作水基线切割加工用工作液。

产品特性 本产品使用寿命达到 12～15 天，工艺性能好，加工后工件
表面光洁度提高，对环境的污染小，不会产生油雾，对机床或机器元
件无侵蚀，不会造成设备接触不良或霉烂损坏。

水基线切割加工用工作液（2）

原料配比

原料	配比（质量份）		
	1#	2#	3#
三乙醇胺	14	13	16
硼酸钠	2.5	2	3
脂肪醇聚氧乙烯醚磷酸酯	6	8	5
石油磺酸钠	2.5	2	3
丙烯酰胺	4	5	3
聚乙烯醇	2.5	2	3
聚丙烯酰胺	2.5	2	3
脂肪酸聚氧乙烯醚甲酯	1.5	1	2
聚马来酸酐	1.2	1.5	1
钼酸钠	1	1.2	0.8
硫酸亚锡	0.6	0.8	0.5
甘油	1.2	1.5	1
乙醇	8	9	7
蒸馏水	48	46	50

制备方法 (1) 将配比量的三乙醇胺、硼酸钠、钼酸钠和石油磺酸钠混合，加热至 80～85℃，搅拌 20～30min，升温至 120～125℃，搅拌 40～50min。

（2）降温至 70～75℃，加入配比量的丙烯酰胺、聚马来酸酐、硫酸亚锡、甘油和蒸馏水，搅拌 30～40min。

（3）升温至 85～90℃，加入配比量的其余组分，搅拌 10～20min，降至室温即得。

原料配伍 本品各组分质量份配比范围为：三乙醇胺 13～16，硼酸钠 2～3，脂肪醇聚氧乙烯醚磷酸酯 5～8，石油磺酸钠 2～3，丙烯酰胺 3～5 份，聚乙烯醇 2～3，聚丙烯酰胺 2～3，脂肪酸聚氧乙烯醚甲酯 1～2，聚马来酸酐 1～1.5，钼酸钠 0.8～1.2，硫酸亚锡 0.5～0.8，甘油 1～1.5，乙醇 7～9，蒸馏水 46～50。

产品应用 本品主要用作水基线切割加工用工作液。

产品特性 本产品使用寿命达到 13～16 天，工艺性能好，加工后工件表面光洁度提高，对环境的污染小，不会产生油雾，对机床或机器元件无侵蚀，不会造成设备接触不良或霉烂损坏。

水基型线切割工作液

原料配比

原料	配比（质量份）
水	64
聚环氧乙烷醚	11
十六碳脂肪醇	8
聚乙二醇	7
硫化异丁烯	4
环烷酸锌	4
防腐剂	2

制备方法 将各组分原料混合均匀即可。

原料配伍 本品各组分质量份配比范围为：水 50～65，水溶性聚醚 8～12，高级脂肪醇 6～10，表面活性剂 5～8，极压添加剂 2～5，抑蚀剂

3～5，防腐剂2～3。

所述的水溶性聚醚具有良好的润滑极压性能、抗泡性能和硬水适应性能、并与脂肪酸有良好的协同作用，广泛应用于金属加工液中，所述的水溶性聚醚优选聚环氧乙烷醚。

所述的高级脂肪醇作为润滑油应用于金属加工液中，优选碳原子数目为16～18的脂肪醇。

所述的表面活性剂为金属加工的清洗剂，优选聚乙二醇。

所述的极压添加剂用来提高润滑油承载能力或降低非完全油膜润滑下材料磨损，优选硫化异丁烯。

所述的抑蚀剂有防止金属腐蚀的作用，抑蚀剂优选环烷酸锌。

产品应用 本品主要用作水基型线切割工作液。

产品特性

（1）工艺性能好，例如加工后的工件表面光洁度提高半级，切割效率相对于使用一般乳化油提高20%，切割铜、铝等软性材料时表面光洁度好，效率较一般乳化油提高了30%。

（2）使用寿命更长。

（3）符合环保要求，例如无油质，无雾化，改善了工作环境，提高了工作效率，可以循环使用，废液排放量明显减少，不含亚硝酸钠、磺化物，对人体皮肤和呼吸道器官无刺激、无毒害。

（4）使用过程中不产生油雾，对机床或机器元件无侵蚀，不会造成设备接触不良或霉烂损坏。这种工作液分离能力强，腐蚀物易沉降，不产生油污，不发臭，不发黑，具有防锈性能。

太阳能硅片线切割液

原料配比

原料		配比（质量份）						
		1#	2#	3#	4#	5#	6#	7#
聚乙二醇	聚乙二醇 PEG 200	947.5	939	947.2	—	—		949
	聚乙二醇 PEG 100	—	—	—	940		945	
	聚乙二醇 PEG 600	—	—	—		959.6		

原料		配比（质量份）						
		1#	2#	3#	4#	5#	6#	7#
分散剂	聚丙烯酸	21.5	12	10	—	—	—	—
	聚甲基丙烯酸	—	—	—	—	8	—	—
	聚乙基丙烯酸	—	—	—	—	—	22	—
	聚马来酸酐	—	14	11.8	—	8	—	20
	聚苯乙烯磺酸	—	—	—	12	—	—	—
	聚烯基磺酸	—	—	—	14.5	—	—	—
表面活性剂	四乙基氢氧化铵	28	—	14	—	12	—	—
	四甲基氢氧化铵	—	32	14	—	10	—	—
	四丙基氢氧化铵	—	—	—	—	—	30	—
	四丁基氢氧化铵	—	—	—	—	—	—	28
	苄基三甲基氢氧化铵	—	—	—	30.5	—	—	—
消泡剂	甲基硅氧烷	—	—	—	—	1	—	—
	聚甲基硅氧烷	2.5	2.5	—	—	—	—	—
	聚乙基硅氧烷	—	—	2.5	2.5	—	—	—
	聚甲基乙基硅氧烷	—	—	—	—	1	—	—
	聚丙基硅氧烷	—	—	—	—	—	1.5	—
	聚丁基硅氧烷	—	—	—	—	—	1	—
	聚二甲基硅氧烷	—	—	—	—	—	—	2.5
金属腐蚀抑制剂	苯并三氮唑	0.5	0.5	—	0.5	0.25	0.5	0.5
	甲基苯并三氮唑	—	—	0.5	—	—	—	—
	4-羧基苯并三氮唑	—	—	—	—	0.15	—	—

制备方法 将各组分原料混合均匀即可。

原料配伍 本品各组分质量份配比范围为：聚乙二醇 100～600 600～950，分散剂 1～30，表面活性剂 1～40，消泡剂 1～3；金属腐蚀抑制剂 0.1～2。

本产品所提到的聚乙二醇要求是常温条件下为液态，其分子量在100~600。由于聚乙二醇是非离子型聚合物，并且可以与水进行任意比例互溶，因此聚乙二醇（PEG）作为硅片切割液的主体在硅片的加工过程起着无可替代的作用。其中优选分子量为 200~300 的聚乙二醇，最优选分子量为 200 的聚乙二醇。

所述的分散剂是指聚有机羧酸类分散剂，包括聚丙烯酸、聚甲基丙烯酸、聚乙基丙烯酸、聚烯基磺酸、聚苯乙烯磺酸、聚马来酸酐中的一种或多种，优选聚甲基丙烯酸、聚乙基丙烯酸中的一种或多种，最优选聚丙烯酸、聚烯基磺酸、聚苯乙烯磺酸、聚马来酸酐中的一种或多种。

所述的表面活性剂，较佳地选自四甲基氢氧化铵、四乙基氢氧化铵、四丙基氢氧化铵、四丁基氢氧化铵和苄基三甲基氢氧化铵中的一种或多种。

所述的消泡剂，较佳地选自聚甲基硅氧烷、聚乙基硅氧烷、聚丙基硅氧烷、聚丁基硅氧烷、聚甲基乙基硅氧烷和聚二甲基硅氧烷中的一种或多种。

所述的金属腐蚀抑制剂，较佳地选自酚类，如苯酚、1,2-二羟基苯酚、对羟基苯酚或连苯三酚等；羧酸类，如苯甲酸、对氨基苯甲酸（PABA）、邻苯二甲酸（PA）或没食子酸（GA）等；羧酸酯类，如对氨基苯甲酸甲酯、邻苯二甲酸甲酯或没食子酸丙酯等；酸酐类，如乙酸酐或己酸酐等中的一种或多种；苯并三氮唑类，如苯并三氮唑、甲基苯并三氮唑或4-羧基苯并三氮唑等腐蚀抑制剂中的一种或多种。

所述的水用于溶解分散剂、表面活性剂、消泡剂和金属腐蚀抑制剂。其较佳含量为小于 8%，最佳含量为小于 5%。

产品应用 本品主要用作太阳能硅片线切割液。

产品特性

（1）切割液稳定性佳。

（2）切割良品率高。

（3）价格低。

（4）切割能力强。

（5）非常好的再分散能力。

太阳能硅片切割液（1）

原料	配比（体积份）
具有硫氧双键的有机化合物	0.1～30
聚乙二醇	60～95
表面活性剂	0.1～20
润滑剂	0.1～20
渗透剂	0.1～20
螯合剂	0.1～20

制备方法　在聚乙二醇、表面活性剂、润滑剂、渗透剂和螯合剂中加入带有硫氧双键的有机化合物的固态或液态物质，充分搅拌混合均匀得到本产品。

原料配伍　本品各组分体积份配比范围为：具有硫氧双键的有机化合物 0.1～30，聚乙二醇 60～95，表面活性剂 0.1～20，润滑剂 0.1～20，渗透剂 0.1～20 和螯合剂 0.1～20。

具有硫氧双键的有机化合物具体可以为亚砜类有机物（R_2SO）、砜类有机物（R_2SO_2）、亚磺酸类有机物（RSO_2H）和磺酸类有机物（RSO_3H）。具体生产使用时优选具有硫氧双键的有机化合物环丁砜（$C_4H_8O_2S$）添加在切割液中。由于本产品通过改进切割润滑性能进而改进切割浆料的切割性能，添加的具有硫氧双键的有机化合物因其特殊的化学结构决定了特殊的理化属性，在利用切割液进行硅片切割时，硫氧双键的有机化合物的硫氧官能团对切割钢线而言，具有一定的吸附作用，在钢线的外表形成一层吸附膜，这层膜一旦形成在钢线的表面将呈规则性致密排列，定向排列成加固的润滑膜，从而改进切割液的切割性能。而这层在钢线外表的吸附膜的形成对于具有硫氧双键的有机化合物的分子大小有一定的要求，为了能够更好地形成吸附膜，所述具有硫氧双键的有机化合物的分子量在 50～500 范围内。所述具有硫氧双键的有机化合物为固态或液态物质。

所述具有硫氧双键的有机化合物为环丁砜。

所述具有硫氧双键的有机化合物的分子量在 50～500 范围内。

产品应用 本品主要用作太阳能硅片切割液。

产品特性 本产品中添加具有硫氧双键的有机化合物，减少了硅片切割时钢线的磨损，增强了砂浆在钢线上的附着能力，从而降低硅片 TTV 均值，减小硅片表面线痕的比例以及减小硅片表面粗糙度，最终达到提高硅片良品率的目的。

太阳能硅片切割液（2）

原料配比

原料	配比（质量份）					
	1#	2#	3#	4#	5#	6#
聚乙二醇	20	5	40	15	30	15
脂肪醇	10	1	2	5	15	15
三乙醇胺	10	1	20	5	5	5
添加剂	15	10	20	17	23	23
去离子水	加至 100	加至 100	加至 100	加至 100	加至 100	加至 100

制备方法 将各组分原料混合均匀即可。

原料配伍 本品各组分质量份配比范围为：聚乙二醇 5～40，脂肪醇 1～20，三乙醇胺 1～20，添加剂 10～20，去离子水加至 100。

所述添加剂包括羧甲基纤维素络合物、微量偏硅酸钠、十二烷基硫酸钠、多元醇。

产品应用 本品主要用作太阳能硅片切割液。

产品特性 通过添加特定的活性剂，并采用新型工艺使切割时浸润性更好，并且延长了其使用寿命，对硅片切割后的损伤较少，同时达到可回收、环保的目的。

太阳能硅片切割液（3）

原料配比

原料		配比（体积份）					
		1#	2#	3#	4#	5#	6#
二乙二醇		60	65	70	75	80	60~90
聚乙二醇		2	5	10	15	18	2~20
表面活性剂	N,N-二甲基-1-十四烷胺氧化物	0.5	—	—	—	—	—
	月桂酰肌胺酸钠、二苯醚磺酸盐的混合物	—	0.8	—	—	—	—
	氯化硬脂基二甲基苄基铵	—	—	1.3	—	—	—
	四乙基氢氧化铵	—	—	—	2.8	—	—
	苄基三甲基氢氧化铵	—	—	—	—	6	—
	四丙基氢氧化铵	—	—	—	—	—	0.5~10
分散剂	聚丙烯酸	0.1	—	—	—	—	—
	烷基丙烯氧基磺酸为单体聚合得到的聚合物	—	0.4	—	—	—	—
	苯乙烯磺酸为单体聚合得到的聚合物	—	—	0.9	—	—	—
	马来酸酐为单体聚合得到的聚合物	—	—	—	2.4	—	—
	烷基丙烯氨基磺酸、丙烯氨基磺酸中的一种或多种为单体聚合得到的聚合物	—	—	—	—	5.6	—
	丙烯酰胺基磺酸为单体聚合得到的聚合物	—	—	—	—	—	0.1~10
润滑剂	油酸酰胺	0.1	—	—	2.6	—	—
	芥酸酰胺	—	0.5	—	—	5.9	—
	硬脂酸正丁酯	—	—	1	—	—	0.1~15

原料		配比（体积份）					
		1#	2#	3#	4#	5#	6#
表面张力调节剂	降烟碱	0.5	—	—	—	—	—
	2-氨基-4-甲基吡啶	—	0.8	—	—	—	—
	2,3-苯并二嗪	—	—	1.3	—	—	—
	3-羟基-1-甲基-5,6-吲哚二酮	—	—	—	4	—	—
	2-巯基-1-甲基咪唑、N-甲基-2-吡啶乙醇胺	—	—	—	—	10	—
	2-巯基-1-甲基咪唑	—	—	—	—	—	0.5~20

制备方法 将各组分原料混合均匀即可。

原料配伍 本品各组分体积份配比范围为：二乙二醇 60~90，聚乙二醇 2~20，表面活性剂 0.5~10，分散剂 0.1~10，润滑剂 0.1~15，表面张力调节剂 0.5~20。

所述表面活性剂为阴离子表面活性剂和/或阳离子表面活性剂。

所述阴离子表面活性剂为具有 12~25 个碳原子的烷基二甲胺氧化物。

所述阴离子表面活性剂为 N,N-二甲基-1-十四烷胺氧化物、N,N-二甲基-1-十八烷胺氧化物、月桂酰肌胺酸钠、二苯醚磺酸盐、十六烷基二苯醚二磺酸、十二烷基二苯醚二磺酸中的一种或者多种。

所述的阳离子表面活性剂为氯化硬脂基二甲基苄基铵、四甲基氢氧化铵、四乙基氢氧化铵、四丙基氢氧化铵、四丁基氢氧化铵、苄基二甲基氢氧化铵中的一种或多种。

所述分散剂为由丙烯酸、甲基丙烯酸、乙基丙烯酸、苯乙烯磺酸、马来酸酐、烷基丙烯氧基磺酸、丙烯酰胺基磺酸中的一种或多种为单体聚合得到的聚合物中的一种或多种。

所述润滑剂为油酸酰胺、芥酸酰胺、硬脂酸正丁酯中的一种或多种。

所述表面张力调节剂为降烟碱、2-氨基-4-甲基吡啶、2-氨基-6-甲基吡啶、2-氨基-5-甲基吡啶、仲乙醛、2,3-苯并二嗪、3-羟基-1-甲基-5,6-吲哚二酮、2-巯基-1-甲基咪唑、N-甲基-2-吡啶乙醇胺中的一种或多种。

产品应用 本品主要用作新型太阳能硅片切割液。

产品特性

（1）有较好的稳定性、分散性，表面张力低，可以提高生产效率。

（2）有较低的高温化学反应性，降低了自由基反应概率，切割液的应用周期加长，降低了生产成本。

（3）生产中副反应少，废液较易生物降解，可以提高回收率，降低成本。

太阳能硅片切割液（4）

原料配比

原料		配比（质量份）												
		1#	2#	3#	4#	5#	6#	7#	8#	9#	10#	11#	12#	13#
聚乙二醇	聚乙二醇100	83.7	—	—	75	—	55	22	37.8	61.8	—	60	—	—
	聚乙二醇200	—	93	—	—	90.5	—	60	50	—	90	—	95	88
	聚乙二醇400	—	—	92.1	—	—	37.6	—	—	30	—	—	—	—
	聚乙二醇600	—	—	—	18.15	—	—	—	—	—	—	—	—	—
分散剂	聚丙烯酸（分子量1600）	6	—	1.2	—	—	—	—	—	—	—	—	—	—
	聚乙基丙烯酸（分子量1200）	—	2.2	—	—	—	—	—	—	—	—	—	—	—
	聚马来酸酐（分子量600）	—	—	1.4	—	—	—	—	—	—	—	—	—	—
	丙烯酸-马来酸酐共聚物，分子量1200	—	—	—	2	—	—	—	—	—	—	—	—	—
	甲基丙烯酸-马来酸酐共聚物，分子量1600	—	—	—	—	3.4	—	—	—	—	—	—	—	—
	聚甲基丙烯酸（分子量1200）	—	—	—	—	—	1.2	—	—	—	—	—	—	—

原料		配比（质量份）												
		1#	2#	3#	4#	5#	6#	7#	8#	9#	10#	11#	12#	13#
分散剂	丙烯酸与苯乙烯磺酸共聚物（分子量1800）	—	—	—	—	—	0.8	—	—	—	—	—	—	—
	聚苯乙烯磺酸（分子量1000）	—	—	—	—	—	—	6.2	—	—	—	—	—	—
	烯基磺酸与马来酸酐共聚物（分子量1600）	—	—	—	—	—	—	—	4.2	—	—	—	—	—
	聚烷基丙烯氧基磺酸（分子量1200）	—	—	—	—	—	—	—	—	2.0	—	—	—	—
	聚丙烯酰胺基磺酸（分子量1000）	—	—	—	—	—	—	—	—	—	3.2	—	—	—
	马来酸酐-丙烯酸共聚物（分子量800）	—	—	—	—	—	—	—	—	—	—	16	—	—
	马来酸酐-丙烯酸共聚物（5000）	—	—	—	—	—	—	—	—	—	—	—	0.1	—
	马来酸酐-丙烯酸共聚物（分子量1200）	—	—	—	—	—	—	—	—	—	—	—	—	2.5
表面活性剂	月桂酰肌胺酸钠	7.6	—	—	—	—	—	—	—	—	—	—	—	—
	N,N-二甲基-1-十四烷胺氧化钠	—	3.5	—	—	—	—	—	—	—	—	—	—	—
	N,N-二甲基-1-十八烷胺氧化钠	—	—	3.8	—	—	—	—	—	—	—	—	—	—

续表

原料		配比（质量份）												
		1#	2#	3#	4#	5#	6#	7#	8#	9#	10#	11#	12#	13#
表面活性剂	四甲基氢氧化铵	—	—	—	3.4	—	—	1.0	—	2.8	—	20	—	4
	四乙基氢氧化铵	—	—	—	—	2.0	—	—	—	—	—	—	0.3	—
	四丙基氢氧化铵	—	—	—	—	2.2	—	—	—	—	—	—	—	—
	二苯醚磺酸钠	—	—	—	—	—	1.4	—	—	—	—	—	—	—
	十二烷基二苯醚二磺酸	—	—	—	—	—	2.2	—	—	—	—	—	—	—
	四丁基氢氧化铵	—	—	—	—	—	—	3.8	—	—	—	—	—	—
	氯化硬脂二甲基苄基铵	—	—	—	—	—	—	—	5.6	—	—	—	—	—
	十二烷基苯磺酸钠	—	—	—	—	—	—	—	—	1.0	—	—	—	—
	苄基三甲基氢氧化铵	—	—	—	—	—	—	—	—	—	4.4	—	—	—
消泡剂	聚甲基硅烷	0.1	—	—	—	—	—	1.0	—	—	1.2	2	0.6	—
	聚二甲基硅氧烷	—	0.3	0.3	—	—	—	—	—	—	—	—	—	—
	聚丙基硅氧烷	—	—	—	0.25	—	—	—	—	—	—	—	—	—
	聚乙基硅氧烷	—	—	—	—	0.5	—	1.0	—	—	—	—	—	—
	聚甲基乙基硅氧烷	—	—	—	—	—	0.8	—	1.4	—	—	—	—	5
	聚丁基硅氧烷	—	—	—	—	—	—	—	—	—	1.0	—	—	—

原料		配比（质量份）												
		1#	2#	3#	4#	5#	6#	7#	8#	9#	10#	11#	12#	13#
螯合剂	邻苯二酚	1	1	—	—	—	—	—	—	1.0	1.2	—	—	—
	连苯三酚	—	—	1.2	—	0.5	—	—	—	0.4	—	—	—	0.5
	邻巯基苯酚	—	—	—	1.2	—	0.5	—	—	—	—	—	—	—
	没食子酸	—	—	—	—	1.4	—	—	1.0	—	—	2	4	—
	邻羟基苯甲酸	—	—	—	—	—	2	—	—	—	—	—	—	—

[制备方法]　将各组分原料混合均匀即可。

[原料配伍]　本品各组分质量份配比范围为：聚乙二醇 100～600 600～950、分散剂 1～30、表面活性剂 1～40、消泡剂 1～3、金属腐蚀抑制剂 0.1～2。

所述的聚乙二醇的分子量为 100～600。由于聚乙二醇是非离子型聚合物，并且可以与水进行任意比例互溶，因此聚乙二醇（PEG）作为硅片切割液的主体在硅片的加工过程起着无可替代的作用。

所述的聚乙二醇的质量分数为 60%～95%。

所述的分散剂选自由丙烯酸、甲基丙酸酸、乙基丙烯酸、烯基磺酸、苯乙烯磺酸、马来酸酐、烷基丙烯氧基磺酸、丙烯酰胺基磺酸中的一种或多种为单体单元聚合得到的均聚物或共聚物中的一种或多种。

所述的均聚物或共聚物的分子量为 600～5000，其中优选分子量是 800～3000，最优选 1000～2000。

所述的分散剂的质量分数为 0.1%～16%。

所述的表面活性剂为阴离子表面活性剂和/或阳离子表面活性剂。

所述的阴离子表面活性剂选自改性的硅氧烷和聚硅氧烷、烷基取代的苯磺酸碱金属盐、长链脂肪族硫酸盐的碱金属或长链脂肪族硫酸盐的非金属盐、白醇类和碱性酚所衍生的碱金属或白醇类和碱性酚所衍生的非金属醚硫酸盐、碱金属磺酸基琥珀酸盐或非金属磺酸基琥珀酸盐中的一种或多种。

所述的阴离子表面活性剂为具有 12～25 个碳原子的烷基二甲胺氧化物，所述烷基二甲胺氧化物具有水互溶性和/或可分散性。

所述的阴离子表面活性剂选自 N,N-二甲基-1-十四烷胺氧化物、N,N-二甲基-1-十八烷胺氧化物、月桂酰肌胺酸钠、二苯醚磺酸盐、十六烷基二苯醚二磺酸、十二烷基二苯醚二磺酸、癸基二苯醚二磺酸的碱金属盐和/或癸基二苯醚二磺酸的非金属盐中的一种或多种。

所述的阴离子表面活性剂为 C_{10}～C_{18} 烷基苯磺酸盐。

所述的阳离子表面活性剂选自氯化硬脂二甲基苄基铵、四甲基氢氧化铵、四乙基氢氧化铵、四丙基氢氧化铵、四丁基氢氧化铵和/或苄基三甲基氢氧化铵中的一种或多种。

所述的表面活性剂的质量分数为 0.3%～20%。

所述的消泡剂选自聚甲基硅氧烷、聚乙基硅氧烷、聚丙基硅氧烷、聚丁基硅氧烷、聚甲基乙基硅氧烷和/或聚二甲基硅氧烷中的一种或多种。

所述的消泡剂的质量分数为 0.1%～5%。

所述的螯合剂为含有多个官能团的芳基化合物。

所述的螯合剂选自邻苯二酚、邻巯基苯酚、邻羟基苯甲酸、连苯三酚和/或没食子酸中的一种或多种。

所述的螯合剂的质量分数为 0.5%～4%。

产品应用 本品主要用作太阳能硅片切割液。

产品特性

（1）本品提高碳化硅的分散性和再分散性，确保了浆料的稳定性和持久性。

（2）提高了回收碳化硅的使用量，可以实现 100%使用回收碳化硅，大大降低了成本。

（3）具有很好的冷却和润滑作用，降低了切片的表面损伤、机械应力、热应力及金属离子对硅片的污染，有利于硅片后道清洗，提高了后端太阳能电池的转化效率。

（4）能有效地改善硅片的厚度误差，提高切割良率。

（5）便于进行回收，是一种绿色环保材料。

（6）可实现中央供砂，让工艺更加自动化，提高效率。

太阳能硅片复合切割液

原料配比

原料	配比（质量份）							
	1#	2#	3#	4#	5#	6#	7#	8#
丙三醇	20	—	—	—	—	—	—	—
聚乙二醇 800	—	5	5	—	—	—	—	—
聚乙二醇 1000	—	—	—	8.9	—	—	—	—
丙三醇和聚乙二醇 800 的混合物	—	—	—	—	10	—	—	—
聚乙二醇 200 和聚乙二醇 400 的混合物	—	—	—	—	—	15	—	—
聚乙二醇 400、聚乙二醇 800 和聚乙二醇 1000 的混合物	—	—	—	—	—	—	13	—
丙三醇和聚乙二醇 200 的混合物	—	—	—	—	—	—	—	18
乙二醇	70	75	90	70	84	80	85	90
苯并三氮唑	2	10	—	—	3.4	—	—	—
三乙醇胺	—	—	—	—	—	—	5	—
三乙醇胺硼酸酯	—	—	0.1	1	—	—	—	—
苯并三氮唑和三乙醇胺的混合物	—	—	—	—	—	8	—	0.5
SRECN 消泡剂	2	3	—	—	1.5	—	—	—
有机硅消泡剂 SE-47	—	—	0.1	10	—	—	—	—
SRECN 消泡剂和二甲基硅油的混合物	—	—	—	—	—	0.5	5	—
DE889 消泡剂和有机硅消泡剂 SE-47 的混合物	—	—	—	—	—	—	—	8
Tamol NN 分散剂	5	6	—	10	0.1	—	—	—
亚甲基双萘磺酸钠	—	—	3	—	—	—	1	0.5

原料	配比（质量份）							
	1#	2#	3#	4#	5#	6#	7#	8#
Tamol NN 分散剂和亚甲基双萘磺酸钠的混合物	—	—	—	—	—	8	—	—
苯甲酸	1	—	1.8	—	10	—	—	—
异喹啉酮	—	1	—	—	—	—	—	—
对羟基苯甲酸丙酯	—	—	—	0.1	—	—	—	—
苯甲酸和对羟基苯甲酸丙酯的混合物	—	—	—	—	—	3	—	—
对羟基苯甲酸丙酯和异喹啉酮的混合物	—	—	—	—	—	—	6	—
苯甲酸、对羟基苯甲酸丙酯和异喹啉酮的混合物	—	—	—	—	—	—	—	8

制备方法 将 5～20 份的黏度调节剂充分溶解在 70～90 份的乙二醇中，搅拌均匀后向混合液中加入 0.1～10 份的缓蚀剂并搅拌至混合均匀，再向混合液中加入 0.1～10 份的消泡剂并搅拌至混合均匀，然后再向混合液中加入 0.1～10 份的分散剂并搅拌至混合均匀，最后再向混合液中加入 0.1～10 份的防腐剂并搅拌至混合均匀，得到用于太阳能硅片制造的复合切割液。

原料配伍 本品各组分质量份配比范围为：乙二醇 70～90，缓蚀剂 0.1～10，消泡剂 0.1～10，分散剂 0.1～10，防腐剂 0.1～10。

还包括 5～20 份的黏度调节剂。

所述的黏度调节剂为丙三醇、聚乙二醇 200、聚乙二醇 400、聚乙二醇 800 或聚乙二醇 1000 的一种或多种。

所述的缓蚀剂为苯并二氮唑、二乙醇胺或二乙醇胺硼酸酯中的一种或多种。

所述的消泡剂为 SRECN 消泡剂、二甲基硅油、DE889 消泡剂或有机硅消泡剂 SE-47 中的一种或多种。

所述的分散剂为 Tamol NN 分散剂或亚甲基双萘磺酸钠。

所述的防腐剂为苯甲酸、对羟基苯甲酸丙酯或异喹啉酮中的一种或多种。

产品应用 本品主要用作太阳能硅片制造的复合切割液。

产品特性

（1）切割液成本降低。本产品的主要优势是切割液成本明显降低，这对于太阳能硅片切割过程来说是最为关键的。低成本地制造太阳能硅片对于生产公司的市场竞争力具有重要意义。

（2）能够满足切割硅片时的工艺要求，即能够达到目前的工业生产中的良品率，尤其是 TTV、划痕指标和工业生产中的指标处于相当水平。

（3）本品黏度得到有效控制。现在工业生产中的两种占主流的切割液，一种黏度范围处于 65～70mPa•s，另一种黏度在 45～55mPa•s。本产品黏度可以自由控制和调节。

（4）本品由于加入了适当量的适当消泡剂，在硅片切割过程中的泡沫现象得到了有效控制。泡沫量的控制可以保证注入到切割钢线上的砂浆中的含砂量，能够使切割钢线与硅块的直接摩擦减小。

（5）碳化硅游离磨料在切割液中的分散性得到提升。碳化硅游离磨料的分散性提高后，对于切割过程中钢线带动碳化硅颗粒时的拉动过程，尽可能地保证了其单颗粒形式的切割，避免了碳化硅颗粒的凝聚，由于钢线的磨损和硅块的摩擦所形成的硅碎片的尺寸变得更小。

（6）本产品静置一天后碳化硅的高度为 9.5～11cm，切割硅片的成功率为 99%以上。

太阳能硅片水基游离磨料切割液

原料配比

原料		配比（质量份）								
		1#	2#	3#	4#	5#	6#	7#	8#	9#
丙烯酸类增稠剂	T-901	0.5	0.6	0.8	1	1.2	—	—	—	—	—
	ACULYN22/23	—	—	—	—	—	0.7	—	—	0.5
	XC-190	—	—	—	—	—	—	0.9	—	—
	Aculyn33	—	—	—	—	—	—	—	1.1	—
去离子水		99	98.8	98.5	98.2	98	98.4	98.6	99	98

原料		配比（质量份）								
		1#	2#	3#	4#	5#	6#	7#	8#	9#
有机硅消泡剂	SRECN	0.15	0.15	0.15	0.15	0.15	—	—	—	—
	SE-47	—	—	—	—	—	0.1	—	—	0.2
	有机硅油	—	—	—	—	—	—	0.2	—	—
	切削液控泡剂 DF-965	—	—	—	—	—	—	—	0.1	—
三乙醇胺油酸皂		0.2	0.2	0.2	0.2	0.2	0.15	0.25	0.15	0.25

制备方法

（1）将 0.5~1.2 份的丙烯酸类增稠剂溶于 98~99 份的去离子水中，搅拌至丙烯酸类增稠剂充分分散于去离子水中，得到混合溶液。

（2）用三乙醇胺调节混合溶液的 pH 值至 7.0。

（3）向 pH 值为 7.0 的混合溶液中加入 0.10~0.20 份的消泡剂以及 0.15~0.25 份的三乙醇胺油酸皂，然后搅拌至溶质完全溶解，得到用于太阳能硅片制造的水基游离磨料切割液。

原料配伍 本品各组分质量份配比范围为：丙烯酸类增稠剂 0.5~1.2，消泡剂 0.10~0.20，三乙醇胺油酸皂 0.15~0.25，去离子水 98~99。

所述的丙烯酸类增稠剂为 ACULYN22/23、XC-190、Aculyn33 或 T-901。

所述的消泡剂为有机硅消泡剂 SRECN、有机硅消泡剂 SE-47、有机硅油或切削液控泡剂 DF-965。

所述水为去离子水。

产品应用 本品主要用作太阳能硅片制造的水基游离磨料切割液。

产品特性

（1）本产品的组分中，包含有丙烯酸类增稠剂、三乙醇胺、消泡剂、三乙醇胺油酸皂以及去离子水，其中三乙醇胺油酸皂一方面可以增强所述切割液的抗挤压性和润滑性，另一方面可以防腐，延长所述切割液的保质期，增强其稳定性。同时，切割液含大量去离子水，因水的大比热容，使其具有良好的冷却性，且水溶液易冲洗。另外，组分中大量的去离子水大大降低了切割液生产成本，减少了对环境的污染，切割晶片易清洗，污片少，硅片成品率高。最后，本产品具有配制简单易操作、生产成本低、切割硅片成品率高、后续清洗容易、对设备无污染等特点。

（2）本产品丙烯酸类增稠剂为非缔合阴离子碱溶胀型增稠剂T-901，其成分为聚丙烯酸，经三乙醇胺中和后，成为具有良好增稠效果的聚丙烯酸盐，调节合适的黏度，可使其水溶液具有优良的悬浮分散性。

（3）本产品消泡剂采用有机硅消泡剂SRECN，其消泡效果显著，也具有很强的抑泡能力。

碳化硅切割液

原料配比

原料	配比（质量份）				
	1#	2#	3#	4#	5#
聚乙二醇切割液	99.9	99.9	99.9	—	—
二甘醇切割液	—	—	—	99.9	—
多胺醇切割液	—	—	—	—	99.9
多酚类化合物原花青素	0.1	—	—	0.1	0.1
多酚类化合物单宁	—	0.1	—	—	—
多酚类化合物黄酮	—	—	0.1	—	—

制备方法 将各组分原料混合均匀即可。

原料配伍 本品各组分质量份配比范围为：含有聚乙二醇切割液、二甘醇切割液和多胺醇切割液中的一种，还含有多酚类化合物。所述多酚类化合物为原花青素类、黄酮类、单宁类、酚酸类、花色苷类中的一种或几种。

所述多胺醇切割液为三乙醇胺切割液、三异丙醇胺切割液和三己醇胺切割液中的一种。

所述多酚类化合物在聚乙二醇切割液、二甘醇切割液和多胺醇切割液其中一种中的质量百分比为0.1%～5.0%。

产品应用 本品主要用作碳化硅切割液。

碳化硅切割液的使用方法：

（1）各组分称量：将多酚类化合物和碳化硅分别进行称量。

（2）称量切割液：聚乙二醇切割液、二甘醇切割液和多胺醇切割液中的一种。

（3）配制砂浆：取步骤（1）中称量的多酚类化合物，加入聚乙二醇切割液、二甘醇切割液和多胺醇切割液其中一种中，充分搅拌下溶解，搅拌时间为 12～18h。然后加入碳化硅搅拌，制得砂浆。混合比例为碳化硅：聚乙二醇切割液=0.8～1.2kg：1L，碳化硅：二甘醇切割液=0.8～1.2kg：1L，碳化硅：多胺醇切割液=0.8～1.2kg：1L。

产品特性

（1）传统的多线切割过程中，由于磨削表层形成较高的温度梯度（>300℃），导致与磨削表层接触的部分 PEG、二甘醇、多胺醇会发生裂解反应，从而使 PEG、二甘醇、多胺醇分子结构发生变化、分子量降低；本产品采用多酚类化合物加入 PEG、二甘醇、多胺醇切割液中，能及时与裂解产生的自由基反应并将其清除掉，避免引发其他 PEG、二甘醇、多胺醇分子发生自由基连锁反应，从而起到保持相对分子质量基本不变的作用。

（2）切割液中 PEG、二甘醇、多胺醇分子结构及相对分子质量影响切割液黏度及对 SiC 的分散性能，而切割液黏度和 SiC 在切割液中的分散性又对多线切割硅片过程中成品率有较大的影响；通过本产品技术的运用，可以增加切割液重复使用次数、加大多线切割过程中回收液的使用量，并最终达到降低硅片切割成本的目的。

（3）实用价值高，通过在 PEG 切割液、二甘醇切割液和多胺醇切割液任何一种中添加少量的多酚类化合物，既可明显改善砂浆的综合性能，有效地提高半导体硅晶线切割砂浆的利用率，又可使砂浆重复利用至三次切割和四次切割，并且污片率满足要求。

（4）本产品所使用的多酚类化合物具有很好的渗透、润滑作用，明显降低了切片的表面损伤、机械应力和热应力，增加了硅片的成品率。

（5）本产品适用范围广，能有效适用至单晶硅、多晶硅和其他化合物半导体的线切割中，并能显著提高上述线切割砂浆的利用率。

（6）本产品有效地解决了硅晶线切割砂浆使用后期切屑和切粒粉

末再沉积的问题，避免了硅片表面的化学键合-吸附作用，便于硅片的清洗和后续加工。

（7）本产品整个综合处理和利用硅片切屑砂浆的过程是物理、化学过程的结合，是一个环境友好工艺体系，清洁、安全、污染小。

（8）在生产过程中，SiC、切屑液都会消耗大量的电力、水等资源，通过此产品的回收技术，循环使用，可以节约能源，提高使用效率。

通用型电火花线切割机床工作液

原料配比

原料	配比（质量份）				
	1#	2#	3#	4#	5#
聚丁烯	10	8	12	6	13
烷基芳烃	5	7	6	9	5
壬基酚聚氧乙烯醚与山梨糖醇单油酸酯复合物	1.4	1.5	1.3	1	1
特级脂松香	4	3	3	2	4
变性木薯淀粉	3	3	2	4	2
苯并三唑	0.6	0.7	0.5	0.8	0.7
石油磺酸钡	8	7	6.5	9	9
烯基丁二酸酯	1	1.2	1.1	1.3	1.4
合成基础油	加至100	加至100	加至100	加至100	加至100

制备方法　将各组分原料混合均匀即可。

原料配伍　本品各组分质量份配比范围为：清净剂3~15，多效剂2~10，乳化剂0.8~1.5，能量增强剂5~10，防锈剂0.5~1.0，防腐剂5~10，稳定剂0.8~1.5，合成基础油加至100。

所述合成基础油为聚α烯（PAO）与多元醇酯的复合混合物，两者的质量比为40%~50%：60%~50%。多元醇酯为季戊四醇酯，具有高极性，能更好地溶解添加剂，与聚α烯（PAO）复合，不仅有利于添加剂的溶解，而且使复合混合物综合性能大大提升。

所述清净剂为聚丁烯，是一种仅含异丁烯单体作为进料气聚合而成的聚合物，其相对分子量大于 10^4。聚丁烯在一定比例下与聚 α 烯（PAO）调和可获得高清净性和低烟效果。

所述多效剂为烷基芳烃聚合物。与聚 α 烯（PAO）调合使用，可使调和油的润滑性、磨损保护、水解安定性、吸湿性等良好，以及较好的化学安定性和电气绝缘性。

所述乳化剂为壬基酚聚氧乙烯醚与山梨糖醇单油酸酯的复合混合物，复合混合物按质量比(1~4)：6 混合。

所述能量增强剂为特级脂松香和变性木薯淀粉，两者的加入量分别占工作液总质量的 2%~5% 和 3%~5%。能量增强剂的加入能保证工作液在高低速机床上都能使用，利用较小的电流就能够切割较厚的工件，提高加工速度，有利于加快排除熔化金属的微粒。

所述防锈剂为苯并三唑。

所述防腐剂为石油磺酸钡。

所述稳定剂为烯基丁二酸酯。

[质量指标]

项目		研制指标	工作液实测	试验方法
运动粘度（40℃）/（mm²/s）		2.4~5.0	2.8	GB/T 265
赛波特色度		+30 以上	+30	GB/T 3555
闪点（开口）/℃		>140	180	GB/T 261
苯胺点/℃		85~95	90	GB/T 262
凝点/℃		>-45	-45	GB/T 265
酸酯（以 KOH 计）/（mg/g）		0.01	0.005	GB/T 7034
馏程	初馏点/℃	≥200	216	GB/T 6536
	终馏点/℃	≤280	270	
芳烃/（μg/g）		≤5	4.2	SH/T 253
铜片腐蚀（100℃，3h）/级		≤1	1	GB/T 5096
介电强度/kV		≤2	2.3	GB/T 507
防锈试验（35℃±2℃）				GB/T 6144

项目	研制指标	工作液实测	试验方法
叠片	24h 无锈	24h 无锈	GB/T 6144
单片	96 h 无锈	96 h 无锈	
腐蚀试验（55℃±2℃），全浸			
一级灰口铸铁	24h 无腐蚀	24h 无腐蚀	GB/T 1096
紫铜	8h 无腐蚀	8h 无腐蚀	
LY12 铝	8h 无腐蚀	8h 无腐蚀	
最大无卡咬负荷 P_B 值/N	≥600	620	GB/T 3142

产品应用 本品主要用作通用型电火花线切割机床工作液。

产品特性

（1）具有良好的润滑、清洗和排屑性能，这些性能决定了电极丝的损耗速度、切割速度和加工精度，特别是在切割大厚度工件过程中的加工稳定性。

（2）具有良好的防锈性、无腐蚀性，与机床油漆适应性好，氧化安定性好，使用寿命长，而且对环境污染很低。

（3）闪点高，不易起火燃烧，汽化、蒸发损失也小。气味低，本身无难闻刺激性气味，放电加工中也不产生有毒气体，对人体无毒害，价格便宜。

（4）本工作液可以满足不同类型电火化线切割机床加工各类型的材质的要求，特别是加工材质厚而硬的材料性能明显提高，成本有所降低，延长了换油周期，环境友好。

线锯切割液（1）

原料配比

原料		配比（质量份）					
		1#	2#	3#	4#	5#	6#
聚乙二醇	聚乙二醇（分子量 200）	80.92	—	—	—	18	50
	聚乙二醇（分子量 600）	—	79.35	—	—	—	—

原料		配比（质量份）					
		1#	2#	3#	4#	5#	6#
聚乙二醇	聚乙二醇（分子量100）	—	—	50	53.63	65	—
	聚乙二醇（分子量400）	—	—	40	—	5	—
	聚乙二醇（分子量300）	—	—	—	—	12	—
分散剂	聚丙烯酸（分子量1000）	3.33	—	—	—	—	—
	聚丙烯酸-马来酸酐共聚物（分子量1200）	—	2.13	—	—	—	—
	乙基丙烯酸-马来酸酐共聚物（分子量2000）	—	—	2.05	—	—	—
	烯基磺酸-马来酸酐共聚物（分子量2000）	—	—	—	10.82	—	—
	丙烯酸-马来酸酐共聚物（分子量1200）	—	—	—	—	2	—
	聚马来酸酐（分子量400）	—	—	—	—	—	15
有机碱	四甲基氢氧化铵	2.85	1.82	0.80	—	1.4	7.9
	四乙基氢氧化铵	—	—	0.70	—	—	—
	四丁基氢氧化铵	—	—	—	15	—	—
表面活性剂	聚甲基硅氧烷	0.4	—	0.1	—	—	—
	聚乙基硅氧烷	—	0.4	0.1	—	—	—
	聚丙基硅氧烷	—	—	—	0.05	—	—
	聚丁基硅氧烷	—	—	—	0.05	—	—
	甲基乙基硅氧烷	—	—	—	—	0.6	—
	聚二甲基硅氧烷	—	—	—	—	—	5
金属腐蚀抑制剂	连苯酚	0.4	—	—	—	—	—
	没食子酸	—	0.2	—	—	—	—
	苯酚	—	—	0.1	—	—	—

原料		配比（质量份）					
		1#	2#	3#	4#	5#	6#
金属腐蚀抑制剂	邻苯甲酸	—	—	0.1	—	—	—
	1,2-二巯基基苯酚	—	—	—	0.05	—	—
	邻苯二甲酸酸甲酯	—	—	—	0.05	—	3
	连苯三酚	—	—	—	—	0.1	—
	对羟基苯酚	—	—	—	—	0.1	—
	对氨基苯甲酸	—	—	—	—	—	3
香料		0.1	0.1	0.05	0.05	0.05	0.10
水		12	16	6	20	5.80	16

制备方法 按所列组分及其配比，将各种添加剂配制成水溶液。在确定量的 PEG 中，加入分散剂，搅拌 30min；然后将有机碱用计量泵在 1h 内打入 PEG 中，不断搅拌，全部加完后，继续搅拌 30min；最后将表面活性剂、金属腐蚀抑制剂和香料加入，并搅拌 30min。搅拌速度在 130r/min。

原料配伍 本品各组分质量份配比范围为：聚乙二醇组分 50～90，分散剂 0.1～15，有机碱 0.1～15，表面活性剂 0.1～5，金属腐蚀抑制剂 0.1～6，水 3～20。

所述的聚乙二醇组分中聚乙二醇的分子量为 100～600。所述的聚乙二醇组分是由一种分子量的聚乙二醇或多种分子量的聚乙二醇组成的。

所述的分散剂选自由丙烯酸、甲基丙酸酸、乙基丙烯酸、烯基磺酸、苯乙烯磺酸、马来酸酐、烷基丙烯氧基磺酸和/或丙烯酰胺基磺酸中的一种或多种作为单体单元聚合得到的均聚物或共聚物的一种或多种。所述的均聚物或共聚物的分子量是 400～5000。

所述的有机碱选自四甲基氢氧化铵、四乙基氢氧化铵、四丙基氢氧化铵、四丁基氢氧化铵和/或苄基三甲基氢氧化铵中的一种或多种。

所述的金属腐蚀抑制剂选自酚类、羧酸类、羧酸酯类和/或酸酐类中的一种或多种。所述的酚类选自苯酚、1,2-二羟基苯酚、对羟基苯酚和/或连苯三酚中的一种或多种：所述的羧酸类选自苯甲酸、对氨基苯甲酸（PABA）、邻苯二甲酸（PA）和/或没食子酸（GA）中的一种或多种：所述的羧酸酯类选自对氨基苯甲酸甲酯、邻苯二甲酸甲酯和/

或没食子酸丙酯中的一种或多种；所述的酸酐类选自乙酸酐和/或己酸酐中的一种或多种。

所述的表面活性剂选自聚甲基硅氧烷、聚乙基硅氧烷、聚丙基硅氧烷、聚丁基硅氧烷、聚甲基乙基硅氧烷和/或聚二甲基硅氧烷中的一种或多种。

本产品的切割液还含有香料，所述香料的质量份配比范围为0.01～0.1。其中，所述的香料为市售的，可溶解于PEG中；水用来溶解各种添加剂。

质量指标

单位：cm

项目	静置1天SiC高度	静置3天SiC高度	静置7天SiC高度
1#	6	5.3	3.8
2#	6.1	5.3	3.6
3#	6	5.2	3.6
4#	6.1	5.4	3.7
5#	5.9	5.4	3.6
6#	6.1	5.4	3.8

注：重新摇晃SiC时，其重新分散在切割液中。

产品应用 本品主要用作线锯切割的切割液。

产品特性 本产品成本低廉，具有很好的分散性、悬浮性、润滑性和冷却性，非常好的稳定性，从而提高了切割的良品率；并且本产品环保，便于回收。

线锯切割液（2）

原料配比

表1 混合添加剂

原料		配比（质量份）							
		1#	2#	3#	4#	5#	6#	7#	8#
水		65.7	45	71.2	80	72.05	84	71.4	81.35
有机酸	马来酸酐-丙烯酸共聚物（分子量1000）	18.22	—	—	—	5.26	—	—	—

原料		配比（质量份）							
		1#	2#	3#	4#	5#	6#	7#	8#
有机酸	聚马来酸酐（分子量400）	—	30	—	—	—	—	—	—
	聚马来酸酐（分子量800）	—	—	—	—	7.24	—	—	—
	甲基丙烯酸-马来酸酐共聚物（分子量1200）	—	—	14.25	—	—	—	—	—
	聚合丙烯酸（分子量5000）	—	—	—	10.26	—	—	—	—
	聚烷烯丙烯氧基磺酸（2000）	—	—	—	—	—	3	—	—
	聚丙烯酰胺基磺酸（3000）	—	—	—	—	—	5	—	—
	聚乙基丙烯酸（1000）	—	—	—	—	—	—	6	—
	聚甲基丙烯酸（1000）	—	—	—	—	—	—	8	—
	聚烯基磺酸（2000）	—	—	—	—	—	—	—	10
有机碱	四乙基氢氧化铵	15.63	25	6.2	9.04	—	6	—	6
	四甲基氢氧化铵	—	—	6.2	—	—	—	—	2
	四丁基氢氧化铵	—	—	—	—	14.6	—	—	—
	苄基三甲基氢氧化铵	—	—	—	—	—	—	11.8	—
金属腐蚀抑制剂	苯酚	0.2	—	—	—	—	—	—	—
	没食子酸	—	0.25	—	—	—	—	—	—
	对氨基苯甲酸	—	—	0.1	—	—	—	—	0.2
	没食子酸丙酯	—	—	—	0.1	—	—	—	—
	连苯三酚	—	—	—	0.1	—	0.5	—	—
	苯甲酸	—	—	—	—	0.1	—	—	—
	乙酸酐	—	—	—	—	0.05	—	—	—
	1,2-二羟基苯酚	—	—	—	—	—	0.5	—	—
	邻苯二甲酸	—	—	—	—	—	—	1	—
	对羟基苯酚	—	—	—	—	—	—	—	0.2
表面活性剂	聚甲基硅氧烷	0.2	0.1	—	—	—	0.75	—	0.1

原料		配比（质量份）							
		1#	2#	3#	4#	5#	6#	7#	8#
表面活性剂	聚乙基硅氧烷	—	—	—	—	—	—	0.5	0.1
	聚二甲基硅氧烷	—	—	1	—	—	—	—	—
	聚二基硅氧烷	—	—	—	—	0.2	—	—	—
	聚甲基乙基硅氧烷	—	1	—	—	—	—	—	—
	聚丙基硅氧烷	—	—	—	0.2	—	—	—	—
	聚丁基硅氧烷	—	—	—	0.2	—	—	—	—
调味剂	YJ40541	0.05	0.05	0.05	0.1	0.5	0.25	0.3	0.05

表2 线锯切割液

原料		配比（质量份）			
		1#	2#	3#	4#
油性切割基体	PEG 200	93.6	89	96	85
混合添加剂	1#	6.4	—	—	—
	3#	—	11	—	—
	4#	—	—	4	—
	5#	—	—	—	15

制备方法

混合添加剂制备方法：按所列组分及其含量，将有机碱在 1h 内滴加到有机酸中，并持续搅拌；滴加完后，继续搅拌 30min，然后加入金属腐蚀抑制剂，搅拌 20min；最后将表面活性剂和气味调节剂加入，继续搅拌 30min，即可以得到用于线锯切割液的混合添加剂。

线锯切割液的制备方法：将此混合添加剂加入到油性切割基体如聚乙二醇中，搅拌 30min，即可以得到用于线锯切割的切割液。

原料配伍 本品各组分质量份配比范围为：

用于线锯切割液的混合添加剂：水 45～84，有机酸聚合物 8～30，有机碱 6～25，金属腐蚀抑制剂 0.1～2，表面活性剂 0.1～2。

所述的有机酸聚合物选自由丙烯酸、甲基丙烯酸、乙基丙烯酸、烯基磺酸、苯乙烯磺酸、马来酸酐、烷基丙烯氧基磺酸、丙烯酰胺基磺酸中的一种或多种为单体单元聚合得到的均聚物或共聚物中的一种或多种。

所述的均聚物或共聚物的分子量为 400～5000，其中优选分子量是 600～3000，最优选 800～2000。

所述的有机碱选自网甲基氢氧化铵、四乙基氢氧化铵、四丙基氢氧化铵、四丁基氢氧化铵和/或苄基三甲基氢氧化铵中的一种或多种。

所述的金属腐蚀抑制剂选自酚类、羧酸类、羧酸酯类和/或酸酐类中的一种或多种。所述的酚类选自苯酚、1,2-二羟基苯酚、对羟基苯酚和/或连苯三酚中的一种或多种；所述的羧酸类选自苯甲酸、对氨基苯甲酸（PABA）、邻苯二甲酸（PA）和/或没食子酸（GA）中的一种或多种；所述的羧酸酯类选自对氨基苯甲酸甲酯、邻苯二甲酸甲酯和/或没食子酸丙酯中的一种或多种；所述酸酐类选自乙酸酐和/或己酸酐。

所述的表面活性剂选自聚甲基硅氧烷、聚乙基硅氧烷、聚丙基硅氧烷、聚丁基硅氧烷、聚甲基乙基硅氧烷和/或聚二甲基硅氧烷中的一种或多种。

所述的混合添加剂还含有气味调节剂。所述的气味调节剂的质量份配比范围为：0.05～0.5。本产品中，所述的气味调节剂为市售的水溶性香料。

水用于溶解各种添加剂。

本产品的线锯切割液含有油性切割基体和本产品的混合添加剂。所述混合添加剂与油性切割基体在线切割液中的比例为 50∶50～3∶97 之间。所述的油性切割基体较佳地为聚乙二醇。

产品应用　本品主要用作线锯切割液。

产品特性　本产品具有很好的分散和再分散磨料的能力，确保了砂浆的稳定性和持久性，具有很好的冷却和润滑作用，降低了切片的表面损伤、机械应力、热应力及金属离子对晶片的污染，有效地改善晶片的厚度误差，采用更细的切割线，提高切割良品率。

线切割工作液（1）

原料配比

原料	配比（质量份）			
	1#	2#	3#	4#
油酸	16	15	18	17
松香	15	18	15	15
氢氧化钠水溶液（46°Be）	7	8	6	8
磷酸氢二钠	2.5	2	3	2
石油磺酸钠	4	5	3	4
钼酸钠	2.5	2	3	2
聚氧乙烯醚	2.5	2	3	3
三乙醇胺	1.5	2	1	1
酒精	3	4	2	4
机油	78	75	80	76

制备方法 将配方量的油酸、松香和机油投入反应釜中，加热升温至 90~100℃，待完全熔化后，依次加入配方量的氢氧化钠水溶液（46°Be）、磷酸氢二钠、石油磺酸钠、钼酸钠、聚氧乙烯醚、三乙醇胺、酒精，升温至 120~130℃，搅拌 20~30min，冷却至室温即得。

原料配伍 本品各组分质量份配比范围为：油酸 15~18，松香 15~18，氢氧化钠水溶液（46°Be） 6~8，磷酸氢二钠 2~3，石油磺酸钠 3~5，钼酸钠 2~3，聚氧乙烯醚 2~3，三乙醇胺 1~2，酒精 2~4，机油 75~80。

产品应用 本品是一种线切割工作液。

产品特性 本产品稳定性得到了提高，在加工过程中不容易出现油水分离，能够减少对电蚀产物的派出与切割速度的影响，减轻电极丝的损耗。

线切割工作液（2）

原料配比

原料	配比（质量份）		
	1#	2#	3#
油酸	14	12	16
松香	11	12	10
氢氧化钠水溶液（48°Be）	4	3	5
磷酸二氢钠	2.5	2	3
石油磺酸钠	4	3	5
钼酸钠	1.5	1	2
酒精	3	4	3
机油	62	60	65

制备方法 先将 12~16 份油酸、10~12 份松香和 20 份机油投入反应釜中，加热升温至 90~100℃，待完全熔化后，加入 2~3 份磷酸二氢钠、1~2 份钼酸钠、3~5 份石油磺酸钠和 2~4 份酒精，搅拌均匀，降温至 70~80℃，不断搅拌下缓缓加入 3~5 份的氢氧化钠水溶液（48°Be），继续搅拌至皂化完全，再加入余量机油搅拌均匀，冷却至室温即得。

原料配伍 本品各组分质量份配比范围为：油酸 12~16，松香 10~12，氢氧化钠水溶液（48°Be）3~5，磷酸二氢钠 2~3，石油磺酸钠 3~5，钼酸钠 1~2，酒精 2~4，机油 60~65。

产品应用 本品主要用作线切割加工工作液。

产品特性 本产品在加工过程中不容易出现油水分离，能够减少对电蚀产物的派出与切割速度的影响，减轻电极丝的损耗。

线切割工作液（3）

线切割工作液（2）

原料配比

原料	配比（质量份）
油酸	15～20
磷酸三钠	16～20
松香	5～10
磷酸	1～3
氢氧化钾	1～5
酒精	3～8
机油	47～51

制备方法　将各组分原料混合均匀即可。

原料配伍　本品各组分质量份配比范围为：

油酸：磷酸三钠：松香：磷酸：氢氧化钾：酒精：机油=(15～20)∶(16～20)∶(5～10)∶(1～3)∶(1～5)∶(3～8)∶(47～51)。

产品应用　本品主要用作线切割加工用工作液。

产品特性　本产品洗涤性好，加工产物易排除，工作液易进入工作区，性能稳定，不会分离出油污，电喷镀效应容易形成，减少电极丝的损耗。

线切割乳化液（1）

原料配比

原料	配比（质量份）
水	50～60
油	2～4
乳化剂	4～8

原料	配比（质量份）
极压剂	2～4
防锈剂	5～10
防锈增强剂	6～10
消泡剂	1
缓蚀剂	2～3
爆炸剂	4～5

[制备方法] 将各组分原料混合均匀即可。

[原料配伍] 本品各组分质量份配比范围为：水 50～60，油 2～4，乳化剂 4～8，极压剂 2～4，防锈剂 5～10，防锈增强剂 6～10，消泡剂 1，缓蚀剂 2～3 和爆炸剂 4～5。

所述极压剂为硫化烯烃，因为相比其他物质而言硫化物的极压性能是最好的。

所述防锈剂为癸二酸，癸二酸具有防锈功能，对提高极压润滑性有一定的好处。

所述防锈增强剂为辛酸。

所述消泡剂为二甲基硅油，二甲基硅油无味无毒，具有生理惰性、良好的化学稳定性、电缘性和耐候性，黏度范围广，凝固点低，疏水性能好，并具有很高的抗剪能力，可在 50～180℃温度内长期使用，广泛用作绝缘、润滑、防震、防尘油以及介电液和热载体，也可用作消泡、脱膜、油漆剂和日用化妆品的添加剂等。

所述缓蚀剂为苯三唑，苯三唑由于其分子的特殊结构使其能附着于板面上阻止板面腐蚀，也可同时作为表面活性剂使用。

所述爆炸剂为季戊四醇，季戊四醇的挥发性较小，不容易挥发。

[产品应用] 本品主要用作线切割乳化液。

[产品特性] 本产品不仅具有良好的防锈性，而且可以满足洗涤方面的要求，还提高了切割硬质合金和较厚的工件时的爆炸力。

线切割乳化液（2）

原料配比

原料	配比（质量份）		
	1#	2#	3#
水	55	60	65
油酸	10	12	15
松香	15	15	18
乳化剂	5	8	10
防锈剂癸二酸	5	8	10
防锈增强剂辛酸	6	8	10
消泡剂二甲基硅油	1	1	2
缓蚀剂苯三唑	2	2	3
爆炸剂季戊四醇	2	2	3

制备方法　将各组分原料混合均匀即可。

原料配伍　本品各组分质量份配比范围为：水 55～65，油酸 10～15，松香 15～18，乳化剂 5～10，防锈剂 5～10，防锈增强剂 6～10，消泡剂 1～2，缓蚀剂 2～3，爆炸剂 2～3。

所述防锈剂为癸二酸。

所述防锈增强剂为辛酸。

所述消泡剂为二甲基硅油。

所述缓蚀剂为苯三唑。

所述爆炸剂为季戊四醇。

产品应用　本品主要用作线切割乳化液。

产品特性　由于防锈剂、防锈增强剂、消泡剂、缓蚀剂和爆炸剂都为特定的组分，这些组分与其他组分能很好地有机混合，因此，该乳化液不仅具有良好的防锈性，而且还提高了切割硬质合金和较厚的工件时的爆炸力。

线切割用冷却液（1）

原料	配比（质量份）		
	1#	2#	3#
聚 α-烯烃	15	10	13
三乙醇胺	10	10	8
聚氧化乙烯羧酸酯	10	8	9
一级过滤的水	65	72	70

制备方法　按照质量比例称取润滑剂、防锈添加剂、非离子型乳化剂以及去离子水，在室温下依次将润滑剂，防锈添加剂、非离子型乳化剂加入到去离子水中，搅拌混合均匀，即得冷却剂成品。

原料配伍　本品各组分质量份配比范围为：润滑剂10～15，防锈添加剂5～10，非离子型乳化剂5～10，去离子水加至100；上述组分混合液的pH值为9～9.5。

所述可溶性烃化合物为聚 α-烯烃和烷基苯。

所述防锈添加剂为水溶性防锈剂。

所述水溶性防锈添加剂为亚硝酸钠、重铬酸钾、磷酸三钠、磷酸氢二铵、苯甲酸钠、三乙醇胺等。

所述乳化剂是非离子型乳化剂。

所述非离子型乳化剂为聚氧化乙烯羧酸酯和聚氧化乙烯醚类。

所述水为经一级过滤的水。

产品应用　本品主要用作线切割用冷却液。

使用时，用1份该液与20～25份的水进行混合，搅拌均匀，即可进行循环冷却使用。使用时为保证使用效果，请勿与其他类型的冷却液混合使用。加工过一段时间后，冷却液损耗部分可按上述比例补加，以保证其加工效果。

产品特性

（1）本产品配方科学合理，生产工艺简单，不需要特殊设备，仅需要将上述原料在常温下进行混合即可；其冷却能力强，使用时节省人力和工时，能提高工作效率；该冷却剂为弱碱性水溶液，对设备的腐蚀性较低，使用安全可靠，并利于降低设备成本，无味、无毒、无害工人健康、配制简便、使用周期长。

（2）本产品用乳化剂是非离子型乳化剂，如聚氧化乙烯羧酸酯和聚氧化乙烯醚类，该非离子型乳化剂易溶于水，对硬水、酸、碱均较稳定，具有优良的乳化、扩散、净洗、润湿等性能，同时还有良好的煮练性能；本产品呈弱碱性，对设备腐蚀性小，可以降低成本，而且易于清洗。

（3）本产品适用于各种人工晶体、陶瓷及金属样品工件的切割加工，具有极好的润滑冷却性能及防锈抗菌性能，导电率小，清洗性能好，用于线切割加工不易断线，能有效确保加工正常运作，且切割表面光滑平整。无毒无污染，不着火，使用安全，零件加工后易于清洗，而且成本低廉。

线切割用冷却液（2）

原料配比

原料	配比（质量份）	
	1#	2#
硅油	13	24
甘油	10	12
硬脂酸	12	13
羟苯乙酯	3	5
氢氧化钠	2	3
乙酸	3	4
乙醇	1	3
丙醇	2	4
丙酮	4	6
异丙醇	5	7

原料	配比（质量份）	
	1#	2#
聚丙烯酰胺	6	7
十二烷基苯磺酸钠	4	5
六偏磷酸钠	5	6
去离子水	80	90

制备方法 将各组分原料混合均匀溶于水。

原料配伍 本品各组分质量份配比范围为：硅油 13～24，甘油 10～12，硬脂酸 12～13，羟苯乙酯 3～5，氢氧化钠 2～3，乙酸 3～4，乙醇 1～3，丙醇 2～4，丙酮 4～6，异丙醇 5～7，聚丙烯酰胺 6～7，十二烷基苯磺酸钠 4～5，六偏磷酸钠 5～6，去离子水 80～90。

产品应用 本品主要用作线切割用冷却液。

产品特性 本产品适用于各种人工晶体、陶瓷基金属样品工件的切割加工，具有极好的润滑冷却性能及防锈抗菌性能，导电率小，清洗性能好，用于线切割加上不易断线，能有效确保加工正常运行，且切割表面光滑、平整。无毒无污染，不着火，使用安全，零件加工后易于清洗，而且成本低廉。

硬脆性材料水基切割液（1）

原料配比

原料		配比（质量份）				
		1#	2#	3#	4#	5#
触变增稠剂	气相白炭黑	8	1	9	18	—
	黄原胶	—	—	—	—	5
二元醇	二乙二醇	790	—	—	—	—
	三乙二醇	—	800	—	—	—
	丙二醇	—	—	660	820	850

原料		配比（质量份）				
		1#	2#	3#	4#	5#
保水剂		2	0.8	0.6	2	1.5
去离子水		200	198	330	160	143.5
洗涤泡沫控制剂	EL-10	—	0.2	—	—	—
	EL-15	—	—	0.4	—	—

〔制备方法〕 将保水剂在 20～40℃下均匀分散在去离子水中，调 pH 值至 5～7，组成第一份溶液；将触变增稠剂分散在二元醇中，然后把二者混合搅拌 10～60min，由此组成第二份溶液；最后将第一份溶液与第二份溶液及洗涤泡沫控制剂均匀混合，再补齐余量的去离子水，继续搅拌 1～3h，得到所述的硬脆性材料的水基切割液。

〔原料配伍〕 本品各组分质量份配比范围为：去离子水 100～400，二元醇 550～850，保水剂 0.1～5，触变增稠剂 1～20，洗涤泡沫控制剂 0～5。

所述二元醇优选丙二醇、二乙二醇、三乙二醇或者一种以上的混合物。

所述的触变增稠剂优选气相白炭黑或黄原胶。

所述的洗涤泡沫控制剂优选 EL-10、EL-15、EL-20、T-80 中的一种或者一种以上的混合物。

二元醇中的双羟基结构可以给切割液提供良好的润滑、清洗性能，同时也增加了水基切割液自身黏度及悬浮功能。

本产品的独特配方，在于在切割液中添加一种保水剂，特别是本产品优选的保水剂聚醚型高分子丙烯酸聚合物，其具有较长的主链段，分子中存在众多醚键、羟基、羧基、磺酸基等支链，其中的亲水基团伸向水相，亲油基团聚集在水表面或者分子链段包裹住水分来防止水分的流失。同时分子主链上接有的一定长度和刚度的侧链，一旦主链吸附在固体颗粒表面后，支链与其他颗粒表面的支链形成立体交叉，阻碍了颗粒相互接近，从而达到分散作用，同时这种空间位阻作用不因时间延长而弱化，因此保水剂的分散作用更为持久，即不但长时间分散还可以长时间保持砂浆水分的平衡稳定，保证了切割过程切割液中水分的稳定。

本产品的独特配方，在于在切割液中添加一种触变增稠剂，所述的触变增稠剂优选气相白炭黑或黄原胶。气相白炭黑为无毒、无味、无嗅、无污染的非金属氧化物，具有较高的比表面积和严格的粒度分布，其粒径一般介于 7～80nm 之间，比表面积一般大于 100m^2/g，由于使用量极少，粒径又远远小于切割使用的碳化硅刃料，故可以很好地在碳化硅、切割液之间形成架桥，均匀分散、悬浮碳化硅，同时高比表面积、松散、无定形状态又很好地对切割液进行了增稠，有利于切割液自身及在切割过程的稳定。黄原胶同样具有优良的增稠性、悬浮性、乳化性和水溶性，并具有良好的热、酸碱稳定性。由于白炭黑及黄原胶的纳米效应，晶硅切割过程中表现出卓越的增稠、触变、防流挂等性质，故其在水相切割液体系中的存在可以使碳化硅颗粒自由流动，具有很好的动态触变作用，提高体系抗剪切作用（砂浆触变性能），确保切割过程中砂浆体系黏度的均一稳定。

本产品提供的洗涤泡沫控制剂，其主要为 EL-10、EL-15、EL-20、T-80 中的一种或者一种以上混合物等表面活性剂。由于气相白炭黑或黄原胶的存在，切割液本身非均一相，表面活性剂的加入一方面可以起到乳化剂的作用来保证切割液体系的均匀稳定，同时也可以改善切割后后续晶片的清洗性能，而本产品其他组分会或多或少地使体系产生泡沫，泡沫对切割危害很大，如造成硅片产生线痕等等，故表面活性剂的选择还可以很好地控制泡沫的产生。

去离子水的加入有效提高切割液的冷却效果，增加比热容，提高清洗性能，大幅度降低生产成本。

[质量指标]

样品名称	经时水分变化率/%			经时黏度变化率/%			悬浮性能/mL		
	1h	48h	48h	1h	48h	48h	1h	48h	48h
水基切割液1	1.0	1.0	0.95	1.0	0.99	0.99	100	95	86
水基切割液2	1.0	1.0	0.98	1.0	1.0	1.05	100	96	85
水基切割液3	1.0	1.0	0.96	1.0	1.0	1.05	100	95	90
水基切割液4	1.0	1.0	0.97	1.0	1.05	1.10	100	96	94
水基切割液5	1.0	1.0	0.95	1.0	0.98	0.98	100	97	95

产品应用 本品主要用作硬脆性材料的水基切割液。特别适用于单晶硅、多晶硅的加工。所用设备为多线切割机或金刚线切割机。

产品特性

（1）由于高含量去离子水的加入，使得本产品的切割液产品比热容高，具有优越的冷却性能，同时成本低。

（2）本产品选择二元醇为主要原材料，原材料价格低廉、易得。

（3）本产品选用聚醚型聚羧酸聚合物为保水剂，产品性能稳定，切割过程水分不流失，不影响砂浆黏度变化，切割后晶片易清洗。

（4）本产品选用气相白炭黑为触变增稠剂，不但可以保证在高含水量前提下切割液的黏度，而且可以使砂浆自由流动，并且防沉及触变效果良好。

（5）本产品回收及再生处理简单，为环境友好产品。

硬脆性材料水基切割液（2）

原料配比

原料		配比（质量份）				
		1#	2#	3#	4#	5#
聚羧酸高聚物醚酯单体	丙烯醇	58	25	20	—	—
	乙醇	—	—	—	2	—
	甲醇	—	—	—	—	2
	氢氧化钾催化剂	1	2	0.1	0.2	0.2
	环氧乙烷	880	855	91	115	18
	环氧丙烷	116	200	—	15	55
防沉再分散剂	1#聚羧酸高聚物醚酯单体	60	—	50	—	—
	2#聚羧酸高聚物醚酯单体	—	80	—	—	—
	3#聚羧酸高聚物醚酯单体	—	—	30	—	—
	4#聚羧酸高聚物醚酯单体	—	—	—	100	—
	5#聚羧酸高聚物醚酯单体	—	—	—	—	100
	马来酸酐	10	2	5	—	—

原料		配比（质量份）				
		1#	2#	3#	4#	5#
防沉再分散剂	丙烯酸	—	—	—	5	24
	水	70	82	86	—	—
	浓硫酸催化剂	—	—	—	0.1	0.2
	甲基丙烯磺酸钠	2	1	—	2	1
	甲基丙烯酸	—	0.6	1	—	—
	2-丙烯酰胺基-2-甲基丙磺酸	—	—	2	—	—
	过硫酸铵	2	4	3	3	5
	水	40	50	50	60	60
聚乙二醇 200 及聚丙二醇 200 的混合物料[PEG 200：PPG 200=5：1（质量比）]		850	—	—	—	—
嵌段聚烷氧基化物 $CH_3CH_2O[(EO)_9(PO)_2]H$		—	890	—	—	—
杂嵌段聚烷氧基化物 $HOCH_2CH_2O[(EO)_7/(PO)_2]H$		—	—	39	—	—
分子量为 356 的甘油聚氧乙烯醚		—	—	—	10	—
分子量为 320 的聚乙二醇		—	—	—	80	—
分子量为 350 的丙二醇聚氧乙烯醚		—	—	—	—	10
分子量为 200 的聚乙二醇		—	—	—	—	70
聚乙二醇 400		—	—	50	—	—
四异丙基二（二辛基亚磷酸酰氧基）钛酸酯		0.1	—	—	—	—
双（二辛氧基焦磷酸酯基）乙撑钛酸酯		—	—	—	1.5	—
1#中制备的聚羧酸高聚物型防沉再分散剂		1	2	—	—	—
2#中制备的聚羧酸高聚物型防沉再分散剂		—	5	—	—	0.5
3#中制备的聚羧酸高聚物型防沉再分散剂		—	—	1	—	—
4#中制备的聚羧酸高聚物型防沉再分散剂		—	—	—	2.5	—
5#中制备的聚羧酸高聚物型防沉再分散剂		—	—	—	—	0.5
水		150	103	20	16	19

制备方法 在20~80℃下，把所述聚烷氧基化合物、抗极压螯合剂、防沉再分散剂及去离子水按照所述配比混合后，搅拌10~60min即得到所述水基切割液。

原料配伍 本品各组分质量份配比范围为：聚烷氧基化合物0~950，抗极压螯合剂0~5，防沉再分散剂0~100，去离子水10~200。

所述的聚烷氧基化合物优选由以下通式（a）表示的一种或两种以上化合物的混合物：

$$R[(EO)_A(PO)_B(BO)_C]H \tag{a}$$

通式（a）中，A、B和C均可以取0~50的实数，且不同时为0；R为伯、仲或叔碳的单元或多元烷氧基中的一种。

优选的通式（a）中，A可以取1~30的实数，B和C可以取0~10的实数，且A、B、C三者不同时为0。

所述抗极压螯合剂选自：水溶性有机钛酸酯类化合物，水溶性有机钛酸酯类为不含金属离子的水溶性有机钛酸酯，优选醇胺螯合类钛酸酯的一种或两种以上的混合物，选自二（三乙醇胺）钛酸二异丙酯、双（二辛氧基焦磷酸酯基）乙撑钛酸酯、双（二辛氧基焦磷酸酯基）乙撑钛酸酯和三乙醇胺的螯合物、四异丙基二（二辛基亚磷酸酰氧基）钛酸酯等溶液的一种或两种以上的混合物，或者它们各自和醇胺的螯合物中的一种或两种以上的混合物。

所述防沉再分散剂为聚羧酸高聚物，其分子量为5000~50000，优选10000~30000。

所述聚羧酸高聚物类防沉再分散剂可以按照以下方法制备。

（1）高压合成聚羧酸高聚物醚酯单体

在高压反应器中加入适量引发剂、催化剂及阻聚剂（根据反应器的大小比例及配比情况确定引发剂的最低加入量，催化剂量为成品质量的0.05%~0.3%，阻聚剂用量为成品质量的0%~0.01%），密封设备，之后氮气置换，升温，当温度达到60~140℃时通入少量环氧烷烃原料（根据结构要求确定不同环氧烷烃加入顺序及是否混合），当温度升高压力下降，说明已经引发反应，之后通入配比量（根据不同分子量的原料确定）的环氧烷烃原料，控制反应温度在60~180℃和釜内压力在0.2~0.6MPa，反应完毕，釜内压力逐渐下降至连续30min不再下降后，降温至90~120℃，采用中和剂中和至pH值为5~7，之后降温出料，即得所述聚羧酸高聚物醚酯单体。所述的引发剂可以是含双键的脂肪酸、脂肪醇或不含双键的脂肪酸、脂肪醇；所述的催化剂可以是氢氧化钾、氢氧化钠及醇钾、醇钠、氢化钾、氢化钠等或它们的混合物；所述的阻聚剂可以是氢醌、对苯二酚、吩噻嗪、BHT等或它们的混合物；所述的中和剂可以是冰醋酸、磷酸、乳酸等或它们的混合物。

(2) 常压合成聚羧酸高聚物防沉再分散剂

① 采用含双键的聚羧酸高聚物醚酯单体的防沉再分散剂的合成

在常压反应器中加入适量含双键的聚羧酸高聚物醚酯单体、马来酸酐（或者丙烯酸、甲基丙烯酸、甲基丙烯酸甲酯等）及去离子水［聚羧酸高聚物醚酯单体与马来酸酐等含双键的单体摩尔比为 1 : (1～4)；去离子水占反应体系质量的 20%～60%]，搅拌升温至 40～60℃后，滴加引发剂过硫酸铵（或过硫酸钾等）及链转移剂甲基丙烯磺酸钠（或2-丙烯酰胺基-2-甲基丙磺酸）（引发剂及链转移剂的用量为聚羧酸高聚物醚酯单体质量的 0.1%～10%），控制滴加温度为 60～80℃，滴加时间为 1～3h，在 70～100℃条件下老化 1～2h，之后降温，采用三乙醇胺中和到 pH 值为 5～7 即得到聚羧酸高聚物型防沉再分散剂。

② 采用不含双键的聚羧酸高聚物醚酯单体的防沉再分散剂的合成

在常压反应器中加入适量不含双键的聚羧酸高聚物醚酯单体、丙烯酸（或者甲基丙烯酸）、催化剂（浓硫酸、对甲苯磺酸或他们的混合物），升温至 80～140℃脱水反应 2～5h 后，降温，滴加适量引发剂过硫酸铵（或过硫酸钾等）及链转移剂甲基丙烯磺酸钠（或 2-丙烯酰胺基-2-甲基丙磺酸），控制滴加温度为 60～80℃，滴加时间 1～3h 后，在 70～100℃条件下老化 1～2h，之后降温，采用三乙醇胺中和到 pH 值为 5～7 即得到聚羧酸高聚物型防沉再分散剂。所述的不含双键的聚羧酸高聚物醚酯单体与丙烯酸（或甲基丙烯酸）等含双键的单体摩尔比为 1 : (1～4)；所述的催化剂的用量为聚羧酸高聚物醚酯单体质量的 0.5%～10%；所述的引发剂及链转移剂的用量为聚羧酸高聚物醚酯单体质量的 0.1%～10%。

产品应用 本品主要用作硬脆性材料水基切割液。

产品特性

(1) 本产品为水基产品，成本低，本产品及产品应用无污染，对应用现场无环境污染及对人身无伤害。

（2）本产品比热容高，产品应用时携砂、带热能力强，切割材料的晶面表面质量高，切割材料的成品率高。

（3）本产品电导率较低，含有极少量离子及基本不含重金属；具有较好的抗极压螯合功能，切割后晶体材料易于清洗。

（4）本产品对于碳化硅刃料的防沉再分散能力强，有利于提高切割过程砂浆的携砂能力，提高切割材料的成品率，同时可以降低再生处理的周期，使废浆料循环再生。

硬脆性材料水基切割液（3）

原料配比

原料	配比（质量份）						
	1#	2#	3#	4#	5#	6#	7#
非离子表面活性剂 HO(C$_2$H$_4$O)$_{76}$ (C$_3$H$_6$O)$_{29}$(C$_2$H$_4$O)$_{78}$H	2	—	—	—	—	—	—
平均分子量 400 万的丙烯酸酯与 C$_{10}$～C$_{30}$ 烷基丙烯酸酯交联共聚物	—	0.2	0.1	—	—	—	—
平均分子量 1000 万的丙烯酸键合丙基蔗糖的高分子聚合物	—	—	0.9	—	—	—	—
平均分子量 2 亿的聚丙烯酸与二乙烯基二醇交联的聚合物	—	—	—	0.05	—	—	—
平均分子量 150 万的聚丙烯酸丙烯酸键合季戊四醇烯丙醚的高分子聚合物	—	—	—	—	10	—	—
平均分子量 100 万的聚丙烯酸丙烯酸键合季戊四醇烯丙醚的高分子聚合物	—	—	—	—	—	20	—
去离子水	100	100	100	50	100	100	—
平均分子量 400～600 的聚丙二醇	850	—	—	—	—	—	—
平均分子量为 400 的聚乙二醇	—	880	—	—	—	800	800
平均分子量为 300 的甘油聚氧乙烯醚	—	—	820	—	—	—	—
分子量为 600 的甘油聚氧乙烯醚	—	—	—	600	—	—	—

原料	配比（质量份）						
	1#	2#	3#	4#	5#	6#	7#
平均分子量200的聚乙二醇	—	—	—	320	840	—	—
山梨酸钾	2	—	—	—	—	—	—
氯甲酚	—	0.2	5	—	—	—	—
山梨酸	—	—	—	1	0.2	2	15
水	加至1000	加至1000	加至1000	加至1000	加至1000	加至1000	加至1000

[制备方法] 先将保水悬浮剂在20～40℃下均匀分散在去离子水中，调pH值至5～7，然后分别按照所述比例加入聚醚多元醇和防腐剂，再补齐余量的去离子水，继续搅拌2～3h，得到所述的水基切割液成品。

[原料配伍] 本品各组分质量份配比范围为：聚醚多元醇70～94，保水悬浮剂0.005～5，防腐剂0.005～5，去离子水5～20。

所述聚醚多元醇是聚乙二醇、聚丙二醇、甘油聚氧乙烯醚中的一种或两种以上的混合物，且分子量在200～1000之间，较优的选择为200～500之间。聚醚的独特结构给切割液提供了良好的润滑、分散、清洗性能。

所述的保水悬浮剂选自高分子非离子表面活性剂或高分子丙烯酸聚合物，或由它们以任意比例组成的混合物。

所述的高分子非离子表面活性剂通式为：$HO(C_2H_4O)_a (C_3H_6O)_b (C_2H_4O)_cH$，其中 a 和 c 均为60～130的整数，b 为10～80的整数。

所述的高分子非离子表面活性剂分子量在8000～15000之间，其中，聚氧乙烯分子量占整个分子量的70%～90%。

所述的高分子丙烯酸聚合物分子量在 $7×10^5～4×10^9$ 之间。

所述的高分子丙烯酸聚合物是丙烯酸键合烯丙基蔗糖或季戊四醇烯丙醚的高分子聚合物；或聚丙烯酸与二乙烯基二醇交联的聚合物；或丙烯酸酯与 $C_{10}～C_{30}$ 烷基丙烯酸酯交联的共聚物；或丙烯酸-烷基异丁烯酸共聚物与烯丙基季戊四醇交联的聚合物；或上述聚合物中的一种或两种以上组成的混合物。

本产品的独特配方，在于在切割液中添加一种保水悬浮剂，保证了切割过程分散液中水分的稳定一致性。保水剂分子中存在众多醚键，分散在水中能与水的质子形成氢键，具有在水中形成凝胶的性质，在不断升高的温度下，分散液的黏度不变，或者有轻微的降低，有吸湿平衡性，但水分变化不会影响其黏度性能。

保水悬浮剂能与一个或两个以上羟基结合形成氢键而增稠，当pH=5～7时，由于同性负电荷的相互排斥作用，更加促使凝胶颗粒膨胀，分子链弥散伸展，呈大的膨胀状态，体积会比原始状态扩大1000倍，并具有黏性，可形成澄清、黏稠的凝胶，其结果是整个体系被极大限度膨胀的凝胶支撑着，凝胶的间隙可以悬浮碳化硅颗粒。

所述防腐剂是山梨酸、山梨酸钾、丙酸钙、丙酸钠、脱氢乙酸、双乙酸钠、富马酸二甲酯、乳酸链球菌素、霉灵、氯甲酚、羟苯丙酯、羟苯甲酯中的任一种或多种。

去离子水的加入有效提高切割液的冷却效果，增加比热容，提高清洗性能，大幅度降低生产成本。

〔质量指标〕

样品名称	经时水分变化率/%			经时黏度变化率/%			悬浮性能/mL			清洗性能
	1h	24h	48h	1h	24h	48h	1h	24h	48h	
1#	1.0	1.0	0.99	1.0	1.0	1.00	100	97	85	优
2#	1.0	1.0	0.98	1.0	1.0	1.05	100	96	83	优
3#	1.0	1.0	0.99	1.0	1.0	1.05	100	96	84	优
4#	1.0	1.0	0.97	1.0	1.05	1.10	100	94	82	优
5#	1.0	1.0	1.0	1.0	1.0	1.05	100	97	88	优
6#	1.0	0.9	0.90	1.0	1.1	1.20	100	93	81	优
7#	1.0	0.8	0.60	1.0	1.3	1.60	92	85	66	优

〔产品应用〕 本品主要用作硬脆性材料水基切割液。特别适用于单晶硅、多晶硅的加工。

〔产品特性〕

（1）由于加入了去离子水，使得本产品的比热容高，具有优越的冷却性能。

（2）本产品不易腐败变质，不会造成环境污染。

（3）本产品性能稳定，切割过程水分不流失，不影响砂浆黏度变化，切割后晶片易清洗。

（4）本产品价格低廉，经济适用。

中走丝线切割工作液

原料配比

原料	配比（质量份）		
	1#	2#	3#
柠檬酸丙二醇聚氧乙烯聚氧丙烯醚单酯	25	15	20
柠檬酸烷基糖苷单酯	5	10	8
硼酸三单乙醇胺酯十二酸基丁二酸酰胺	10	15	12
三嗪氨基酸三乙醇胺盐	5	9	8
二乙二醇丁醚	1	0.3	0.5
亚甲基苯并三氮唑	0.1		
苯并三氮唑	—	0.1	—
甲基苯并三氮唑	—	—	0.2
杀菌剂	1	0.3	—
有机硅消泡剂	1	0.3	0.6
水	加至 100	加至 100	加至 100

制备方法 在搅拌的条件下依次将各组分加入到水中，继续搅拌待各组分溶解后，停止搅拌，过滤即可得中走丝线切割工作液产品。

原料配伍 本品各组分质量份配比范围为：柠檬酸丙二醇聚氧乙烯聚氧丙烯醚单酯 15～25，柠檬酸烷基糖苷单酯 5～10，有机硼酸酯酰胺 10～15，三嗪氨基酸三乙醇胺盐 5～9，二乙二醇丁醚 0.3～1，三氮唑类缓蚀剂 0.1～0.3，杀菌剂 0～1，有机硅消泡剂 0.3～1.0，水加至 100。

所述的有机硼酸酯酰胺优选硼酸三单乙醇胺酯十二烯基丁二酸酰胺，是硼酸三单乙醇胺酯与十二烯基丁二酸按摩尔比 2：1 进行酰胺化反应制得的有机润滑防锈剂。

所述的三氮唑类缓蚀剂，选自苯并三氮唑或甲基苯并三氮唑及其衍生物中的一种，优选亚甲基苯并三氮唑。

产品应用 本品主要用作中走丝线切割工作液。

将上述配制好的工作液用水稀释 10～20 倍后，供中走丝线切割机床使用。

产品特性 本产品利用柠檬酸丙二醇聚氧乙烯聚氧丙烯醚单酯和柠檬酸烷基糖苷单酯的润滑和乳化及抗硬水性能，有机硼酸酯酰胺、三嗪氨基酸三乙醇胺盐和三氮唑类缓蚀剂复配的防锈缓蚀性能，提高切割加工效率的同时还提高了加工表面精度，使用浓度低至 3%时，仍具有良好防锈性和排屑性，可用较大的电流进行稳定切割，加工的工件表面均匀、表面质量好。

2 研磨剂

KM 碳化硅研磨剂

原料配比

原　料		配比（质量份）			
		1#	2#	3#	4#
金刚砂颗粒	粒度为 20μm，圆球度为 0.6	5	—	—	—
	粒度为 50μm，圆球度为 0.8	—	10	—	—
	粒度为 80μm，圆球度为 0.7	—	—	20	—
	粒度为 100μm，圆球度为 0.9	—	—	—	30
白铅粉		10	15	18	20
磷酸氢钙		1	1	2	4
亚麻仁油		20	25	27	30
硅酸钠		2	5	5	5
机油	黏度为 37.2Pa·s	40	—	—	—
	黏度为 68Pa·s	—	20	—	—
	黏度为 50Pa·s	—	—	30	—
	黏度为 58.9Pa·s	—	—	—	40
碳化硅		32	36	37	37.99

制备方法

（1）原料称量：按比例精确称量配比。

（2）混合搅拌：将金刚砂颗粒 5～30 份、磷酸氢钙 1～4 份、硅酸钠 2～5 份混合，然后加入 10～20 份白铅粉、20～30 份亚麻仁油和 32～37.99 份碳化硅，再加入机油 20～40 份混合，边加入机油边用电动机械棒搅拌，最终使研磨剂的黏度指标为 37.2～68Pa·s。

原料配伍 本品各组分质量份配比范围为：金刚砂颗粒 5～30，白铅粉 10～20，磷酸氢钙 1～4，机油 20～40，亚麻仁油 20～30，硅酸钠 2～5，碳化硅 32～37.99 份。根据齿轮外径的大小、齿数、模数齿宽等综合考虑评估主动轮、被动轮轮齿涂抹的需求量，预测估算各成分的需求量和相对配比。

所述金刚砂颗粒的粒度为 20～100μm，金刚砂颗粒为球形，其圆球度≥0.6。球形的目的是在研磨中便于及时反复滚动，加速磨削。

金刚砂颗粒的粒度越小，滚动研磨效果越好，但是大模数、大齿数、大宽齿的齿轮，使用较大粒度的金刚砂颗粒为好，较小的齿轮适用粒度较小的金刚砂颗粒。

所述金刚砂颗粒的圆球度为 0.6～0.8。本产品所述"圆球度"指金刚砂颗粒的形状与球体相似的程度，便于在研磨中滚动，使金刚砂颗粒对于中小型齿轮的齿面有很好的适应性。

所述分散助剂为机油，所述机油黏度为 37.2～68Pa·s。其目的是与其配制物搅和后有一定的黏度，能将其他配置物料形成一体的黏结剂。在齿轮啮合研磨的过程中能发挥各成分的物理机械磨合作用。机油黏度在此范围内，能起到与其他配方均匀混合的作用

产品应用 本品主要用作 KM 碳化硅研磨剂。使用方法包括如下步骤：

(1) 用毛刷黏着研磨剂，涂入主动轮和被动轮齿面上。

(2) 厚度为 1～2mm，要求均匀涂刷在齿面上。

产品特性

(1) 金刚砂颗粒混合后，用电动机械棒搅拌均匀，涂刷在齿轮齿面上运行 48h 左右，能达到表面粗糙度 Ra≤0.32μm 的要求。该研磨剂加工效率高；对硬面齿轮本体伤害小；大大缩短了新装配齿轮及修复后齿轮啮合的磨合时间；尤其适合高精度齿轮传动的在线研磨加工，可有效减小制造和装配误差对齿轮传动的影响，通过在线研磨加工，大幅提高了齿轮传动精度，保证了齿轮新件及修复件的顺利投产。除此以外还具有无污染、不会影响润滑油的品质、大幅度减小齿轮的振动频幅至设计的允许范围内以及无任何副作用的优点。其制作和使用方法简单易行、便于掌握、易于操作、适合于推广。

（2）本产品加工效率高；对硬面齿轮本体伤害小；大大缩短了新装配齿轮及修复后齿轮啮合的磨合时间；尤其适合高精度齿轮传动在线的点、线、面研磨加工，可有效加速齿轮的啮合、减小制造和装配误差对齿轮传动的影响，通过在线研磨加工，除中心矩偏移、点蚀剥落、轴承损坏等以外，啮合面点、线、面的磨削工艺均具有快捷、简便、易操作、便于掌握、适合于推广的优点。

半导体材料抗腐蚀研磨剂

原料配比

原　　料	配比（质量份）
除蜡水	5～8
酸洗剂	10～19
二氧化氯	11～16
三乙胺	8～12
酒石酸	5～9
苯甲酸甲酯	6～7
聚乙烯醇	2～3
二氧化硅	4～5
过氧化氢	7～9
硫酸锌	1～3
硫酸镁	2～4
硬脂酸钙	3～8
分散剂	1

制备方法　将各组分原料混合均匀即可。

原料配伍　本品各组分质量份配比范围为：除蜡水 5～8，酸洗剂 10～19，二氧化氯 11～16，三乙胺 8～12，酒石酸 5～9，苯甲酸甲酯 6～7，聚乙烯醇 2～3，二氧化硅 4～5，过氧化氢 7～9，硫酸锌 1～3，硫酸镁 2～4，硬脂酸钙 3～8，分散剂 1。

产品应用　本品是一种半导体材料抗腐蚀研磨剂。

产品特性　本产品具备了较小的介质层磨损率和较低的腐蚀度，可以促进研磨粒子的稳定性，保持极高的钨去除速率。由于相对降低了机械力的作用强度，凹坑、腐蚀和介质层的损耗等问题也减少了。

半导体材料芯片高效研磨剂

原料配比

原　　料	配比（质量份）
除蜡水	1～9
酸洗剂	14～25
磷化液	1～3
钝化液	1～3
陶化剂	1～3
氢氧化钙	4～8
八水合氢氧化钡	7～10
氢氧化钠	7～16
酒石酸钾钠	7～10
过氧化氢	7～9
硫酸锌	1～3
硫酸镁	2～4
硬脂酸钙	3～8
硬脂酸	4～13
分散剂	1

制备方法　将各组分原料混合均匀即可。

原料配伍　本品各组分质量份配比范围为：除蜡水 1～9，酸洗剂 14～25，磷化液 1～3，钝化液 1～3，陶化剂 1～3，氢氧化钙 4～8，八水合氢氧化钡 7～10，氢氧化钠 7～16，酒石酸钾钠 7～10，过氧化氢 7～9，硫酸锌 1～3，硫酸镁 2～4，硬脂酸钙 3～8，硬脂酸 4～13，分散剂 1。

产品应用　本品主要用作半导体材料芯片高效研磨剂。

产品特性　本产品具备了较小的介质层磨损率和较低的腐蚀度，可以促进研磨粒子的稳定性，保持极高的钨去除速率。由于相对降低了机

械力的作用强度，凹坑、腐蚀和介质层的损耗等问题也减少了。

半导体电路研磨剂

原　料	配比（质量份）
磷酸钠	1～9
焦磷酸钠	6～10
氢氧化铝	1～6
山梨醇	3～8
聚丙烯	3～7
聚乙烯	9～16
甘油	2～6
二苯甲酮	7～16
偶联剂	1～7
硬脂酸钙	1～3
硬脂酸	4～10
纳米石墨粉	1～2
氨水	7～13
硝酸钾	5～16
亚硫酸钠	2～4
聚丙烯酯	5～9

制备方法 将各组分原料混合均匀即可。

原料配伍 本品各组分质量份配比范围为：磷酸钠 1～9，焦磷酸钠 6～10，氢氧化铝 1～6，山梨醇 3～8，聚丙烯 3～7，聚乙烯 9～16，甘油 2～6，二苯甲酮 7～16，偶联剂 1～7，硬脂酸钙 1～3，硬脂酸 4～10，纳米石墨粉 1～2，氨水 7～13，硝酸钾 5～16，亚硫酸钠 2～4，聚丙烯酯 5～9。

产品应用 本品主要用作半导体电路研磨剂。

产品特性 本产品腐蚀速率低，研磨效果好，对半导体损伤小。

半导体化学机械研磨剂

原料配比

原　料	配比（质量份）
氧化锆	11～19
二氧化硅	1～3
过氧化氢	2～8
硫酸锌	6～8
硫酸镁	11～16
硫酸银	4～9
硫酸铜	3～8
分子筛	2～3
硬脂酸	2～3
硬脂酸盐	3～4
硬脂酸钙	1～3
硬脂酸	4～10
聚丙烯酯	5～9

制备方法　将各组分原料混合均匀即可。

原料配伍　本品各组分质量份配比范围为：氧化锆 11～19，二氧化硅 1～3，过氧化氢 2～8，硫酸锌 6～8，硫酸镁 11～16，硫酸银 4～9，硫酸铜 3～8，分子筛 2～3，硬脂酸 2～3，硬脂酸盐 3～4，硬脂酸钙 1～3，硬脂酸 4～10，聚丙烯酯 5～9。

产品应用　本品主要用作半导体化学机械研磨剂。

产品特性　本产品腐蚀速率低，研磨效果好，对半导体损伤小。

半导体化学研磨剂

原料配比

原　料	配比（质量份）
硅酸钠	8～16
羟乙基纤维素	9～14

原　料	配比（质量份）
苯甲酸甲酯	9～14
氧化铅	1～2
纯碱	2～3
甲基硅油	10～17
硬脂酸	7～10
硬脂酸盐	7～16
氧化钴	5～8
二氧化硅	9～14
硬脂酸	5～7
硬脂酸盐	1～7
氧化锌	3～5
酒石酸	1～3
液体石蜡	8～13
硬脂酸钙	1～3
聚丙烯酯	5～9

[制备方法]　将各组分原料混合均匀即可。

[原料配伍]　本品各组分质量份配比范围为：硅酸钠 8～16，羟乙基纤维素 9～14，苯甲酸甲酯 9～14，氧化铅 1～2，纯碱 2～3，甲基硅油 10～17，硬脂酸 7～10，硬脂酸盐 7～16，氧化钴 5～8，二氧化硅 9～14，硬脂酸 5～7，硬脂酸盐 1～7，氧化锌 3～5，酒石酸 1～3，液体石蜡 8～13，硬脂酸钙 1～3，聚丙烯酯 5～9。

[产品应用]　本品主要用作半导体化学研磨剂。

[产品特性]　本产品腐蚀速率低，研磨效果好，对半导体损伤小。

半导体环保研磨剂

[原料配比]

原　料	配比（质量份）
磷酸二氢钙	11～14
磷酸	2～5

原　料	配比（质量份）
磷酸二氢钾	9～13
二氧化硅	1～3
硫氰酸盐	21～23
水杨酸盐	4～17
EDTA	8～13
除油剂	3～8
硫酸钾	8～10
无水硫酸钠	10～16
聚丙烯酯	5～9

制备方法　将各组分原料混合均匀即可。

原料配伍　本品各组分质量份配比范围为：磷酸二氢钙 11～14，磷酸 2～5，磷酸二氢钾 9～13，二氧化硅 1～3，硫氰酸盐 21～23，水杨酸盐 4～17，EDTA 8～13，除油剂 3～8，硫酸钾 8～10，无水硫酸钠 10～16，聚丙烯酯 5～9。

产品应用　本品主要用作半导体环保研磨剂。

产品特性　本产品腐蚀速率低，研磨效果好，对半导体损伤小。

半导体集成电路细微加工研磨剂

原料配比

原　料	配比（质量份）
硫氰酸盐	15～35
碳酸钙	7～10
分散剂	1～3
增稠剂	1～3
阻燃剂	4～6
硬脂酸	4～8
滑石粉	4～6
硬脂酸锌	4～6
硬脂酸钙	1～3
聚丙烯酯	5～9

制备方法 将各组分原料混合均匀即可。

原料配伍 本品各组分质量份配比范围为：硫氰酸盐15～35，碳酸钙7～10，分散剂1～3，增稠剂1～3，阻燃剂4～6，硬脂酸4～8，滑石粉4～6，硬脂酸锌4～6，硬脂酸钙1～3，聚丙烯酯5～9。

产品应用 本品主要用作半导体集成电路细微加工研磨剂。

产品特性 本产品腐蚀速率低，研磨效果好，对半导体损伤小。

半导体集成电路研磨剂（1）

原料配比

原　料	配比（质量份）
醚硫酸钠	4～8
脂肪醇聚氧乙烯	9～10
硬脂酸	14～23
滑石粉	2～3
硬脂酸锌	1～2
纳米碳酸钙	3～5
二氯甲烷	6～14
硬脂酸钙	9～14
多聚甲醛	8～12
苯甲醇	2～3
正戊烷	17～21
碳酸钙	15～26
乙二醛	1～2
乙酸乙酯	1～2
苯甲酸甲酯	5～9
三氯甲烷	1～3
阻燃剂	4～6
分散剂	1～3
聚丙烯酯	5～9

制备方法 将各组分原料混合均匀即可。

原料配伍 本品各组分质量份配比范围为：醚硫酸钠4～8，脂肪醇聚氧乙烯 9～10，硬脂酸 14～23，滑石粉 2～3，硬脂酸锌 1～2，纳米碳酸钙 3～5，二氯甲烷 6～14，硬脂酸钙 9～14，多聚甲醛 8～12，苯甲醇 2～3，正戊烷 17～21，碳酸钙 15～26，乙二醛 1～2，乙酸乙酯 1～2，苯甲酸甲酯 5～9，三氯甲烷 1～3，阻燃剂 4～6，分散剂 1～3，聚丙烯酯 5～9。

产品应用 本品主要用作半导体集成电路研磨剂。

产品特性 本产品腐蚀速率低，研磨效果好，对半导体损伤小。

半导体集成电路研磨剂（2）

原料配比

原　料	配比（质量份）
硫氰酸盐	21～23
水杨酸盐	4～17
EDTA	8～13
除油剂	3～8
除油粉	7～12
表调剂	11～15
硫酸钾	8～10
无水硫酸钠	10～16
硝酸钾	5～16
亚硝酸钠	7～15
亚硫酸钠	2～4
硬脂酸钙	1～3
硬脂酸	4～10
聚丙烯酯	5～9

制备方法 将各组分原料混合均匀即可。

原料配伍 本品各组分质量份配比范围为：硫氰酸盐 21～23，水杨酸盐 4～17，EDTA 8～13，除油剂 3～8，除油粉 7～12，表调剂 11～15，硫酸钾 8～10，无水硫酸钠 10～16，硝酸钾 5～16，亚硝酸钠 7～15，亚硫酸钠 2～4，硬脂酸钙 1～3，硬脂酸 4～10，聚丙烯酯 5～9。

本品主要用作半导体集成电路研磨剂。

产品特性 本产品腐蚀速率低，研磨效果好，对半导体损伤小。

半导体芯片化学机械研磨剂

原料配比

原　料		配比（质量份）							
		1#	2#	3#	4#	5#	6#	7#	8#
研磨粒子	二氧化硅粒子	7	—	—	—	—	—	—	0.02
	氧化铝粒子	—	4	—	—	—	—	—	—
	氧化锆粒子	—	—	5	—	—	—	—	—
	碳化硅粒子	—	—	—	1	—	—	—	—
	二氧化铈粒子	—	—	—	—	10	—	—	—
	氧化锰粒子	—	—	—	—	—	20	—	—
	气相二氧化硅粒子	—	—	—	—	—	—	0.05	—
第一氧化剂	焦磷酸钾	5	1	3	10	50	—	0.05	0.02
第二氧化剂	碘酸钾	1	—	—	—	—	—	—	—
	碘酸钠	—	—	—	—	8	—	—	—
	硝酸钠	—	—	—	—	—	—	—	0.002
	过氧化氢	—	0.05	—	—	—	—	—	—
	羟胺	—	—	2	—	—	—	0.05	—
	硝酸铵	—	—	—	5	—	—	—	—
稳定剂	磷酸钠	5	—	—	—	—	—	—	—
	磷酸钾	—	0.1	—	—	—	—	—	—
	聚丙烯酸	—	—	—	—	—	1	—	—
	磷酸铵	—	—	3	—	—	—	—	—
	表面活性剂	—	—	—	—	—	—	—	0.2
	丙烯酸	—	—	—	—	4	—	—	—
	丙烯酸和聚丙烯酸的混合物	—	—	—	—	—	—	0.5	—
	磷酸	—	—	—	2	—	—	—	—

原料		配比（质量份）							
		1#	2#	3#	4#	5#	6#	7#	8#
稳定剂	乙酸	—	—	—	—	—	1	—	—
	马来酸	—	—	—	—	—	—	—	1
	乙酸钠	—	—	—	—	—	—	0.02	—
添加剂	氢氧化四甲基胺	5	—	—	—	—	—	—	—
	氢氧化四甲基胺的钠盐	—	0.1	—	—	—	—	—	—
	氢氧化四己基胺的钾盐	—	—	—	10	—	—	—	—
水		加至100	加至100	加至100	加至100	加至100	加至100	加至100	加至100

制备方法

（1）将配料量的研磨粒子、稳定剂、第一氧化剂、第二氧化剂、添加剂和去离子水混合放在一个容器内的单组分形式。

（2）将配料量的研磨粒子、稳定剂、第一氧化剂、添加剂和去离子水混合放在一个容器内作为第一组分，将配料量的第二氧化剂放在一个容器内作为第二组分的双组分形式，使用时将上述两组分按化学计量精确混合。

（3）将配料量的研磨粒子、稳定剂、添加剂和去离子水混合放在一个容器内作为第一组分，将配料量的第一氧化剂放在一个容器内作为第二组分，将配料量的第二氧化剂放在一个容器内作为第三组分的三组分形式，使用时将上述三组分按化学计量精确混合。

原料配伍 本品各组分质量份配比范围为：研磨粒子 0.01~20，第一氧化剂 0.01~50，第二氧化剂 0.001~50，稳定剂 0.1~5，添加剂 0.01~10，水加至 100。

所述的水为去离子水。

所述的研磨粒子为二氧化硅、氧化铝、氧化锆、碳化硅、二氧化铈、氧化锰粒子中的一种或几种的混合物。

所述的第一氧化剂为焦磷酸盐。

所述的第二氧化剂为碘酸盐、过氧化氢、羟胺或硝酸盐中的一种或几种的混合物。

所述的稳定剂为磷酸盐、磷酸、丙烯酸、聚丙烯酸或表面活性剂中的一种或几种的混合物。

所述的添加剂为氢氧化四甲基胺及其盐类、氢氧化四己基胺及其盐类、羧酸及其盐类中的一种或几种的混合物。

所述的研磨粒子次级粒子的粒径范围为 $20\sim400nm$，优选范围为 $50\sim200nm$，最优选范围为 $100\sim150nm$；原生粒子的 B.E.T 比表面积为 $20\sim400m^2/g$，优选范围为 $50\sim200m^2/g$，最优选范围为 $100\sim150m^2/g$。

所述的研磨粒子的优选浓度范围为：$0.1\%\sim10\%$；第一氧化剂的优选浓度范围为：$0.1\%\sim10\%$；第二氧化剂的优选浓度范围为：$0.01\%\sim10\%$；添加剂的优选浓度范围为：$0.05\%\sim10\%$。

所述的研磨粒子的最优选浓度范围为：$4\%\sim7\%$；第一氧化剂的最优选浓度范围为：$1\%\sim5\%$；第二氧化剂的最优选浓度范围为：$0.05\%\sim5\%$；添加剂的最优选浓度范围为：$0.1\%\sim5\%$。

产品应用 本品主要用作去除芯片上附着的金属钨的半导体芯片化学机械研磨剂。

产品特性

（1）由于使用了由焦磷酸钾和诸如碘酸钾、过氧化氢、羟胺等共氧化剂组成的多重氧化剂，能使钨层转变成钨氧化物层的厚度非常恰当，刚好能被研磨粒子的机械磨削作用完全去除，但又不至于因太厚而妨碍钨的进一步氧化。即使明显降低了以研磨时的下压力及相对线速度的大小作为强度表征的机械磨削力，仍可保持极高的钨去除速率。由于相对降低了机械力的作用强度，凹坑、腐蚀和介质层的损耗等问题也减少了。

（2）由于使用了诸如不饱和羧酸这样的添加剂，可避免焦磷酸盐在强氧化环境中可能会产生的不稳定性。羧酸在研磨粒子的表面，特别是气相二氧化硅粒子的表面，有强烈的吸附倾向。当阻挡层被磨除后，羧酸对露出的介质层表面也有很强的吸附倾向。羧酸既在研磨粒子的表面吸附，也在介质层的表面吸附，使两者之间产生静电斥力，由此减少了对介质层表面的机械磨损。因此，羧酸的加入，使本产品具备了较小的介质层磨损率和较低的腐蚀度。

（3）由于使用了诸如羟胺这样的共氧化剂，通过带电效应，可以促进研磨粒子的稳定性，羟胺根据化学环境和 pH 值的不同，既可作为氧化剂，又可作为还原剂，因此可以用来平衡钨的氧化腐蚀和机械磨削的速率。

半导体芯片抗氧化研磨剂

原料配比

原　料	配比（质量份）
研磨粒子	12～20
二氧化氯	11～16
盐酸	2～4
氧化铜	1～3
氧化锌	3～5
锌粉	1～2
氧化铅	1～2
酒石酸	1～3
羟乙基纤维素	2～6
苯甲酸甲酯	1～3
聚乙烯醇	5～9
氯苯	1～3
纳米硫酸钙	2～8
分散剂	1

制备方法　将各组分原料混合均匀即可。

原料配伍　本品各组分质量份配比范围为：研磨粒子 12～20，二氧化氯 11～16，盐酸 2～4，氧化铜 1～3，氧化锌 3～5，锌粉 1～2，氧化铅 1～2，酒石酸 1～3，羟乙基纤维素 2～6，苯甲酸甲酯 1～3，聚乙烯醇 5～9，氯苯 1～3，纳米硫酸钙 2～8，分散剂1。

产品应用　本品主要用作半导体芯片抗氧化研磨剂。

产品特性　本产品具备了较小的介质层磨损率和较低的腐蚀度，可以促进研磨粒子的稳定性，保持极高的钨去除速率。由于相对降低了机

械力的作用强度，凹坑、腐蚀和介质层的损耗等问题也减少了。

半导体芯片耐腐蚀性研磨剂

原料配比

原　　料	配比（质量份）
表面活性剂	3～9
有机添加剂	4～7
调节剂	1～3
水性介质	50～55
山梨醇	11～18
聚丙烯	7～10
聚乙烯	9～16
甘油	1～8
氯化钙	3～7
氯化铝	1～2
氯化钾	1～2
助溶剂	1
润湿剂	1
分散剂	1

制备方法　将各组分原料混合均匀即可。

原料配伍　本品各组分质量份配比范围为：表面活性剂 3～9，有机添加剂 4～7，调节剂 1～3，水性介质 50～55，山梨醇 11～18，聚丙烯 7～10，聚乙烯 9～16，甘油 1～8，氯化钙 3～7，氯化铝 1～2，氯化钾 1～2，助溶剂 1，润湿剂 1，分散剂 1。

产品应用　本品是一种半导体芯片耐腐蚀性研磨剂。

产品特性　本产品具备了较小的介质层磨损率和较低的腐蚀度，可以促进研磨粒子的稳定性，保持极高的钨去除速率。由于相对降低了机械力的作用强度，凹坑、腐蚀和介质层的损耗等问题也减少了。

半导体芯片研磨剂

半导体芯片研磨剂

原料配比

原　　料	配比（质量份）
研磨粒子	12～20
双酚 A 型聚碳酸酯	5～9
纳米碳酸钙	9～10
二氯甲烷	7～13
苯甲醇	5～10
正戊烷	1～9
三氯甲烷	1～3
氯化钠	2～8
氯化钙	3～7
氯化铝	1～2
氯化钾	1～2
助溶剂	1
润湿剂	1
分散剂	1

制备方法　将各组分原料混合均匀即可。

原料配伍　本品各组分质量份配比范围为：研磨粒子 12～20，双酚 A 型聚碳酸酯 5～9，纳米碳酸钙 9～10，二氯甲烷 7～13，苯甲醇 5～10，正戊烷 1～9，三氯甲烷 1～3，氯化钠 2～8，氯化钙 3～7，氯化铝 1～2，氯化钾 1～2，助溶剂 1，润湿剂 1，分散剂 1。

产品应用　本品主要用作半导体芯片研磨剂。

产品特性　本产品具备了较小的介质层磨损率和较低的腐蚀度，可以促进研磨粒子的稳定性，保持极高的钨去除速率。由于相对降低了机械力的作用强度，凹坑、腐蚀和介质层的损耗等问题也减少了。

半导体研磨剂（1）

原料配比

原　　料	配比（质量份）
磷酸二氢钾	1～7

原　料	配比（质量份）
硫酸钾	9～17
聚乙烯醇	11～14
二氧化硅	1～2
酸洗剂	3～9
三乙胺	4～13
酒石酸	5～9
苯甲酸甲酯	6～7
硫酸锌	1～3
硫酸镁	2～4
研磨粒子	3～8
双酚 A 型聚碳酸酯	11～18
硬脂酸钙	3～8
分散剂	1

制备方法　将各组分原料混合均匀即可。

原料配伍　本品各组分质量份配比范围为：磷酸二氢钾 1～7，硫酸钾 9～17，聚乙烯醇 11～14，二氧化硅 1～2，酸洗剂 3～9，三乙胺 4～13，酒石酸 5～9，苯甲酸甲酯 6～7，硫酸锌 1～3，硫酸镁 2～4，研磨粒子 3～8，双酚 A 型聚碳酸酯 11～18，硬脂酸钙 3～8，分散剂 1。

产品应用　本品主要用作半导体研磨剂。

产品特性　本产品具备了较小的介质层磨损率和较低的腐蚀度，可以促进研磨粒子的稳定性，保持极高的钨去除速率。由于相对降低了机械力的作用强度，凹坑、腐蚀和介质层的损耗等问题也减少了。

半导体研磨剂（2）

原料配比

原　料	配比（质量份）
硫氰酸盐	21～23
二氧化硅	1～3
过氧化氢	2～8

原　料	配比（质量份）
硫酸锌	6～8
硫酸镁	11～16
硫酸银	4～9
硫酸铜	3～8
异丙醇	8～13
苯甲酸	5～7
乙醇	9～16
三氟乙酸	3～8
聚丙烯酯	5～9

制备方法　将各组分原料混合均匀即可。

原料配伍　本品各组分质量份配比范围为：硫氰酸盐 21～23，二氧化硅 1～3，过氧化氢 2～8，硫酸锌 6～8，硫酸镁 11～16，硫酸银 4～9，硫酸铜 3～8，异丙醇 8～13，苯甲酸 5～7，乙醇 9～16，三氟乙酸 3～8，聚丙烯酯 5～9。

产品应用　本品主要用作半导体研磨剂。

产品特性　本产品腐蚀速度低，研磨效果好，对半导体损伤小。

超精研磨剂

原料配比

原　料		配比（质量份）							
		1#	2#	3#	4#	5#	6#	7#	8#
纳米级金刚石粉		0.1	0.4	5	0.4	2	0.8	0.4	0.4
非离子型悬浮分散剂	壬基酚聚氧乙烯基醚-10	1.0	—	15	—	—	—	—	—
	聚氧乙烯基辛基酚醚-10	—	0.2	—	—	—	—	—	—
	十二醇聚氧乙烯基醚-10	—	—	—	1.2	—	—	—	—
	壬基甲酚聚氧乙烯醚-10	—	—	—	—	6	—	—	—

原料		配比（质量份）							
		1#	2#	3#	4#	5#	6#	7#	8#
非离子型悬浮分散剂	壬基酚聚氧乙烯基醚-10	—	—	—	—	—	4	—	—
	壬基酚聚氧乙烯基醚-10硼酸酯	—	—	—	—	—	—	1.2	—
	壬基酚聚氧乙烯基醚-10磷酸酯	—	—	—	—	—	—	—	1.2
防霉杀菌剂	硼化油酸三乙醇胺	0.1	—	0.1	0.05	—	—	—	0.05
	硼化油酸二乙醇胺	—	0.1	—	—	0.08	—	—	—
	硼化二乙醇酯	—	—	—	—	—	0.18	—	—
pH值调节剂	三乙醇胺	—	—	—	—	—	0.02	—	—
轻质矿物油	石脑油	98.8	—	—	—	—	—	—	—
	10#白油	—	—	—	40	—	95	—	—
	5#白油	—	—	—	—	91.9	—	98.4	—
	2#白油	—	—	—	—	—	—	—	98.35
	石油醚	—	98.3	—	58.35	—	—	—	—
	7#锭子油	—	—	79.9	—	—	—	—	—
抗氧剂	2,6-二叔丁基甲酚	—	—	—	—	0.02	—	—	—

制备方法

（1）将金刚石机械研磨成均匀粉体，超声波分散于去离子水中，使其质量百分比浓度<1%，加入pH值调节剂，使纳米金刚石粉水溶液的pH值为6.0～8.5，然后分级提纯获得窄分布纯金刚石粉，颗粒直径分布为5～6nm。

（2）当空气相对湿度>85%时，提纯纳米金刚石粉料烘干后再加入非离子型悬浮分散剂，加热干燥，防止纳米粒子的聚集。

（3）将非离子型悬浮分散剂加入到纯纳米金刚石粉料中，加热混合反应后再加入轻质矿物油，超声波分散，搅拌混合，加pH值调节剂，制备成pH值在6.0～8.5的悬浮液，即制得超精研磨剂。

（4）在 pH 值为 6.0～8.5 的超精研磨剂中加入防霉杀菌剂与抗氧剂。

原料配伍 本品各组分质量份配比范围为：纳米级金刚石粉 0.05～5，非离子型悬浮分散剂 0.05～15，防霉杀菌剂 0.02～0.2，轻质矿物油 79.8～99.88，pH 值调节剂 0.02，抗氧剂 0.02。

所述纳米级金刚石粉的形状为球形或菱形，颗粒分布均匀，直径分布为 5～6nm。

所述非离子型悬浮分散剂采用烷基酚聚乙烯基醚（烷基酚为苯酚、甲苯酚、萘酚和十二烷酚）、碳数为 8～12 的长链脂肪醇聚氧乙烯基醚及其硼酸酯或磷酸酯。

所述轻质矿物油采用 40℃时黏度为 2～10mm^2/s 的白油、锭子油、煤油、粗汽油、石油醚、石脑油等十二碳以下的矿物油。

所述防霉杀菌剂采用硼化油酸三乙醇胺、硼化油酸二乙醇胺、硼化月桂酸三乙醇胺等有机硼。

在所述研磨剂中还加入有抗氧剂，其加入量为全部组分总质量的 0.02%～0.5%。

所述抗氧剂采用 2,6-二叔丁基甲酚。

所述 pH 值调节剂采用醋酸、三乙醇胺或氨水。

产品应用 本品是一种纳米级超精研磨剂

产品特性

（1）纳米研磨剂制备的关键技术在于纳米金刚石粉悬浮分散，纳米金刚石粉由爆轰法得到，其表面含有大量的亲水性基团—OH、—COOH 和—NH$_2$，纳米金刚石颗粒表面有一层氢键结合的水层，聚氧乙烯基醚及其改性物中的聚氧乙烯链是一个庞大的亲水基团，可高度卷曲呈螺旋状，吸附或氢键作用于纳米金刚石的表面，油溶性基团烷基 R 吸附朝向轻质油，R 基团的碳数与轻质油的碳数相匹配可产生最大的分散效果，本产品的分散介质轻质油的碳数为 12 以下，悬浮分散剂的烷基 R 的碳数选择 8～12，两者的碳数相匹配，产生很好的分散效果，同时，聚氧乙烯基醚庞大的亲水基团形成很好的立体能垒，使颗粒间的范德华引力减小，阻止了分散微粒的重新靠近和合并，故聚氧乙烯基醚及其改性物是一类性能优良的悬浮分散剂。

（2）本产品制备得到的纳米金刚石悬浮液粒子分布均匀，分散稳定性良好，现场用于计算机磁头的超精抛光，用原子力显微镜（AFM）

检测抛光后的表面粗糙度为 0.1～4Å（1Å=0.1nm），表面十分光整，10 万倍电子显微镜下观察磁头表面也观察不到划痕和镶嵌的颗粒。纳米金刚石是一类超硬材料，内核坚实，球形和菱形结构并存，在表面研磨过程中起到促磨和珩磨作用；在研抛过程中非离子型悬浮分散剂和轻质矿物油起充分的冷却润滑作用，在抛光过程中计算机磁头丝毫没有灼热痕迹；同时，悬浮分散剂发挥了充分的清洗作用，在研抛时，微屑随研抛运动不断带走，这样计算机磁头表面在纳米金刚石的促磨和珩磨下，导入的磨剂和磨粉使计算机磁头表面在短时间内达到纳米和埃级的加工精度。

电子产品的基片研磨剂

原料配比

原　　料	配比（质量份）
高纯硅粉粒子和单晶金刚石粒子的混合物	适量
脂肪醇聚氧乙烯醚硫酸钠	2～5
铜缓蚀剂巯基苯并噻唑 MBT	2
去离子水	加至 100

制备方法 将各组分原料混合均匀即可。

原料配伍 本品各组分质量份配比范围为：高纯硅粉粒子和单晶金刚石粒子的混合物适量，脂肪醇聚氧乙烯醚硫酸钠 2～5，铜缓蚀剂巯基苯并噻唑 MBT 2，去离子水加至 100，所述研磨剂的 pH 值为 9～12。

所述粒子混合物的含量为 30%。保证了研磨质量的同时，也使得其更具有亲水的特性，便于后续设备的使用。

所述高纯的硅粉粒子和单晶金刚石粒子的混合物的质量比为 1∶2。保证了研磨的硬度和化学特性，能够达到光亮、平整的技术要求。

产品应用 本品主要用作电子产品的基片研磨剂。

产品特性

（1）本产品采用高纯硅粉粒子和单晶金刚石粒子，其具有较高的硬度，处于碱性工作环境时，耐腐蚀，抛光效率高，适合硅基片和蓝宝石底衬的研磨。

（2）本产品是一种碱性的亲水性制剂，便于在工业环境中操作、清洗和回收。同时采用高纯硅粉粒子和单晶金刚石粒子，该粒子具有较高的硬度，且同电子产品的基片具有类似的材质特性，因此在研磨时不会渗入有害污染物质，保证电子产品的后期性能。

（3）所述研磨剂所含 Cu 和 Fe 的浓度小于 30×10^{-6} mg/kg。通过调整重金属的含量，并结合所采用的粒子材质，保证了本产品能够安全和广泛地应用于所述的电子产品的基片加工，不会对其产生污染。

阀门法兰专用复合研磨剂

原料配比

原　料	配比（质量份）
碳化硼	60
硅藻土	6
金刚砂	4
氧化铬	4
白炭黑	3
腻子粉	2
硅酸钙	1
聚乙烯醇	1
明胶	0.5
淀粉	0.5
油酸	2
乙醇	6
水	10

制备方法

（1）向高速混合机中先加入明胶和水，升温至 65～70℃后混合 5～10min，再加入碳化硼、金刚砂和氧化铬，继续混合 15～20min，最后冷却降温得混合液Ⅰ。

（2）室温下向混合液Ⅰ中加入硅藻土、白炭黑和腻子粉，混合 10～15min 后再加入硅酸钙、聚乙烯醇和淀粉，继续混合 10～15min

得混合液Ⅱ。

（3）先将混合液Ⅱ加入到砂磨机中，再加入油酸和乙醇，砂磨至细度小于 10μm 后得混合液Ⅲ。

（4）将混合液Ⅲ置于冷冻干燥机中，冷冻 8～12h 后得粉末状物质，最后出料、装袋得目标研磨剂。

原料配伍 本品各组分质量份配比范围为：碳化硼 60～65，硅藻土 5～8，金刚砂 3～5，氧化铬 3～5，白炭黑 2～3，腻子粉 2～3，硅酸钙 1～2，聚乙烯醇 1～2，明胶 0.5～1，淀粉 0.5～1，油酸 2～3，乙醇 5～10，水 5～10。

产品应用 本品主要用作阀门法兰专用复合研磨剂。

产品特性 本产品以碳化硼为主要磨料，并添加适量辅助磨料和分散剂，制得的研磨剂呈粉末状，性质稳定，使用时只须加入适量水调成稠状涂覆于待研磨法兰上，能够加速研磨过程，增强研磨效果，并且对研具具有一定的保护作用。

复合研磨剂

原料配比

原　料		配比（质量份）
		1#
硅胶	硅胶	60
	水	150
硅酸	水玻璃	48
	水	270
$(NH_4)_2Ce(NO_3)_6$		0.5

制备方法 首先将硅胶加热至 60℃以上，另一方面在硅酸中添加可溶于硅酸的铈盐，接着将此种含有铈盐的硅酸缓慢添加至上述硅胶中，利用硅胶中的 SiO_2 微粒作为晶种，与铈盐及硅酸进行异质成核，以获得所需的复合研磨剂。

原料配伍 本品各组分质量份配比范围为：硅胶 200～220、硅酸 300～

500 及可溶于硅酸的铈盐 0.5～1。

该硅酸的浓度为 10%以下。

可溶于硅酸的铈盐为硝酸铈铵盐$(NH_4)_2Ce(NO_3)_6$。

可溶于硅酸的铈盐的用量，以硅胶、硅酸及铈盐的总质量计为 5%以下。

所用铈盐种类并无特别限制，只要能溶于硅酸即可，较佳实例为硝酸铈铵盐$(NH_4)_2Ce(NO_3)_6$等。该可溶于硅酸的铈盐，以组合物总质量计，一般为 5%以下，较佳为 0.1%～5%。

产品应用 本品是一种复合研磨剂。

产品特性 经上述方法制得的复合研磨剂呈碱性，可视需要进一步经阳离子交换树脂处理而呈酸性，以使该复合研磨剂的应用范围更为广泛。此处所用的阳离子交换树脂可与上述处理硅酸所用的阳离子交换树脂相同，但亦可使用本领域技术人员熟知的其他阳离子交换树脂。

复印机硒鼓（P 型）研磨剂

原料配比

原料	配比（质量份）												
	1#	2#	3#	4#	5#	6#	7#	8#	9#	10#	11#	12#	13#
氧化铬磨料	80	82	84	88	90	92	93	94	95	96	97	98	99
石墨	20	18	16	12	10	8	7	6	5	4	3	2	1
蒸馏水	适量	适量	适量	适量	适量	适量	适量	适量	适量	适量	适量	适量	适量

制备方法 将各组分混合均匀调成糊状。

原料配伍 本品各组分质量份配比范围为：氧化铬为 80～99，石墨 1～20，稀释剂为蒸馏水。

产品应用 本品主要用作复印机硒鼓（P 型）研磨剂。

修复技术：首先用酒精将旧硒鼓表面洗擦干净，再把研磨剂均匀涂在特别的研磨套垫上，把手套入研磨套垫内，反复研磨硒鼓表面，直到硒鼓表面无任何伤痕，再用干净的研磨套垫将硒鼓表面反复清洁，直到无任何黑红色氧化物。研磨套垫是由一种经过处理的不脱绒毛的绒布制成的。

产品特性 用本产品修复的硒鼓，其感光度可与新硒鼓相当，大大节约了成本。

改进的设备研磨剂

原料配比

原　料	配比（质量份）	
	1#	2#
水杨酸苯酯	3	6
五水硅酸钠	4	9
乙二胺四亚甲基膦酸	3	5
纳米碳酸钙	6	11
烷基醚磺酸镁	4	8
表面活性剂	2	6
聚磷酸盐	3	7
失水山梨醇脂肪酸酯	5	8
二乙二醇乙醚	1	3
二硫化钼	1	3
二甲苯磷酸钠	3	6

制备方法 将各组分原料混合均匀即可。

原料配伍 本品各组分质量份配比范围为：水杨酸苯酯 3～6，五水硅酸钠 4～9，乙二胺四亚甲基膦酸 3～5，纳米碳酸钙 6～11，烷基醚磺酸镁 4～8，表面活性剂 2～6，聚磷酸盐 3～7，失水山梨醇脂肪酸酯 5～8，二乙二醇乙醚 1～3，二硫化钼 1～3，二甲苯磷酸钠 3～6。

产品应用 本品是一种改进的设备研磨剂。

产品特性 本产品研磨均匀，同时对设备的影响小，且不会对人体造成伤害。

高效环保半导体芯片研磨剂

原　料	配比（质量份）
研磨粒子	12~20
双酚 A 型聚碳酸酯	5~9
三乙胺	8~12
酒石酸	5~9
苯甲酸甲酯	6~7
聚乙烯醇	2~3
二氧化硅	4~5
过氧化氢	7~9
硫酸锌	1~3
硫酸镁	2~4
硬脂酸钙	3~8
硬脂酸	4~13
分散剂	1

制备方法　将各组分原料混合均匀即可。

原料配伍　本品各组分质量份配比范围为：研磨粒子 12~20，双酚 A 型聚碳酸酯 5~9，三乙胺 8~12，酒石酸 5~9，苯甲酸甲酯 6~7，聚乙烯醇 2~3，二氧化硅 4~5，过氧化氢 7~9，硫酸锌 1~3，硫酸镁 2~4，硬脂酸钙 3~8，硬脂酸 4~13，分散剂 1。

产品应用　本品是一种高效环保半导体芯片研磨剂。

产品特性　本产品具备了较小的介质层磨损率和较低的腐蚀度，可以促进研磨粒子的稳定性，保持极高的钨去除速率。由于相对降低了机械力的作用强度，凹坑、腐蚀和介质层的损耗等问题也减少了。

铬钢研磨剂

原料配比

原　料	配比（质量份）
氧化铝颗粒	36

原　　料	配比（质量份）
分散剂	60
磷酸氢钙	1.5
三聚磷酸钠	1
十二烷基磺酸钠	1
硅酸钠	0.5

[制备方法]

（1）原料称量：按配比精确称量粉末原料，并过滤。

（2）分散：将三聚磷酸钠、十二烷基磺酸钠和硅酸钠按配比混合均匀后溶于分散剂。

（3）过滤：将步骤（2）所得浆料过滤，去除大颗粒后加入氧化铝颗粒。

（4）再分散：对步骤（3）所得浆料进行超声分散至均匀。

[原料配伍]　本品各组分质量份配比范围为：氧化铝颗粒 5～50，分散剂 50～90，磷酸氢钙 0.1～3，三聚磷酸钠 0.5～2，十二烷基磺酸钠 0.5～2，硅酸钠 0.5～2。

氧化铝颗粒的粒度为 0.1～200μm，所述氧化铝颗粒为球形，其圆球度至少为 0.5。

本产品所述"圆球度"指金刚石颗粒的形状与球体相似的程度。

所述分散剂优选乙二醇、聚乙二醇、聚丙二醇、甘油中的至少一种。

所述氧化铝颗粒的圆球度为 0.5～0.75。

所述氧化铝颗粒的圆球度为 0.6～0.75。

所述氧化铝颗粒的粒度为 100～200μm。

所述氧化铝颗粒的粒度为 5～50μm。

所述氧化铝颗粒的粒度为 0.1～5μm。

[产品应用]　本品主要用于研磨铬钢轴承套圈。

[产品特性]　本产品研磨效率高，研磨效率提高了 30%～50%，且对陶瓷本体污染少，减少了研磨时间。

硅芯片研磨剂

原料配比

原　　料	配比（质量份）
椰油酰单乙醇胺	8～16
二甲苯磺酸钠	9～20
处理剂	2～5
二氧化钛	8～13
三乙胺	8～12
酒石酸	11～20
甲基硅油	3～7
硅藻土	4～12
硼酸钠	11～14
聚丙烯	3～4
线性低密度聚乙烯	8～13
磷酸二氢钾	8～14
甲基丙烯酸甲酯	9～17
片层结构的云母粉	5～7
空心玻璃微珠	5～8

制备方法　将各组分原料混合均匀即可。

原料配伍　本品各组分质量份配比范围为：椰油酰单乙醇胺 8～16，二甲苯磺酸钠 9～20，处理剂 2～5，二氧化钛 8～13，三乙胺 8～12，酒石酸 11～20，甲基硅油 3～7，硅藻土 4～12，硼酸钠 11～14，聚丙烯 3～4，线性低密度聚乙烯 8～13，磷酸二氢钾 8～14，甲基丙烯酸甲酯 9～17，片层结构的云母粉 5～7，空心玻璃微珠 5～8。

产品应用　本品主要用作硅芯片研磨剂。

产品特性　本产品具备了较小的介质层磨损率和较低的腐蚀度，可以促进研磨粒子的稳定性，保持极高的钨去除速率。由于相对降低了机

械力的作用强度，凹坑、腐蚀和介质层的损耗等问题也减少了。

硅芯片用抗腐蚀研磨剂

原料配比

原　料	配比（质量份）
三乙胺	8～12
酒石酸	5～9
甲基硅油	4～9
液体石蜡	8～13
硬脂酸	3～8
硬脂酸盐	1～7
乙烯基双硬脂酰胺	2～3
除蜡水	5～8
酸洗剂	10～19
二氧化氯	11～16
甲基丙烯酸甲酯	15～20
片层结构的云母粉	1
空心玻璃微珠	1～2

制备方法　将各组分原料混合均匀即可。

原料配伍　本品各组分质量份配比范围为：三乙胺 8～12，酒石酸 5～9，甲基硅油 4～9，液体石蜡 8～13，硬脂酸 3～8，硬脂酸盐 1～7，乙烯基双硬脂酰胺 2～3，除蜡水 5～8，酸洗剂 10～19，二氧化氯 11～16，甲基丙烯酸甲酯 15～20，片层结构的云母粉 1，空心玻璃微珠 1～2。

产品应用　本品是一种硅芯片用抗腐蚀研磨剂。

产品特性　本产品具备了较小的介质层磨损率和较低的腐蚀度，可以促进研磨粒子的稳定性，保持极高的钨去除速率。由于相对降低了机械力的作用强度，凹坑、腐蚀和介质层的损耗等问题也减少了。

化学机械研磨剂（1）

原料配比

原料		配比（质量份）				
		1#	2#	3#	4#	5#
亲水基表面活性剂	氨基硅氧烷	1～1.5	—	—	1～1.5	1～1.5
	酰胺醚羧酸	—	4.5～5	—	—	—
	多元醇酯	—	—	2.7～3.2	—	—
固体颗粒		20～25	20～25	20～25	28～30	2～5
化学机械研磨剂对疏水性薄膜的选择比		3:1～3.5:1	3:1～3.5:1	3:1～3.5:1	4:1～4.32:1	1.5:1～1.8:1

制备方法 将各组分原料混合均匀即可。

原料配伍 本品各组分为：所述化学机械研磨剂包括亲水基表面活性剂、固体颗粒和水。

所述亲水基表面活性剂的质量百分比浓度是 1%～5%。

所述亲水基表面活性剂的材料是硅氧烷、羧酸、酯化物或氨盐。

所述硅氧烷是氨基硅氧烷，所述氨基硅氧烷在化学机械研磨剂中的质量百分比浓度是 1%～1.5%。

所述羧酸是酰胺醚羧酸，在化学机械研磨剂中的质量百分比浓度是 4.5%～5%。

所述酯化物是多元醇酯，在化学机械研磨剂中的质量百分比浓度是 2.7%～3.2%。

所述固体颗粒在化学机械研磨剂中的质量百分比浓度浓度是 2%～30%。

所述化学机械研磨剂是碱性的。

所述化学机械研磨剂对疏水性薄膜和研磨停止层的研磨速率的比值低于 5:1。

通过增加化学机械研磨剂中固体颗粒的质量百分比浓度，可以增加研磨剂和疏水性薄膜研磨面面积，改善化学机械研磨的效果。但是固体颗粒的浓度太高会导致化学机械研磨剂过于黏稠、流动性差和成本过高。较佳地，固体颗粒质量百分比浓度是 2%～30%。具体地，可以根据不同的工艺要求，调整固体颗粒质量百分比浓度。通常氧化剂含量增大可以减少固体颗粒含量。

产品应用 本品主要用作化学机械研磨剂。

产品特性

（1）所述化学机械研磨剂中包括亲水基表面活性剂材料，所述亲水基表面活性剂材料可以降低化学机械研磨剂和疏水性薄膜间的表面张力，使化学机械研磨剂和疏水性薄膜更紧密贴合，从而减少疏水性薄膜表面上的残留物和颗粒等缺陷，改善化学机械研磨的效果。

（2）较佳地，表面活性剂的质量百分比浓度在1%～5%的范围时，研磨效果更好，使疏水性薄膜表面的缺陷明显减少。

（3）还可采用较高浓度的固体颗粒配比，进一步改善化学机械研磨的效果。此外，所述化学机械研磨剂用于研磨疏水性薄膜时，选择比低于5∶1，使疏水性薄膜表面平整、缺陷少，具有优良的表面特性。

化学机械研磨剂（2）

原料配比

原　　料	配比（质量份）
氧化锆	5～7
二氧化硅	11～21
过氧化氢	5～9
水杨酸盐	15～25
乙烯基双硬脂酰胺	7～16
硬脂酸单甘油酯	9～13
三硬脂酸甘油酯	9～14
还原剂	1～3
柔软剂	5～8
除杂剂	7～10
处理剂	11～18
二氧化钛	3～5
硬脂酸钙	1～3
硬脂酸	4～10
聚丙烯酯	5～9

制备方法 将各组分原料混合均匀即可。

原料配伍 本品各组分质量份配比范围为：氧化锆 5～7，二氧化硅 11～21，过氧化氢 5～9，水杨酸盐 15～25，乙烯基双硬脂酰胺 7～16，硬脂酸单甘油酯 9～13，三硬脂酸甘油酯 9～14，还原剂 1～3，柔软剂 5～8，除杂剂 7～10，处理剂 11～18，二氧化钛 3～5，硬脂酸钙 1～3，硬脂酸 4～10，聚丙烯酯 5～9。

产品应用 本品是一种新型化学机械研磨用研磨剂。

产品特性 本产品腐蚀速度低，研磨效果好，对半导体损伤小。

化学机械研磨剂（3）

原料配比

原　料	配比（质量份）
氧化锆	5～7
二氧化硅	11～21
过氧化氢	5～9
硫酸锌	6～8
硫酸镁	1～3
硫酸银	4～9
硫酸铜	3～8
分子筛	2～3
硅藻土	5～12
硼酸钠	3～10
纳米有机蒙脱土	4～10
滑石粉	4～6
硬脂酸锌	4～6
硬脂酸钙	1～3
硬脂酸	4～10
聚丙烯酯	5～9

制备方法 将各组分原料混合均匀即可。

原料配伍 本品各组分质量份配比范围为：氧化锆 5～7，二氧化硅

11~21，过氧化氢 5~9，硫酸锌 6~8，硫酸镁 1~3，硫酸银 4~9，硫酸铜 3~8，分子筛 2~3，硅藻土 5~12，硼酸钠 3~10，纳米有机蒙脱土 4~10，滑石粉 4~6，硬脂酸锌 4~6，硬脂酸钙 1~3，硬脂酸 4~10，聚丙烯酯 5~9。

产品应用 本品主要用作化学机械研磨用研磨剂。

产品特性 本产品腐蚀速度低，研磨效果好，对半导体损伤小。

机械设备节能研磨剂

原料配比

原　　料	配比（质量份）
硫氰酸盐	15~35
水杨酸盐	15~25
乙烯基双硬脂酰胺	7~16
硬脂酸单甘油酯	9~13
三硬脂酸甘油酯	9~14
还原剂	1~3
柔软剂	5~8
纳米有机蒙脱土	4~10
滑石粉	4~6
硬脂酸锌	4~6
硬脂酸钙	1~3
硬脂酸	4~10
聚丙烯酯	5~9

制备方法 将各组分原料混合均匀即可。

原料配伍 本品各组分质量份配比范围为：硫氰酸盐 15~35，水杨酸盐 15~25，乙烯基双硬脂酰胺 7~16，硬脂酸单甘油酯 9~13，三硬脂酸甘油酯 9~14，还原剂 1~3，柔软剂 5~8，纳米有机蒙脱土 4~10，滑石粉 4~6，硬脂酸锌 4~6，硬脂酸钙 1~3，硬脂酸 4~10，聚丙烯酯 5~9。

产品应用 本品主要用作机械设备节能研磨剂。

产品特性 本产品腐蚀速度低，研磨效果好，对半导体损伤小。

机械设备耐高温研磨剂

原料配比

原　　料		配比（质量份）		
		1#	2#	3#
硬质研磨颗粒	人造金刚石	25	—	—
	碳化硅	—	35	—
	碳化硼	—	—	20
软磨料	氧化铁	15	—	17
	氧化铬	—	20	—
保温材料	石膏保温材料	10	—	—
	玻璃纤维保温材料	—	15	—
	石膏保温材料、玻璃纤维保温材料质量比为3∶2的混合物	—	—	12
脂肪醇类	脂肪酸甘油酯	10	15	14
	碳原子在10以上的脂肪醇类	10	20	15
	聚丙烯酸钠	10	15	13
带烷基链的表面活性剂	碳原子个数为12~16	5	10	7
	甘油	5	15	10
催化剂	载体为硅藻土，催化活性成分为Ni	5	—	10
	载体为硅藻土，催化活性成分为Pd	—	15	—
缓冲剂	氨基醇缓冲剂	5	—	8
	碳酸氢铵缓冲剂	—	10	—
耐热剂	质量比为3∶2∶3∶1的聚酰亚胺、三氧化二铬、水以及助剂	10	20	15
	水	10	15	12

制备方法

（1）将所需质量的硬质研磨颗粒、软磨料以及甘油混合均匀后边搅拌边以 1℃/min 的速率升温加热至 40～50℃，趁热加入脂肪酸甘油酯、保温材料和脂肪醇类，继续以 1℃/min 的速率加热升温至 70～90℃，保温 45～55min。

（2）趁热向上述溶剂中加入所需量的聚丙烯酸钠、带烷基链的表面活性剂、催化剂、缓冲剂和水，加热至 100℃时保温 10～20min 后加入耐热剂，继续搅拌至溶剂呈膏体状后保温 40～60min，冷却至室温得到所需机械设备耐高温研磨剂。

原料配伍 本品各组分质量份配比范围为：硬质研磨颗粒 25～35，软磨料 15～20，保温材料 10～15，脂肪酸甘油酯 10～15，脂肪醇类 10～20，聚丙烯酸钠 10～15，带烷基链的表面活性剂 5～10，甘油 5～15，催化剂 5～15，缓冲剂 5～10，耐热剂 10～20，水 10～15。

其中耐热剂由质量比为 3:2:3:1 的聚酰亚胺、三氧化二铬、水以及助剂制备而成，助剂具体为流平剂和高速分散剂。

所述硬质研磨颗粒为人造金刚石、碳化硅、碳化硼中的一种或两种。

所述软磨料为氧化铁或氧化铬。

所述保温材料为石膏保温材料、玻璃纤维保温材料中的一种或两种。

所述脂肪醇类为碳原子在 10 以上的脂肪醇类。

所述带烷基链的表面活性剂为碳原子个数为 12～16。

所述催化剂的载体为硅藻土，催化活性成分为 Ni 或 Pd。

所述缓冲剂为氨基醇缓冲剂或碳酸氢铵缓冲剂。

所述研磨剂为膏状。

产品应用 本品是一种机械设备耐高温研磨剂。

产品特性

本产品针对现有机械设备研磨剂存在的缺陷，由硬质研磨颗粒、软磨料、保温材料、脂肪酸甘油酯、脂肪醇类、聚丙烯酸钠、带烷基链的表面活性剂、甘油、催化剂、缓冲剂、耐热剂以及水按照一定的制备方法制作而成，不仅具有抗磨性能佳、润滑性能好、防锈效果佳的优点，且膏体的溶解速度快，分散速率较强，组合物稳定性较好，耐高温性能强，在高温作业状态下能保持好的工作性能，摒弃了传统研磨剂的缺陷，对于提高机械设备的研磨抛光表面平整度和减少微刺现象效果显著。

机械设备研磨剂

原　　料	配比（质量份）		
	1#	2#	3#
水杨酸盐	6	14	10
硬脂酸单甘油酯	5	11	8
硬脂酸锌	3	7	5
山梨醇	9	15	12
二苯甲酮	1.5	4	2.9
十二烷基苯磺酸钠	0.6	1.4	1
六偏磷酸钠	2.5	8	5.5
烷醇磷酸酯	1	3	2
二甲苯磷酸钠	2.3	4.8	3.6
石蜡	1.5	4.2	3.1
稳定剂	3.2	6.7	5.3

制备方法　将各组分原料混合均匀即可。

原料配伍　本品各组分质量份配比范围为：水杨酸盐 6～14，硬脂酸单甘油酯 5～11，硬脂酸锌 3～7，山梨醇 9～15，二苯甲酮 1.5～4，十二烷基苯磺酸钠 0.6～1.4，六偏磷酸钠 2.5～8，烷醇磷酸酯 1～3，二甲苯磷酸钠 2.3～4.8，石蜡 1.5～4.2，稳定剂 3.2～6.7。
所述稳定剂为二甲基二巯基乙酸异辛酯锡。

产品应用　本品主要用作机械设备研磨剂。

产品特性　本产品研磨效果好，研磨均匀，且很大程度上减少了对环境的影响。

金刚石喷雾研磨剂

原料配比

原　　料		配比（质量份）	
		1#	2#
研磨液	水	70	—
	乙醇	26	75

原　料		配比（质量份）	
		1#	2#
研磨液	硅烷类偶联剂 $H_2NCH_2CH_2NHCH_2CH_2CH_2 \cdot Si(OCH_3)_3$	—	2
	乙二醇	—	19
	聚丙烯酰胺	3	—
	乙酸乙酯	—	2
	三乙醇胺	—	2
	肥皂粉	1	—
金刚石微粉	表面包覆 SiO_2 的全刚石微粉	5	—
	表面包覆 Ni 的金刚石微粉	—	5.5
加压气体	空气	适量	—
	天然气	—	适量

制备方法

（1）采用经过严格分级的人造金刚石微粉为磨料，对金刚石颗粒表面进行适宜的表面改性，改性的方法为表面包覆。

（2）研磨液是在一定的温度（0～200℃）和一定的压力（1～20个大气压）下，在高压釜中将上述物质（溶剂、黏结剂，偶联剂、分散剂，表面活性剂、助磨剂和防腐剂）经过 2～5h 反应得到的。

（3）把表面改性后的金刚石微粉加入到研磨液中，并在 20～80℃的温度下，机械搅拌和超声波振荡 1～5h 即可得金刚石悬浮液。

（4）把上述悬浮液加入到耐压罐中，充气即可得到金刚石喷雾研磨剂。

原料配伍　本品各组分质量份配比范围为：金刚石微粉 0.5～15，研磨液 37.5～100，加压气体适量。

研磨液由溶剂、黏结剂、偶联剂、分散剂、表面活性剂、助磨剂和防腐剂组成，研磨液各组分的组成按质量百分比为：溶剂 65%～95%，表面活性剂 0～10%，黏结剂 0～25%，防腐剂 0～10%，偶联剂 0～15%，助磨剂 0～5%，分散剂 0～10%。

溶剂包括：水、二硫化碳、乙醇、医用酒精。

黏结剂包括：聚乙烯醇、聚丙烯酰胺、羧甲基纤维素、聚丙烯酸、单宁、酚醛树脂、聚酰胺、水玻璃、虫胶、聚氧脂、有机硅。

偶联剂包括：硅烷类偶联剂、钛酸酯类偶联剂以及铬络合物类偶

❷ 研磨剂　185

联剂。

分散剂包括：乙二醇、三聚磷酸钠、硅酸盐。

表面活性剂包括：聚氧乙烯（15EO）油醇醚、吐温-80、肥皂粉。

助磨剂包括：丙酸、乙酸乙酯、乙酸。

防腐剂包括：单宁、EDTA、亚硝酸钠、三乙醇胺。

所述的加压气体可为空气、氢气、氮气、天然气等中的一种或几种混合气。

金刚石颗粒表面的包覆物是氧化物或金属。

磨料除了采用金刚石微粉之外，还可拓展为其他硬质材料微粉，如立方氮化硼、碳化钛、碳化硅、白刚玉、棕刚玉、碳化硼、氧化铬、氧化铁、氧化铈以及其他三元相硬质材料。

产品应用 本品主要用作金刚石喷雾研磨剂。

产品特性 本产品研磨效率高，研磨效果好，使用方便，无难闻气味，并广泛应用于宝石、陶瓷，玻璃、硬质合金及淬火钢材所割成的量具、刃具、模具、液压件、轴和轴承等要求高光洁度工件的最后加工、金相和材质检验等。

金属工件光饰用研磨剂

原料配比

原　　料	配比（质量份）
三聚磷酸钠	8~12
OP-10 乳化剂	1~3
无水乙醇	4~6
苯并三氮唑	1~4
水	加至 100

制备方法 先用无水乙醇将苯并三氮唑溶解，加水至 50%的自来水后逐步添加三聚磷酸钠，再加入 OP-10 乳化剂，然后再加水至 100%充分搅拌均匀后置于容器内待用。

原料配伍 本品各组分体积份配比范围为：三聚磷酸钠 8~12，OP-10 乳化剂 1~3，无水乙醇 4~6，苯并三氮唑 1~4，水加至 100。

本品主要用作金属工件光饰用研磨剂。

生产时按工件体积加入上述研磨剂 1%～5%即可，光饰 1h 后将工件取出，用水冲净后烘干后即可。

产品特性

（1）本产品的配方科学简单，采用的是普通的化学物品，易于存放。

（2）本产品成本低，为市售研磨剂的 30%左右。

（3）本产品 pH 值为 6～7，为中性，且不含重金属，无挥发物，稀释后对人体无害，不须进行污水处理，经水稀释后可以直接排放，处理简单并环保。

精密测量旋转箱用研磨剂

原料配比

原　料	配比（质量份）		
	1#	2#	3#
廿九烷酸酯类酯蜡	6	7	8
硬脂酸	2	3	4
氢化轻质石蜡	30	35	40
三乙醇胺	1	2	3
二氧化硅（晶体 200μm）	45	50	55
去离子水	7	8	9

制备方法 将各组分原料混合均匀即可。

原料配伍 本品各组分质量份配比范围为：廿九烷酸酯类酯蜡 6～8，硬脂酸 2～4，氢化轻质石蜡 30～40，三乙醇胺 1～3，二氧化硅（晶体 200μm）45～55，去离子水 7～9。

产品应用 本品主要用作精密测量旋转箱用研磨剂。

产品特性

（1）渗透性强，通过旋转箱高速运转，能充分渗透到附着体内部。

（2）研磨剥离度高，通过有机亲油基与无机亲水基的复合冲击剥离，使残留物残存量降低至可忽略。

（3）对于有机附着体及纤维中的金属含量的测定准确度高。

（4）研磨剂组分对被测定金属成分及含量无干扰作用。

（5）对溶解后的测定液中有效组分的分离方便，根据密度自然分层。

无腐蚀性的半导体化学机械研磨剂

原料配比

原　　料	配比（质量份）
表面活性剂	1～3
有机添加剂	2～5
调节剂	1～3
水性介质	50～55
纳米石墨粉	1～2
高岭土	1～3
季戊四醇	1～5
氰尿酸三聚氰胺盐	2～3
蒙脱土	1～3
硬脂酸	2～3
硬脂酸盐	3～4
硬脂酸钙	1～3
硬脂酸	4～10
聚丙烯酯	5～9

制备方法　将各组分原料混合均匀即可。

原料配伍　本品各组分质量份配比范围为：表面活性剂 1～3，有机添加剂 2～5，调节剂 1～3，水性介质 50～55，纳米石墨粉 1～2，高岭土 1～3，季戊四醇 1～5，氰尿酸三聚氰胺盐 2～3，蒙脱土 1～3，硬脂酸 2～3，硬脂酸盐 3～4，硬脂酸钙 1～3，硬脂酸 4～10，聚丙烯酯

5～9。

产品应用 本品是一种无腐蚀性的半导体化学机械研磨剂。

产品特性 本产品腐蚀速度低，研磨效果好，对半导体损伤小。

芯片抗氧化研磨剂

原料配比

原　料	配比（质量份）
复硝酚钠	4～7
萘乙酸	2～6
酒石酸	20～31
苯甲酸甲酯	1～4
聚乙烯醇	5～10
研磨粒子	3～7
过氧化氢	5～10
纳米硫酸钙	15～20
二氧化氯	11～16
三乙胺	8～12
二氧化硅	4～5
分散剂	1

制备方法 将各组分原料混合均匀即可。

原料配伍 本品各组分质量份配比范围为：复硝酚钠 4～7，萘乙酸 2～6，酒石酸 20～31，苯甲酸甲酯 1～4，聚乙烯醇 5～10，研磨粒子 3～7，过氧化氢 5～10，纳米硫酸钙 15～20，二氧化氯 11～16，三乙胺 8～12，二氧化硅 4～5，分散剂 1。

产品应用 本品是一种芯片抗氧化研磨剂。

产品特性 本产品具备了较小的介质层磨损率和较低的腐蚀度，可以促进研磨粒子的稳定性，保持极高的钨去除速率。由于相对降低了机械力的作用强度，凹坑、腐蚀和介质层的损耗等问题也减少了。

研磨剂

原 料	配 比		
	1#	2#	3#
水	1000g	1000g	1000g
羧甲基纤维素接枝丙烯酸类聚合物	10g	—	—
淀粉接枝丙烯酸类聚合物	—	15g	—
聚丙烯盐类聚合物	—	—	30g
聚丙烯酰胺	5g	—	1g
淀粉	—	2g	—
金刚石单晶	200ct	600ct	1000ct

制备方法　将悬浮剂、黏稠剂、金刚石单晶和水混合，得到研磨剂。所述悬浮剂、黏稠剂、金刚石单晶和水的混合顺序没有特殊的限制，优选将水和悬浮剂先混合，再向其中依次加入黏稠剂和金刚石单晶。所述悬浮剂、黏稠剂、金刚石单晶和水的混合温度优选 30～100℃，更优选 40～50℃；所述悬浮剂、黏稠剂、金刚石单晶和水的混合时间优选 30～180min，更优选 60～80min。

原料配伍　本品各组分配比范围为：每 1000g 水中包括悬浮剂 10～50g、黏稠剂 1～5g 和金刚石单晶 200～1000ct（克拉）。

　　所述悬浮剂包括淀粉类聚合物和纤维素类聚合物中的一种或多种。更优选包括淀粉接枝丙烯酸类聚合物、羧甲基纤维素接枝丙烯酸类聚合物和聚丙烯盐类聚合物中的一种或多种。

　　所述黏稠剂包括聚丙烯酰胺、淀粉和黄原胶中的一种或多种。更优选聚丙烯酰胺和/或淀粉。

　　所述金刚石单晶的粒度为 40～120 目，更优选 50～60 目。

产品应用　本品是一种研磨剂，用于研磨金刚石复合片。

　　聚晶金刚石复合片的研磨方法包括以下步骤：在研磨剂的存在

下，将待研磨的聚晶金刚石复合片进行研磨，得到聚晶金刚石复合片；所述研磨中研磨剂的流速为 5～20mL/min。

所述研磨的时间根据生产的要求进行控制。在本产品中，研磨后得到的聚晶金刚石复合片的聚晶金刚石层的厚度为 2mm。

聚晶金刚石复合片经过研磨，聚晶金刚石层研磨下来的金刚石微粉由于很细，无法回收。研磨过程中会产生废料，所述废料包括未碎掉的金刚石单晶和金刚石碎料。本产品对研磨后得到的研磨混合物中的废料进行回收。

在本产品中，所述废料回收的过程包括以下步骤：将研磨混合物进行过滤、烘干、煅烧和酸浸，得到废料。本产品优选滤网进行过滤，所述滤网的孔径优选 180～200 目。本产品对烘干的方法没有特殊的限制，采用本领域技术人员熟知的烘干设备即可。在本产品中，所述烘干的温度优选 60～180℃，更优选 100～120℃；所述烘干的时间优选 4～10h，更优选 8h；所述煅烧的温度优选 400～500℃，更优选 430～490℃；所述煅烧的时间优选 60～120min，更优选 80～100min。本产品通过煅烧将黏附在待回收废料上的研磨剂去除。本产品优选在盐酸中进行酸浸。在本产品中，所述盐酸的质量分数优选 10%～15%；所述酸浸的温度优选 40～100℃，更优选 60～80℃；所述酸浸的时间优选 30～80min，更优选 40～60min。本产品通过酸浸将研磨过程中产生的金属杂质去除。

产品特性

（1）本产品研磨周期较短，提高了研磨效率。另外，本产品提供的研磨剂使用时流量易于控制，也能够保证研磨得到的聚晶金刚石复合片的尺寸一致性，性能稳定。本产品研磨聚晶金刚石复合片的加工周期控制在 35h 以内，效率提高 70%。

（2）本产品通过调整悬浮剂、黏稠剂和水的用量，使得金刚石单晶处于悬浮状态，这样能使聚晶金刚石复合片表面研磨均匀。本产品具有黏性，控制金刚石单晶停留在研磨设备中的时间，不致快速流失，减少浪费；但是研磨剂也需要有流动性，能够控制流速，否则无法加料生产。研磨剂的流速优选 5～20mL/min。本产品通过控制研磨剂的流速，使研磨过程中单片聚晶金刚石复合片所用的金刚石单晶的量最少，且在单位时间内使单片聚晶金刚石复合片的研磨量最大。

液体研磨剂

原料配比

原　料	配比（质量份）			
	1#	2#	3#	4#
白刚玉	19	20	21	20
硬脂酸	4.5	3	3	3.5
蜂蜡	0.5	1	1	1.5
油酸	18	20	20	10
航空汽油	52	54	57	56
航空煤油	6	2	6	5

制备方法

（1）将白刚玉粉、硬脂酸、蜂蜡、油酸、航空汽油和航空煤油混合，混合比例按质量百分比为白刚玉粉占 19%～21%，硬脂酸占 3%～5%，蜂蜡占 0.5%～1.5%，油酸占 10%～20%，航空汽油占 52%～57%，航空煤油占 2%～6%。然后在常温条件下放置不少于 150h，或者在 40℃条件下保温不少于 20h，获得混合物料。

（2）将混合物料在 200℃±5℃的条件下保温 10～12h，然后冷却至室温，制备成液体研磨剂。其中各种物料的混合方法为，按照白刚玉粉、硬脂酸、蜂蜡、油酸、航空汽油和航空煤油的顺序混合，先在白刚玉粉中加入硬脂酸，混合均匀；然后加入蜂蜡，混合均匀；然后加入油酸，混合均匀；然后加入航空汽油，混合均匀；最后加入航空煤油，混合均匀。

原料配伍　本品各组分质量份配比范围为：白刚玉粉 19～21，硬脂酸 3～5，蜂蜡 0.5～1.5，油酸 10～20，航空汽油 52～57，航空煤油 2～6。

所述的白刚玉粉为工业白刚玉粉，主要化学成分为含 Al_2O_3 97%～99%，Na_2O 0.1%～0.8%。

所述的蜂蜡为工业用蜂蜡。

所述的航空汽油和航空煤油为工业航空汽油和工业航空煤油。

本品主要用作研磨剂。采用该液体研磨剂加工不锈钢密封座的端面密封面，加工后的密封端面粗糙度 Ra 6≤Ra0.2，平面度为 0.0012，采用 1000mL 该液体研磨剂，可以加工 20 个该类工件，每个工件的加工时间为 10min。

产品特性

（1）本产品制备原理：硬脂酸溶于汽油中，能够增加汽油的黏度，同时可降低磨粒的沉淀速度，使磨粒分布更加均匀，硬脂酸本身还能起到冷却润滑和促进氧化作用；航空汽油挥发速度较快，对研磨不利，因此加入量应适度；航空煤油可以控制航空汽油的挥发速度，同时也能起到冷却润滑的作用；蜂蜡可以防止工件出现微细毛道；油酸的加入量需要控制在适当的范围内，避免油酸过多对工件表面产生破坏，同时避免油酸过少不能对白刚玉粉起作用。

（2）本产品使用方便，对设备损害小，对不锈钢特别是 1Cr13、2Cr13 等金属材料有着非常好的研磨效果，同普通研磨膏相比，采用同体积的本产品，还具有加工数量多、加工时间短的优点。本产品解决了不锈钢研磨表面粗糙度不易达到要求的难题，具有良好的应用前景。

轴承降振化学研磨剂

原料配比

原　　料		配比（质量份）
磨料		30～60
表面活性剂		2～5
防锈添加剂		3～5
基体介质为矿物油		30～65
磨料	金刚石	3～5
	三氧化二铬	5～10
	碳化硅	5～10
	碳化硼	4～10
	白刚玉	3～5
	氧化铈	5～10
	氧化锆	5～10

原　料		配比（质量份）
表面活性剂	草酸	1.5～3
	油酸	0.5～2
防锈添加剂	三乙醇胺	2～3
	亚硝酸钠	1～2

[制备方法] 　将以上配比好的材料充分搅拌混合，均匀地注入被加工的轴承摩擦副表面，以 900～1500r/min 的速度研磨 2～5min，用洗涤剂超声清洗，量少时用洗涤汽油清洗即可。

[原料配伍] 　本品各组分质量份配比范围为：磨料 30～60，表面活性剂 2～5，防锈添加剂 3～5，基体介质矿物油 30～65。

磨料中含金刚石 3%～5%，三氧化二铬 5%～10%，碳化硅 5%～10%，碳化硼 4%～10%，白刚玉 3%～5%，氧化铈 5%～10%，氧化锆 5%～10%。

表面活性剂中含草酸 1.5%～3%，油酸 0.5%～2%。

防锈添加剂中含三乙醇胺 2%～3%，亚硝酸钠 1%～2%。

[产品应用] 　本品主要用作轴承降振化学研磨剂。

使用时根据被加工轴承的材料、型号及表面形貌合理地调整研磨剂配方比例。

[产品特性] 　本产品可以达到如下的积极效果：化学研磨剂的作用是利用材料的理化性能将化学磨损与机械磨削以及纳米材料的特殊性能有机融合在一起，实现改善轴承摩擦副表面形貌、减小振动值、降低噪声的目的。可有效降低轴承振动值 2～8 分贝。

轴承套圈研磨剂

[原料配比]

原　料	配比（质量份）
碳化硅颗粒	22
分散剂	73
磷酸氢钙	2

原　　料	配比（质量份）
三聚磷酸钠	1
十二烷基磺酸钠	1
硅酸钠	1

制备方法

（1）原料称量：按配比精确称量原料，并过滤。

（2）分散：将三聚磷酸钠、十二烷基磺酸钠和硅酸钠按配比混合均匀后溶于分散剂。

（3）过滤：将步骤（2）所得浆料过滤，去除大颗粒后加入碳化硅颗粒。

（4）再分散：将步骤（3）所得浆料进行超声分散。

原料配伍　本品各组分质量份配比范围为：碳化硅颗粒 15～25，分散剂 65～80，磷酸氢钙 0.1～3，三聚磷酸钠 0.5～2，十二烷基磺酸钠 0.5～2，硅酸钠 0.5～2。

其中，碳化硅颗粒的粒度为 0.1～200μm，所述碳化硅颗粒为球形，其圆球度至少为 0.5。

所述"圆球度"指金刚石颗粒的形状与球体相似的程度。

所述分散剂优选乙二醇、聚乙二醇、聚丙二醇、甘油中的至少一种。

所述碳化硅颗粒的粒度为 100～200 μm。

产品应用　本品主要用作轴承套圈研磨剂。

将研磨剂与水按质量比 1∶2 混合后用于研磨氮化硅陶瓷套圈，所得套圈的粗糙度为 0.015Ra。

产品特性　该研磨剂研磨效率高，其研磨效率提高了 30%～50%，且对陶瓷本体污染少，减少了研磨时间。

3 研磨液

LED 衬底加工用研磨液

原料配比

水性研磨液

原料		配比（质量份）					
		1#	2#	3#	4#	5#	6#
金刚石微粉	纯度 99%以上，粒度 W0.5	0.4	—	—	—	—	—
	纯度为 99%以上，粒度 W1.5	—	0.6	—	—	—	—
	纯度为 99%以上，粒度 W7	—	—	1.0	—	—	—
	纯度为 99%以上，粒度 W10	—	—	—	1.2	—	—
	纯度为 99%以上，粒度 W14	—	—	—	—	1.5	—
	纯度为 99%以上，粒度 W20	—	—	—	—	—	2
润湿剂	草酸	0.005	0.03	0.20	1	1.5	2
	柠檬酸	0.005	—	—	—	—	—
分散剂	1,2-丙二醇	1	—	—	—	—	—
	乙二醇	1	—	—	—	—	—
	烷基酚聚氧乙烯醚	1	—	—	2.5	3	3
	二甘醇	—	1.5	—	—	—	—
	聚乙二醇	—	1.5	—	—	—	—
	十二烷基磺酸钠	—	—	2	—	—	—

原　料		配比（质量份）					
		1#	2#	3#	4#	5#	6#
分散剂	六偏磷酸钠	—	—	2	—	—	—
	烷基酚与环氧乙烷的缩合物	—	—	—	2.5	3	3
悬浮剂	黄原胶	0.5	—	—	—	—	—
	聚乙烯醇	0.5	—	3	—	—	—
	聚乙烯吡咯烷酮	—	1.5	—	—	—	—
	羧甲基纤维素钠	—	1.5	—	3.5	4	5
	明胶	—	—	3	—	—	—
	聚丙烯酰胺	—	—	—	3.5	4	5
非金刚石纳米级抛光材料	氧化硅，粒度 10～100nm	2	—	—	—	—	—
	氧化铝粒度为 10～100nm，纯度 99%以上	—	2	—	—	—	5
	氧化铈粒度为 10～100nm，纯度 99%以上	—	—	3	—	—	—
	氧化铬粒度为 10～100nm，纯度 99%以上	—	—	—	3	4	—
去离子水		94	92	87	83	97	75

油性研磨液

原　料		配比（质量份）					
		7#	8#	9#	10#	11#	12#
金刚石微粉	金刚石颗粒尺寸为 W0.5，纯度为 99%以上	0.1	—	—	—	—	—
	金刚石颗粒尺寸为 W1.5，纯度为 99%以上	—	1	—	—	—	—
	金刚石颗粒尺寸为 W7，纯度为 99%以上	—	—	1.2	—	—	—
	金刚石颗粒尺寸为 W10，纯度为 99%以上	—	—	—	1.5	—	—
	金刚石颗粒尺寸为：W14，纯度为 99%以上	—	—	—	—	2	—
	金刚石颗粒尺寸为 W20，纯度为 99%以上	—	—	—	—	—	3
表面活性剂	聚氧乙烯失水山梨醇单硬脂酸酯	0.1	—	2	—	—	—
	聚氧乙烯失水山梨醇单油酸酯	—	1.2	—	—	—	—
	脂肪酸聚乙二醇酯	—	—	—	2	2	2

3 研磨液   197

原料		配比（质量份）					
		7#	8#	9#	10#	11#	12#
非金刚石纳米抛光材料	氧化硅，颗粒尺寸为10~100nm，纯度为99%以上	0.5	—	—	—	—	—
	氧化铝粉颗粒尺寸为10~100nm，纯度为99%以上	—	0.8	—	—	2.5	—
	氧化铈颗粒尺寸为10~100nm，纯度为99%以上	—	—	1.5	—	—	—
	氧化铬颗粒尺寸为10~100nm，纯度为99%以上	—	—	—	—	2	3
分散剂	壬基酚聚氧乙烯醚	0.8	2.5	—	—	—	—
	烷基酚聚氧乙烯醚	—	—	3	—	5	5
	辛基酚聚氧乙烯醚	—	—	—	4	—	—
轻质矿物油	10#白油	98.5	—	—	—	88.5	—
	7#白油	—	—	92	—	—	—
	石脑油	—	94.5	—	90.5	—	87

制备方法

水性研磨液制备方法：

（1）按质量份选取原料备用。

（2）取润湿剂加入金刚石微粉中，搅拌并超声 20~30min，充分润湿金刚石微粉颗粒表面。

（3）取去离子水、分散剂混合，并与润湿后的金刚石微粉混合，超声分散 10~30min。

（4）取上述金刚石混合液体，加入悬浮剂，搅拌并超声分散 15~20min。

（5）取上述分散均匀的液体，加入所述的非金刚石纳米级抛光材料，并用超声波细胞粉碎机分散混合液体 10~30min 后即制备成水性研磨液。

油性研磨液制备方法：

（1）按质量份选取原料备用。

（2）在金刚石微粉中加入表面活性剂，超声搅拌 10~30min 使金刚石微粉表面充分润湿。

（3）向上述润湿好的金刚石微粉中加入低碳链烃类溶剂油或轻质

矿物油，充分搅拌并超声分散 20～30min。

（4）向上述分散后液体中加入非金刚石纳米级抛光材料，充分搅拌并用超声波细胞粉碎机分散 20～30min。

（5）向上述分散好的油性液体中加入分散剂，充分搅拌并用超声波细胞粉碎机超声分散 15～20min 后，即制备成油性研磨液。

原料配伍　本品各组分质量份配比范围为：

水性研磨液由以下原料按质量比制备而成：金刚石微粉 0.1～2，润湿剂 0.01～2，分散剂 1～6，悬浮剂 0.2～10，非金刚石纳米级抛光材料 0.5～5，去离子水 75～99。

所述的润湿剂、分散剂、悬浮剂为分析纯。

所述的润湿剂为柠檬酸、草酸、丙三醇、琥珀酸二异辛酯磺酸钠、N,N-二甲基十二烷基胺丙基磺酸内铵盐中的任意一种或任意几种的混合物。

所述的分散剂为十二烷基硫酸钠、十二烷基磺酸钠、六偏磷酸钠、1,2-丙二醇、二甘醇、乙二醇、聚乙二醇、硅烷偶联剂、烷基酚与环氧乙烷的缩合物、烷基酚聚氧乙烯醚中的任意一种或任意几种的混合物。

所述的悬浮剂为黄原胶、明胶、聚乙烯醇、聚乙烯吡咯烷酮、聚丙烯酰胺、羧甲基纤维素钠、多聚磷酸钠中的任意一种或任意几种的混合物。

油性研磨液由以下原料按质量比制备而成：金刚石微粉 0.1～3、表面活性剂 0.1～2、非金刚石纳米级抛光材料 0.2～3、分散剂 0.8～5、低碳链烃类溶剂油或轻质矿物油 87～99。

所述表面活性剂为失水山梨醇单油酸酯、失水山梨醇单硬脂酸酯、聚氧乙烯失水山梨醇单硬脂酸酯、油酸三乙醇胺、聚氧乙烯失水山梨醇单油酸酯、脂肪酸聚乙二醇酯中的任意一种；所述分散剂为壬基酚聚氧乙烯醚、烷基酚聚氧乙烯醚、蓖麻油聚氧乙烯醚、辛基酚聚氧乙烯醚中的任意一种。

LED 衬底加工用研磨液，包括溶剂、添加剂和研磨剂，研磨剂由金刚石微粉及非金刚石纳米级抛光材料组成；金刚石微粉纯度为 99% 以上，粒度为 W0.5～W20；非金刚石纳米级抛光材料为氧化铝、氧化硅、氧化铈、氧化铬中的任意一种或任意几种的混合物，粒度为 10～100nm，纯度为 99% 以上。

产品应用 本品主要应用于光电行业 LED 制造中硅、碳化硅、蓝宝石等衬底的精密高效研磨抛光。

产品特性

（1）本产品在采用微米级金刚石作为磨料的同时，复合加入非金刚石纳米级抛光材料，由于非金刚石纳米级抛光材料硬度比金刚石低，且粒度在纳米范围内，具有纳米尺寸效应，因此非金刚石纳米级抛光材料在研磨抛光过程中能有效地降低表面粗糙度、减少表面划痕与微裂纹，实现很好的加工表面质量。通过在金刚石微粉中复合加入非金刚石纳米级抛光材料，实现了很好的表面加工质量。因此本产品既能保证研磨速率，又能很好地保证工件表面的加工质量。

（2）本产品通过对复合加入非金刚石纳米级抛光材料的研磨液与不加入非金刚石纳米级抛光材料的研磨液加工表面质量对比分析，得出加入非金刚石纳米级抛光材料的研磨液加工表面质量如下：表面粗糙度 Ra 值达到 5～30nm，应用光学显微镜放大 800 倍观察，工件表面无明显细小划痕与微裂纹，表面质量大大提高；而不加入非金刚石纳米级抛光材料的研磨液加工表面质量如下：粗糙度 Ra 值为 15～60nm，应用光学显微镜放大 800 倍观察，工件表面有明显细小划痕，严重者甚至有微裂纹。

LED 衬底晶片加工研磨液

原料配比

原　　料	配比（质量份）		
	1#	2#	3#
去离子水	10	10	20
甲基戊醇	10	12	10
聚丙烯酰胺	10	10	15
聚乙烯醇	10	10	10
木质素磺酸钙	5	10	5
亚硝酸钠	20	28	20
甲苯	5	5	5

原　料	配比（质量份）		
	1#	2#	3#
酒精	10	5	5
金刚石微粉	20	10	10

制备方法

（1）将去离子水加入磁力搅拌器中搅拌 5min。

（2）将分散剂、悬浮剂、亚硝酸钠、S 溶剂按配比分别倒入容器内，搅拌 15min。

（3）充分搅匀后，将金刚石微粉缓慢倒入容器内搅拌 20min，浓度控制在 5%～10%。

原料配伍　本品各组分质量份配比范围为：分散剂 20～35，悬浮剂 15～30，金刚石微粉 10～20，亚硝酸钠 20～30，S 溶剂 10～40，去离子水 10～20。

所述的分散剂为甲基戊醇、聚丙烯酰胺、脂肪酸聚乙二醇酯中的一种或两种。

所述的悬浮剂为羧甲基纤维素钠、聚乙烯醇、木质素磺酸钙中的一种或两种。

所述 S 溶剂为甲苯、酒精、乙烷中的一种或两种。

产品应用　本品主要用作 LED 衬底晶片加工研磨液。

本产品的应用方法为：取上述制备好的研磨液 40～60mL，机械研磨蓝宝石 15～25min 后，蓝宝石厚度移除至 500～550μm，符合 LED 衬底晶片厚度要求。

产品特性

（1）本产品对设备无腐蚀，易清洗，解决了设备不同批次研磨液污染、划伤等诸多问题。

（2）产品质量提升，研磨液分散性好，能够均匀分布，金刚石微粉不易抱团，悬浮性好，减少了晶片表面划痕问题。

（3）稳定性好，在制备过程中采用去离子水，减少制备过程中产生的污染问题，使产品稳定性更好。

（4）低成本，相对于一般加工工艺缩短了加工流程，提高了效率，成本更低。

半导体硅晶片水基研磨液

原料配比

原　　料		配比（质量份）		
		1#	2#	3#
分子量200~10000聚乙二醇	聚乙二醇（PEG 200）	900	—	—
	聚乙二醇（PEG 800）	—	300	—
	聚乙二醇（PEG 1000）	—	—	450
胺碱	羟乙基乙二胺	50	—	—
	三乙醇胺	—	300	100
渗透剂	聚氧乙烯仲烷基醇醚（JFC）	30	10	5
醚醇类活性剂	OP-7	10	—	—
	OP-10	—	20	—
	O-20	—	—	5
螯合剂	FA/O	10	60	40

制备方法　将各组分原料混合均匀即可。

原料配伍　本品各组分质量份配比范围为：分子量200~10000聚乙二醇 300~900，胺碱50~300，渗透剂50~30，醚醇类活性剂30~20，螯合剂10~60。

　　所述的聚乙二醇作为黏度适当的分散剂，可以吸附于固体颗粒表面而产生足够高的位垒和电垒，不仅阻碍切屑颗粒在新表面的吸附，同时，该分散剂与渗透剂共同作用，渗透到磨料与晶片的微细裂纹中去，定向排列于切口表面而形成化学能的劈裂作用，分散剂继续沿裂缝向深处扩展而有利于研磨效率的提高。

　　所述的胺碱是多羟多胺类有机碱。胺碱是一种有机碱，使研磨液呈微碱性，可与硅发生化学反应，如式 $Si+2OH^-+H_2O = SiO_3^{2-}+2H_2\uparrow$，胺碱产生的氢氧根离子与硅反应，晶片表面形成溶于水的、易去除的产物，在磨料的作用下，不断剥离晶片表面，缓和了强烈的机械作用，提高了研磨速率。化学作用均匀地作用于硅片的被加工表面，可使硅片剩余损伤层小，减小了后工序加工量，有利于降低生产成本。碱性研磨液对金属有钝化作用，避免研磨液腐蚀设备。

所述的渗透剂是具有 5～50 个碳原子的聚氧乙烯仲烷基醚（JFC）。渗透剂兼有润滑剂的作用，渗透力<50s，能极大地降低研磨液的表面张力，使本研磨液具有良好的渗透性，很容易渗透到磨料与硅片之间，能减小磨料、切屑与硅片表面之间的摩擦作用，有效地降低机械损伤。良好的渗透性促使研磨液及时均匀地作用于磨料与硅片之间，保证其化学作用的连贯性及一致性，并可充分发挥研磨液的冷却作用，防止硅片表面热应力的积累。

所述的醚醇类活性剂是 OP-7($C_{10}H_{21}$—C_6H_4—O—$CH_2CH_2O)_7$—H 或 OP-10($C_{10}H_{21}$—C_6H_4—O—$CH_2CH_2O)_{10}$—H 或 O—20($C_{12\sim18}H_{25\sim37}$—O—$CH_2CH_2O)_{20}$—H 其中一种。醚醇类活性剂是非离子活性剂，可增强研磨液的润滑作用，能够将磨屑托起，使活性剂分子取代其吸附于硅片表面，并能阻止磨屑再沉积，有利于硅片的清洗。

所述螯合剂是具有 13 个以上螯合环、无金属离子且溶于水的乙二胺四乙酸四（四羟乙基乙二胺）FA/O 螯合剂。它能对几十种金属离子形成极稳定的络合物。FA/O 是河北工业大学研制多年并已在半导体加工行业普遍使用的产品，具有优良的去除金属离子的性能。

产品应用 本品主要用作超大规模集成电路的单晶硅、多晶硅和其他化合物半导体晶块切削的高效碱性半导体硅晶片水基研磨液。

本产品在生产使用时与金刚砂、去离子水按 1∶5∶（8～10）的质量百分比配制使用。

产品特性 本产品将现有中性研磨液改进为可与硅发生化学作用的碱性研磨液，使切片中单一的机械作用转变为均匀稳定的化学机械作用，从而有效地解决了切片工艺中的应力问题而降低损伤。同时碱性研磨液能避免设备的酸腐蚀。有效地解决了磨屑的再沉积的问题，避免了硅片表面的化学键合吸附现象，而便于硅片的清洗和后续加工。渗透、润滑和冷却作用显著，所得切片的表面损伤、机械应力、热应力及金属离子对硅片的污染明显降低，有效控制了金属离子沾污硅片。使用该技术可提高研磨速率，具有表面粗糙度低、光滑、损伤小、应力小、易清洗、出片率高等特点。

半导体硅晶片研磨液

原料配比

原 料	配比（质量份）		
	1#	2#	3#
分子量 200～10000 聚乙二醇	20	40	30
氢氧化钠	10	5	7
氢氧化钾	5	10	8
甘油	5	1	3
聚氧乙烯醚	5	7	6
脂肪醇聚氧乙烯醚	1	0.1	0.6
多羟多胺类有机碱	10	20	15
去离子水	加至 100	加至 100	加至 100

制备方法 将各组分原料混合均匀即可。

原料配伍 本品各组分质量份配比范围为：分子量 200～10000 聚乙二醇 20～40，氢氧化钠 5～10，氢氧化钾 5～10，甘油 1～5，聚氧乙烯醚 5～7，脂肪醇聚氧乙烯醚 0.1～1，多羟多胺类有机碱 10～20，去离子水加至 100。

产品应用 本品主要用作半导体硅晶片研磨液。

产品特性 本品具有良好的研磨性能，研磨后便于清洗。

沉降性水基研磨液

原料配比

原 料		配比（质量份）						
		1#	2#	3#	4#	5#	6#	7#
沉降剂	聚二氯乙基醚四甲基乙二胺	1	1	1	1	1	0.5	2.5
	聚合甘油	8	8	10	8	9	6	6
	乙二醇单丁醚	2	2	2	2	2	5	1

原　　料		配比（质量份）						
		1#	2#	3#	4#	5#	6#	7#
防锈剂	2,4,6-三（氨基己酸基）-1,3,5-三嗪	3	—	—	—	—	—	—
	含氮杂环三元羧酸	—	3	3	3	3	2	5
	单乙醇胺	8	8	6	6	6	12	6
	三乙醇胺	12	12	16	16	16	10	20
	十一碳二元酸	3	4	3	2	3	2	6
	十二碳二元酸	3	2	3	2	3	6	2
	苯甲酸	2	2	2	2	2	2	5
	甲基苯并三氮唑	0.5	0.5	0.5	0.5	0.5	0.5	1
	氢氧化钾	2.5	2.5	2.5	2.5	2.5	2	5
润滑剂	四硼酸钾	6	6	6	6	6	4	6
	异构醇聚氧乙烯醚	7	6	4	4	6	10	4
	丙三醇	9	8	8	8	8	8	8
杀菌剂	甲基异噻啉酮	0.5	0.5	0.5	0.5		1	—
	碘代丙炔基氨基甲酸酯		0.5		0.25	0.5	1	1.5
	1-羟基-2(1H)-吡啶硫酮钠	—	—	0.5	0.25	0.5	1	1
水		加至100	加至100	加至100	加至100	加至100	加至100	加至100

制备方法

（1）按配方称量或量取沉降剂、防锈剂、润滑剂、杀菌剂和水。

（2）将防锈剂与水混合，搅拌 30min，直至成为透明均匀液体；所述防锈剂与水混合后加热至 50℃，再搅拌。

（3）向步骤（2）所得透明均匀液体中加入步骤（1）称量得到的沉降剂、润滑剂和杀菌剂，搅拌均匀，冷却静置，过滤后即得所述沉降性水基研磨液。

原料配伍　本品各组分质量份配比范围为：沉降剂 5～20，防锈剂 25～60，润滑剂 15～40，杀菌剂 1～3，水加至 100。

所述沉降剂为聚二氯乙基醚四甲基乙二胺、聚合甘油和乙二醇单丁醚中的一种或数种的混合物。

所述沉降剂中各组分占所述磨削液总质量的百分比为：聚二氯乙基醚四甲基乙二胺 0.5%～2.5%，聚合甘油 3.5%～12.5%，乙二醇单丁醚 1%～5%。

所述防锈剂含氮杂环三元羧酸、单乙醇胺、三乙醇胺、十一碳二元酸、十二碳二元酸、十三碳二元酸、苯甲酸、甲基苯并三氮唑和氢氧化钾中的一种或数种的混合物。其中含氮杂环三元羧酸可以为 2,4,6-三（氨基己酸基)-1,3,5-三嗪，防锈剂优选它们的混合物。

所述润滑剂为四硼酸钾、异构醇聚氧乙烯醚和丙三醇中的一种或数种的混合物。

所述杀菌剂为烷基异噻唑啉酮、碘代烷基氨基甲酸酯、1-羟基-2(1H)-吡啶硫酮钠中的一种或数种的混合物。其中，烷基异喹啉酮为甲基异噻唑啉酮、乙基异噻唑啉酮、丙基异噻唑啉酮、异丙基异噻唑啉酮、丁基异噻唑啉酮等，优选甲基异噻唑啉酮。碘代烷基氨基甲酸酯为碘代甲基氨基甲酸酯、碘代乙基氨基甲酸酯、碘代丙基氨基甲酸酯、碘代异丙基氨基甲酸酯、碘代丁基氨基甲酸酯、碘代丙炔氨基甲酸酯等，优选碘代丙炔氨基甲酸酯。

质量指标

项目	质量指标		测试方法
外观	微黄色透明液体		目测法
水稀释液外观	无色透明液体		目测法
pH 值（5%稀释液）	8.5～9.5		pH 试纸法
消泡试验/(mL/10min)	不大于 2		GB/T 6144
腐蚀试验（5%溶液，55℃±2℃，全浸）	钢片	不低于 24h	
	钢片	不低于 8h	
防锈性（5%溶液，35℃±2℃，一级铸铁片）	单片	不低于 24h	
	叠片	不低于 8h	

产品应用　本品是一种沉降性水基研磨液。

产品特性

（1）本产品采用防锈剂、润滑剂和沉降剂材料，能够极大地降低研磨工作液的表面张力，配制的研磨工作液自身具有起泡少、消泡快的效果；本产品为利用新型的沉降剂体系配制的研磨液，能够将这些微粒很快沉降，从而保持研磨液澄清，方便过滤；新型防锈剂体系的采用使得配制的研磨液具有更好的防锈效果；更佳的杀菌剂组合使得配制的研磨液对细菌和霉菌抵抗能力更强，不易发霉变质，使用寿命更长；此外，本产品还具有低污染、废液处理简单的特点。

（2）极佳的抗泡效果，优异的磨屑沉降性能。

（3）不含硫、磷、氯的化合物和亚硝酸盐，有利于环境保护。

（4）防锈、冷却和清洗性能优良。

（5）优异的润滑性能，极大地延长砂轮寿命，改善工件光洁度。

（6）优异的抑菌杀菌效果，不含任何易腐败物质，不发臭，使用寿命长。

单分散研磨液

原料配比

原　料	配比（质量份）
纳米无机氧化物	2～20
金属氧化剂	0～15
防沉剂	0～10
表面活性剂	0.1～5
pH 值缓冲剂	0～10
溶剂	40～97.9

制备方法

（1）制备无机氧化物溶胶。

（2）将所述无机氧化物溶胶进行浓缩。

（3）对浓缩的无机氧化物溶胶进行湿法提纯。

（4）在浓缩的无机氧化物溶胶中加入金属氧化剂、防沉剂、表面活性剂以及 pH 值缓冲剂中的一种或几种，以形成单分散研磨液。

原料配伍　本品各组分质量份配比范围为：纳米无机氧化物 2～20，金属氧化剂 0～15，防沉剂 0～10，表面活性剂 0.1～5，pH 值缓冲剂 0～10，溶剂 40～97.9。

所述纳米无机氧化物的粒径的相对标准偏差≤10%。

在所述单分散研磨液中，所述纳米无机氧化物的粒径分布为 20nm～2μm。所述单分散研磨液具有较好的研磨性能，但所述纳米无机氧化物的平均粒径并不限于 20nm～2μm。采用所述单分散研磨液对晶片进行研磨时，不会对晶片造成划伤。

所述纳米无机氧化物为二氧化硅、二氧化钛或三氧化二铝。

所述金属氧化剂为过氧化氢或过硫酸铵。

所述防沉剂为聚乙二醇或聚酰胺树脂。所述防沉剂可以防止所述纳米无机氧化物沉降。

所述表面活性剂为吐温、山梨醇脂肪酸酯或烷基酚聚氧乙烯醚。

所述 pH 值缓冲剂为柠檬酸铵或醋酸铵。

所述溶剂为纯净水或乙醇。

无机氧化物溶胶的制备方法包括：

（1）提供溶剂。

（2）向所述溶剂中加入预订量的无机氧化物的反应原材料，以在所述溶剂中形成纳米无机氧化物。

（3）检测所述纳米无机氧化物的粒径。

（4）进行判断，如所述纳米无机氧化物的粒径达到预定粒径，则得到无机氧化物溶胶；如所述纳米无机氧化物的粒径未达到所述预定粒径，则重复步骤（2）和步骤（3），直至所述纳米无机氧化物的粒径达到所述预定粒径为止。

浓缩的无机氧化物溶胶中，所述纳米无机氧化物的含量为 50%～60%。

在无机氧化物溶胶的制备方法中，在浓缩的无机氧化物溶胶中加入金属氧化剂、防沉剂、表面活性剂以及 pH 值缓冲剂中的一种或几种的步骤包括：

（1）在浓缩的无机氧化物溶胶中加入所述 pH 值缓冲剂，搅拌均匀。

（2）在浓缩的无机氧化物溶胶中加入所述防沉剂和表面活性剂，搅拌均匀；

（3）在浓缩的无机氧化物溶胶中加入所述金属氧化剂，搅拌均匀。

产品应用 本品是一种单分散研磨液。

产品特性 本产品中所述纳米无机氧化物的粒径分布均匀，采用本品对晶片进行研磨时，不会对晶片造成划伤。

高精密非水基纳米级金刚石研磨液

原料配比

原料		配比（质量份）					
		1#	2#	3#	4#	5#	6#
分散介质	矿物油	加至100	加至100	—	加至100	—	加至100
	乙二醇	—	—	加至100	—	—	—
	环己烷	—	—	—	—	加至100	—
分散稳定剂	硅烷酸酯偶联剂	0.5	—	—	—	—	—
	聚苯乙烯磺酸钠	—	—	—	—	—	1
	十八胺	—	0.5	—	—	—	—
	十八烷基三甲基溴化铵	—	—	0.5	1	2	—
悬浮剂	聚乙二胺	0.5	—	—	—	—	—
	羟甲基纤维素	—	0.5	—	—	—	—
	聚甲基丙烯酸	—	—	—	0.5	1	—
	聚乙烯亚胺	—	—	—	—	—	0.5
备用的金刚石		1	0.5	0.5	2	2	1
pH值调节剂	二羟基乙二胺	0.5	—	—	—	—	—
	乙二酸	—	—	0.5	—	—	0.5
	柠檬酸	—	—	—	0.5	—	—
防静电剂	烷基（苯）磺酸钠	0.5	0.5	—	0.5	0.5	—
	烷基咪唑啉	—	—	—	—	—	0.5
抗氧化剂	苯基-α-萘胺	0.5	0.5	—	—	—	—
	十二烷基硒	—	—	—	—	—	0.5
	N,N-二仲丁基苯二胺	—	—	—	0.5	—	—

制备方法

（1）采用气流粉碎、胶体磨或球磨，将金刚石原料细化，细化至质量含量60%的金刚石原料的颗粒粒径小于200nm。

（2）采用高温热处理或整形球磨机对金刚石进行外形修饰；所述高温热处理是将金刚石原料输送到气态流化床反应器中循环处理0.5~48h，处理温度为200~1000℃，气流量为100~500L/h；所用气体包括氧气、臭氧、氢气、氩气、氮气、氟气、甲烷中的一种或几种的混合。

（3）采用化学提纯，继而采用溢流淘洗或离子交换树脂对金刚石原料进行深度纯化；所述化学提纯是采用盐酸、硫酸、硝酸、磷酸、氢氟酸、高氯酸、硼酸中的一种或几种的混合物对金刚石原料进行酸处理，金刚石原料与酸的摩尔比例为1：（0.5~5），再用氢氧化钾、氢氧化钠中的一种或几种的混合物对金刚石原料进行碱处理，金刚石原料与碱的摩尔比例为1：（0.5~5）；为强化除杂效果，或辅助搅拌与加热；该处理可包括离心洗涤与脱水烘干。

溢流淘洗：使用流速为颗粒理论沉降速率的1/2~4倍的向上水流进行淘洗除杂，沉降速率由Stokes定律确定。

离子交换树脂：使用阳离子交换树脂与阴离子交换树脂交替进行；使金刚石水溶液反复经过阳离子交换树脂与阴离子交换树脂来去除杂质离子，杂质离子可包括钾离子、钠离子、钙离子、镁离子、锰离子、镍离子、钼离子、钛离子、铬离子、铁离子、亚铁离子、氯离子、硫酸根离子、硝酸根离子、磷酸根离子、氟离子、高氯酸根离子、硼酸根离子等。

（4）对金刚石颗粒进行粒度分离，去除粗颗粒与细颗粒；在此过程中，还可包括激光粒度测试仪依据动态光散射原理进行粒度测试等。

粒度分离方式是通过水力旋流器分离或陶瓷膜管分离或离心沉降分离，分离过程中所用的溶剂是去离子水、丙酮、乙醇、异丙醇、丁醇、乙二醇、丙三醇、二甲亚砜、N,N-二甲基甲酰胺、N-甲基吡咯烷酮、环己烷、石油醚、碳链 C_6~C_{45} 的矿物油中的一种或几种的混合物。

（5）将粒度分离的金刚石、分散介质、分散稳定剂、悬浮剂混合，然后搅拌或超声分散均匀，加入pH值调节剂，最后加入防静电剂与抗氧化剂，即可得产品。

原料配伍 本品各组分质量份配比范围为：纳米级金刚石颗粒 0.1~10，分散稳定剂 0.1~10，悬浮剂 0.1~20，分散介质加至 100。

其中纳米级金刚石的粒度是：中位径 D_{50} 不大于 130nm，D_{10} 与

D_{50} 比不小于 50%，D_{90} 与 D_{50} 比不大于 20%；此处的 D_{50} 表示粒径分布中占 50% 所对应的粒径，又称中位径；D_{10} 表示粒径分布中占 10% 所对应的粒径；D_{90} 表示粒径分布中占 90% 所对应的粒径；

所述分散稳定剂是多聚磷酸钠、硅酸钠、十六烷基硫酸钠、聚苯乙烯磺酸钠、苯二酚、苯二胺、十二胺、十八胺、十八烯胺、十八烷基三甲基溴化铵、双十八烷基二甲基氯化铵、苯甲酸、油酸、单宁酸、水杨酸、十二酸、十八烯酸、钛酸酯偶联剂、锡类偶联剂、硅烷酸酯偶联剂中的一种或几种的混合物。

所述悬浮剂是乙醇、乙二醇、异丙醇、丙三醇、月桂醇、聚乙烯醇、聚丙烯酸、聚丙烯酸酯、聚甲基丙烯酸、聚乙烯亚胺、聚乙二胺、聚二烯丙基二甲基氯化铵、聚丙烯酸胺、N-甲基乙烯氯化吡啶聚合物、对甲基苯胺聚合物、羟甲基纤维素、聚氧乙烯醚中的一种或几种的混合物。

所述分散介质是丙酮、乙醇、乙二醇、异丙醇、丙三醇、二甲亚砜、乙酸乙酯、环己烷、石油醚、碳链 $C_9 \sim C_{45}$ 的矿物油中的一种或几种的混合物。

作为优选，上述研磨液中所述组分中加入 pH 值调节剂、防静电剂、抗氧化剂，其中 pH 值调节剂 0.1~1.0，防静电剂 0.1~1.0，抗氧化剂 0.1~1.0。

所述 pH 值调节剂是硝酸、乙二酸、柠檬酸、苹果酸、酒石酸、琥珀酸、乙醇胺、三乙醇胺、二羟乙基乙二胺中的一种或几种的混合物，pH 值调节范围为 6~9。

所述防静电剂是烷基二羟乙基铵乙内盐、N-烷基氨基酸盐、烷基咪唑啉、烷基（苯）磺酸钠、烷基苯酚聚氧化乙烯醚硫酸酯、聚氧乙烯月桂酸酯中的一种或几种的混合物。

所述抗氧化剂是 2,6-二叔丁基对甲酚、苯基-α-萘胺、N,N'-二仲丁基苯二胺、二烷基二硫代磷酸锌、二烷基二硫代氨基甲酸锌、十二烷基硒中的一种或几种的混合物。

上述研磨液中所述纳米级金刚石颗粒是高温高压合成金刚石、爆轰合成金刚石、冲击波合成金刚石中的一种或几种的混合物，平均粒度为 0~1000nm。以上为三种主要的金刚石合成方法，且为常用的合成方法，为本行业内的普通技术人员所熟知，但三种合成方法所获得的金刚石的结构与性能有所差异。

产品应用 本品主要用于高精密靶材、硬质合金、光盘模具、计算机磁头、计算机硬盘、太阳能电池板、易潮解晶体、特种光学玻璃的精密研磨与抛光。

产品特性 本产品通过使用分散稳定剂、悬浮剂将纳米级金刚石颗粒稳定分散于非水介质中，不产生任何沉淀、分层或团聚失效现象。本产品使用的分散介质为溶剂，可完全消除精密抛光中可能产生的潮解、水解、化学腐蚀与电化学腐蚀现象。本产品严格控制了金刚石粒度分布、颗粒形貌，能最大程度提高抛光效率和抛光质量。

硅片研磨液（1）

原料配比

原 料		配比（质量份）	
		1#	2#
磨料	碳化硼	10	—
	Al_2O_3	—	15
pH 值调节剂	氢氧化钠	10	—
	三乙醇胺	—	20
渗透剂	磷酸酯	3	—
	聚氧乙烯醚类渗透剂的环氧乙烷和高级脂肪醇的缩合物（JFC）	—	5
润滑剂	甘油	1	2
表面活性剂	烷基醇酰胺	0.3	—
	脂肪醇聚氧乙烯醚	—	0.4
螯合剂	六羟基丙基丙二胺	0.6	—
	四羟基乙基乙二胺	—	0.9
去离子水		加至 100	加至 100

制备方法 将各组分原料混合均匀即可。

原料配伍 本品各组分质量份配比范围为：磨料 5.0～20，pH 值调节剂 10～20，渗透剂 3～5，润滑剂 1～3，表面活性剂 0.1～1.0，螯合剂 0.1～1.0，去离子水加至 100。

所述的磨料可以是 SiO_2、Al_2O_3、CeO_2、TiO_2 或碳化硼。

所述的 pH 调节剂是氢氧化钠、氢氧化钾、多羟多胺中的一种或其组合。

所述的表面活性剂采用非离子型表面活性剂，可以是脂肪醇聚氧乙烯醚，也可以是烷基醇酰胺。

所述的渗透剂可以是聚氧乙烯醚类渗透剂中的环氧乙烷和高级脂肪醇的缩合物（JFC），也可以是磷酸酯。

所述的润滑剂可以是甘油。

所述的螯合剂不含金属离子，可为 EDTA、EDTA 二钠、羟胺、胺盐和胺中的一种或其组合。

产品应用 本品是一种硅片研磨液。

使用方法：使用时将上述研磨液与去离子水按 1∶100 稀释，在研磨机上研磨 15min，研磨后用水冲洗，晶片表面光洁，平坦度可以达到 2μm 以内，而且研磨后易于清洗。

产品特性 本产品具有一定的润滑、冷却防锈作用，研磨后易于清洗，且悬浮性能好，清洗后洁净度好，无花斑，所用的螯合剂具有水溶性且不含金属离子，其金属离子螯合能力强。

硅片研磨液（2）

原料配比

原　料	配比（质量份）		
	1#	2#	3#
氧化铝	35	40	38
氧化硅	20	22	21
三聚氰胺	14	15	12
氧化铈	13	12	13
甲基丙烯酸	5	5	6
硅酸钠	4	5	3
氧化锆	2	3	2
十八烷基三甲基溴化胺	6	7	10
聚二烯丙基二甲基氯化铵	3	6	6
聚氧乙烯醚	4	4	5
二甲亚砜环己烷	6	5	6
羟甲基纤维素	5	5	4

原　料	配比（质量份）		
	1#	2#	3#
渗透剂	5	5	6
表面活性剂	6	4	7

制备方法 将上述原料混合在 110～130℃下搅拌均匀得到研磨液，固体原料的粒径为 50～120nm。

原料配伍 本品各组分质量份配比范围为：氧化铝 35～45，氧化硅 15～25，三聚氰胺 10～15，氧化铈 11～15，甲基丙烯酸 3～9，硅酸钠 2～5，氧化锆 1～3，十八烷基三甲基溴化胺 4～13，聚二烯丙基二甲基氯化铵 1～8，聚氧乙烯醚 2～7，二甲亚砜环己烷 4～8，羟甲基纤维素 3～6，渗透剂 2～8，表面活性剂 3～9。

产品应用 本品是一种硅片研磨液。

产品特性 本产品的制备方法简单、易实现，研磨精度和研磨效率均很高。

机械研磨液

原料配比

原　料	配比（质量份）
水	35～40
柠檬酸	20～25
磷酸	8～10
磷酸二氢钠	5～8
磷酸氢二钠	10～12
磷酸三钠	10～12
表面活性剂	0.5～1

制备方法 将各组分原料混合均匀即可。

原料配伍 本品各组分质量份配比范围为：水 35～40，柠檬酸 20～25，磷酸 8～10，磷酸二氢钠 5～8，磷酸氢二钠 10～12，磷酸三钠 10～12，表面活性剂 0.5～1。

本品主要用作金属表面处理的机械研磨液。

所述的机械研磨液的金属表面处理方法：

（1）首先对工件表面进行抛光处理。

（2）将抛光后的工件和磨料一起放到振动研磨机中，并加入所述的机械研磨液；机械研磨液的质量和工件质量之比为1∶（5～15）。

（3）最后通过振动研磨机内磨料的翻滚对工件表面进行磨削处理。研磨时间和环境温度呈反比例关系。当环境温度为10～30℃时，对应的研磨时间为60～120min。所述磨料为斜圆柱高铝瓷磨料，所述斜圆柱高铝瓷磨料的直径为8mm，长度为16mm。

产品特性

（1）本产品通过使用研磨液并配合抛光、振动研磨，结合物理及化学作用，使工件表面达到极高的平整度，从而提升生产效率和产品质量。

（2）本产品中磷酸与柠檬酸按照适当的比例相结合，既保证了溶液的切削速度，又能保证工件表面的平整度和光洁度。

（3）溶液中加入了三种不同的磷酸盐，这些盐可以对磷酸进行缓冲，避免磷酸腐蚀过度，但是磷酸盐过多会降低切削速度。因此，合理确定三种磷酸盐的不同比例，既保证了磷酸不会过度腐蚀，又不至于影响切削速度。此外，磷酸盐又能螯合反应产生的铁离子，减少反应产物黏附在工件表面的现象，提高光洁度。

（4）表面活性剂在溶液中主要起到湿润工件及磨料表面的作用，使溶液能够更均匀地分布在磨料以及工件的表面，同时根据实验中反映出来的现象，加入表面活性剂能略微提高切削速度。

水性金刚石研磨液

原料配比

原　料		配比（质量份）					
		1#	2#	3#	4#	5#	6#
有机溶剂	甘油	40	—	—	—	—	—
	乙醇	—	40	—	—	—	—
	乙酸乙酯	—	—	40	40	40	40

原　料		配比（质量份）					
		1#	2#	3#	4#	5#	6#
金刚石微粉	粒度分布在 0.841～3.986μm，D_{50} 为 2.863μm 的单晶金刚石微粉	2	—	—	—	—	—
	粒度分布在 0.232～1.854μm，D_{50} 为 1.006μm 的单晶金刚石微粉	—	1.5	—	—	—	—
	粒度分布在 150～600nm，D_{50} 为 350nm 的多晶金刚石微粉	—	—	2	—	—	—
	粒度分布在 60～200nm，D_{50} 为 90nm 的多晶金刚石微粉	—	—	—	1	—	—
	粒度分布在 0.841～3.986μm，D_{50} 为 2.863μm 的单晶金刚石微粉	—	—	—	—	—	1
	粒度分布在 4.150～9.856μm，D_{50} 为 6.945μn 的多晶金刚石微粉	—	—	—	—	1	—
悬浮剂	质量浓度为 15% 的皂化聚乙烯基醇水溶液	10	—	—	—	—	—
	质量浓度为 15% 的膨润土水溶液	—	—	10	—	—	—
	质量浓度为 15% 的有机粘土水溶液	—	10	—	—	—	—
	质量浓度为 20% 的膨润土水溶液	—	—	—	5	—	—
	质量浓度为 20% 的羟基丙基甲基纤维素水溶液	—	—	—	—	—	5
	质量浓度为 10% 的羟基丙基甲基纤维素水溶液	—	—	—	—	10	—
	去离子水	45	45	45	51	46	51
分散稳定剂	六偏磷酸钠	2	2.5	—	—	—	—
	聚乙烯基醚	—	—	2	—	—	—
	聚乙烯醇	—	—	—	2	2	2
pH 值调节剂	30% 的氨水	0.5	—	0.5	—	—	—
	5% 的氢氧化钠水溶液	—	0.5	—	0.5	0.5	0.5
防腐剂	四氯间苯二甲腈	0.5	0.5	—	—	—	—
	苯甲酸钠	—	—	0.5	0.5	0.5	0.5

制备方法

（1）先对悬浮剂进行预处理：将悬浮剂配制成一定浓度的水溶液

备用，其中悬浮剂质量百分比为1%～30%。

（2）取适量的有机溶剂，并向其中加入相应量的金刚石微粉。

（3）按所述的质量配比加入事先备好的悬浮剂和去离子水，并手动搅拌，使所有配料混合。

（4）将上述混合液分散均匀。分散方法可以采用机械搅拌、超声振荡、机械研磨和球磨中的一种或者是几种的配合使用。

（5）分散一定时间后再向混合液中加入相应配比的分散稳定剂，继续分散一定时间，待所有配料分散均匀后，即得一种水性金刚石研磨液的半成品。

（6）根据需要再向半成品中加入pH值调节剂，将pH值精确调至2～12。并加入防腐剂，即可得到所需的水性金刚石研磨液。

原料配伍 本品各组分质量份配比范围为：

金刚石微粉0.01～10，分散稳定剂0.5～15，悬浮剂0.1～10，pH值调节剂0.5～1.0，防腐剂0.5～1.0，有机溶剂0～99，去离子水0～99。

所述有机溶剂与去离子水的质量配比为（1～9）:（9～1）。

所述金刚石微粉既可以是微米级的，也可以是纳米级的；既可以是单晶的，也可以是多晶的；粒径粒度分布范围为10nm～100μm。

所述分散稳定剂可以是六偏磷酸钠、聚磷酸钠、硅酸钠、十二烷基苯磺酸钠、羧甲基纤维素、丙烯酸共聚物、高级醇磷酸酯二钠、水解聚丙烯酰胺、缩合烷基苯醚硫酸酯、氨基烷基丙烯酸酯共聚物、十八烷基二甲基甜菜碱、聚乙烯醇、聚乙烯基醚、EO加成物中的一种或几种的混合物。

所述悬浮剂可以是皂化聚乙烯基醇、有机黏土、沉淀白炭黑、气相白炭黑、羟基丙基甲基纤维素、2-丙烯酰胺丙磺酸钠、膨润土及其衍生物、水溶性纤维素中的一种或几种的混合物。

所述pH值调节剂可以是氢氧化钾、氢氧化钠、氨水、乙醇胺、二乙醇胺、二羟乙基乙二胺、盐酸、硫酸、硝酸、硼酸、醋酸钠中的一种或几种的混合物。如须将研磨液往碱性方向调节，加入上述碱性物质中的一种或几种；如须将研磨液往酸性方向调节，加入上述酸性物质中的一种或几种。pH值可根据需要在2～12范围内调节。

所述防腐剂可以是苯甲酸钠、氯化钠、异噻唑啉酮、四氯间苯二甲腈、取代芳烃中的一种或几种的混合物。

所述有机溶剂可以是甲醇、乙醇、丙醇、乙二醇、甘油、聚乙二醇、乙二胺、丙酮、乙酸乙酯、石油醚、氯仿中的一种或几种的混合物。

所述去离子水的电导率为 $2\sim10\mu S/cm$，优选电阻率大于 $18.2M\Omega\cdot cm$ 的去离子水。

【产品应用】 本品主要用于光学仪器、玻璃、陶瓷、硬质合金、宝石、人工晶体、光纤、LED 显示屏、集成电路、半导体或硬磁盘的抛光。

【产品特性】

（1）由于本产品既利用有机溶剂，又利用去离子水作溶剂，使悬浮剂和分散稳定剂能够协同作用于金刚石微粉,从而获得分散度良好、稳定且保存期延长的积极效果。本产品具有环保、无腐蚀性、成本较低、抛光效率高等优点，可广泛适用于光学仪器、玻璃、陶瓷、硬质合金、宝石、人工晶体、光纤、LED 显示屏、集成电路、半导体、硬磁盘等的抛光。

（2）通过对水性金刚石研磨液 pH 值的调节，既有利于研磨液在最稳定的 pH 值范围内稳定分散，又可针对不同工件的要求选取相应的 pH 值，以提高研磨效率和抛光效果。但是所选 pH 值调节剂不能影响工件的其他性能。

（3）本产品从制备、储存到运输都可以在室温下进行，而且可以保质 $1.5\sim2$ 年。所用的微粉粒度在 $10nm\sim3\mu m$ 之间时，不会产生任何沉淀、分层和失效现象。当粒度在 $3\sim100\mu m$ 之间时，随着粒度的不同，研磨液会呈现不同程度的沉淀并出现上清液，粒度越大，沉淀和上清液越明显。但出现沉淀和上清液现象也是需要一定的时间的，只要在使用前稍加摇匀，就不会影响使用效果。

太阳能硅片研磨液

【原料配比】

原　料	配比（质量份）		
	1#	2#	3#
磨料	15	15	20

原　料	配比（质量份）		
	1#	2#	3#
氨基硅油氨乙基亚胺丙基聚硅氧烷	3	5	5
脂肪醇聚氧乙烯醚 AEO-9	5	—	—
脂肪醇聚氧乙烯醚 AEO-15	—	5	—
脂肪醇聚氧乙烯醚 AEO-9、AEO-15	—	—	8
羧甲基羟丙基纤维素	6	10	5
EDTA 二钠盐	0.3	0.5	0.5
氨水	15	—	—
二乙醇胺溶液	—	10	—
氨水和二乙醇胺溶液	—	—	15
蒸馏水	加至 100	加至 100	加至 100

制备方法　将各组分原料混合均匀即可。

原料配伍　本品各组分质量份配比范围为：磨料 5～25，有机硅油 1～5，分散渗透剂 3～8，增稠剂 1～10，金属螯合剂 0.1～1，pH 值调节剂 10～15，蒸馏水加至 100。

所述有机硅油为氨基硅油氨乙基亚胺丙基聚硅氧烷；

所述分散渗透剂选择脂肪醇聚氧乙烯醚 AEO-9、AEO-15 或其混合物。

所述增稠剂为羧甲基羟丙基纤维素。

所述金属螯合剂 EDTA 二钠盐。

所述 pH 值调节剂选择氨或有机胺碱溶液，特别是氨水、二乙醇胺溶液。

产品应用　本品主要用作太阳能硅片研磨液。

使用时，将上述研磨液稀释 100 倍，在研磨机上研磨 10min，研磨后用水清洗，硅片表面平整光洁，平坦度好，无花斑，且研磨液放置 1 年，颜色未黄变，组分稳定。

产品特性　本产品研磨性能好，易清洁，性能稳定，便于长期储存，经济性能优异且无二次污染。

研磨液（1）

原料配比

原料		配比（质量份）
研磨原料	二氧化硅研磨颗粒	4
	去离子水	91
添加剂	双氧水或双氧水与氨水的混合物	40
	研磨原料	60

制备方法 将各组分原料混合均匀即可。

原料配伍 本品各组分质量份配比范围为：包括研磨原料，该研磨原料内至少具有研磨颗粒及去离子水，且所述研磨液内还加入了添加剂。所述研磨原料中加入的去离子水与所述研磨原料的体积比在（0.5：1）～（1.5：1）之间。

研磨液中总的去离子水的成分质量比在92%～96%之间。

所述研磨颗粒包括二氧化硅，且所述二氧化硅在研磨液中的成分质量比在1%～3%之间。

所述添加剂的加入量为令研磨液的pH值保持在2～2.5之间。

所述添加剂包括H_2O_2，所述H_2O_2在研磨液中的成分质量比在3%～5%之间。

所述添加剂还包括氨水。

产品应用 本品主要用于研磨金属钨。研磨方法如下：

（1）在研磨原料中加入添加剂及去离子水，形成研磨液。

（2）将待研磨衬底置于化学机械研磨设备内。

（3）向化学机械研磨设备输送研磨液对待研磨衬底进行化学机械研磨。

产品特性

（1）本产品通过向研磨原料中加入添加剂及去离子水提高了研磨质量。操作较为简单，且可以节约研磨原料的使用量。

（2）本产品与传统的研磨液及研磨方法相比，除了在研磨原料中加入添加剂外，还加入了去离子水对其进行稀释。稀释后的研磨液内研磨颗粒浓度下降，衬底表面颗粒聚集量少，可以有效减少衬底表面的擦痕，进一步提高研磨质量。

（3）本产品还加大了传统的添加剂的加入量，以保证加入去离子水后的研磨液的 pH 值不变。这样得到的研磨液对衬底的化学腐蚀的速率不变（其由研磨液的 pH 值决定），机械去除的速率下降（其由研磨液中的颗粒含量决定），结果整体的研磨速率仅略有下降。可以实现在维持生产效率基本不变的情况下提高研磨质量。

研磨液（2）

原料配比

原　料	配比（质量份）		
	1#	2#	3#
W2000	667	500	400
纯净水	1333	1500	1600
浓度为31%的过氧化氢水溶液	149.05	149.05	149.05

制备方法　将成品研磨液 W2000 与水按照质量比（1∶2）～（1∶4）范围内的任意比例混合，并向混合物中添加浓度为 31%的过氧化氢水溶液，使最终过氧化氢的质量浓度达到 2.15%。

原料配伍　本品各组分质量份配比范围为：成品研磨液 W2000 与水的质量比（1∶2）～（1∶4），添加浓度为 31%的过氧化氢水溶液，使最终过氧化氢的质量浓度达到 2.15%。

产品应用　本品是一种金属钨的研磨液。

所述金属钨的化学机械抛光方法包括：在研磨垫 1 和研磨垫 2 上对器件的金属钨薄膜进行研磨，在所述研磨垫 1 和/或研磨垫 2 上使用配制的研磨液。

产品特性　本产品保持了最终研磨液中的过氧化氢的浓度与现有技术相同，同时一定程度上降低了成品研磨液 W2000 的比例，在保持 CMP 加工效果基本不变的前提下，降低了 W2000 的消耗量，节约了成本。

研磨液（3）

原料		配比			
		1#	2#	3#	4#
混合液	去离子水	100g	100g	100g	100g
	防锈剂	10g	10g	7g	5g
	甘油	1g	3g	2g	1g
中间液体	混合液	1000mL	1000mL	1000mL	1000mL
	金刚石粉（颗粒大小约2~4μm）	10g	50g	100g	80g
中间液体		100mL	100mL	100mL	100mL
添加剂		10mL	25mL	50mL	30mL
添加剂	去离子水	60g	70g	65g	65g
	丙烯酸聚合物	15g	12g	5g	10g
	三乙醇胺	18g	15g	25g	20g
	聚乙烯	7g	3g	5g	5g

制备方法

（1）将去离子水、防锈剂和甘油按照（100：5）~[10：（1~3）]的体积比混合，并搅拌均匀得到混合液。

（2）将金刚石粉加入到上述混合液中，搅拌均匀得到中间液体；加入金刚石粉的量按照如下配比：每1L混合液加入10~100g的金刚石粉，其中金刚石粉的颗粒大小为2~4μm。搅拌速度不小于400r/min。

（3）将添加剂加入到中间液体中，搅拌均匀得到研磨液。加入添加剂的量按照如下配比：每100L中间液体中加入10~50L的添加剂；添加剂的成分包括60%~70%的去离子水、5%~15%的丙烯酸聚合物、15%~25%的三乙醇胺和3%~7%的聚乙烯。搅拌速度不大于200r/min。

原料配伍 本品各组分质量份配比范围为：由去离子水、金刚石粉、甘油、防锈剂和添加剂配制而成。研磨液中去离子水、防锈剂和甘油的体积比为（100：5）~[10：（1~3）]。

其中，防锈剂是其必不可少的成分之一，其作用是在研磨过程中防止研磨盘生锈，尤其是在双面研磨中防止上研磨盘和下研磨盘生锈。甘油的作用是增加研磨液的黏稠度。

优选的添加剂包括丙烯酸聚合物、三乙醇胺、聚乙烯和去离子水，该添加剂用于改善金刚石粉的表面活性，从而增强研磨液的稳定性，添加剂呈胶体状，无刺激性气味。

进一步优选的添加剂的成分包括 60%～70%的去离子水、5%～15%的丙烯酸聚合物、15%～25%的三乙醇胺和 3%～7%的聚乙烯。

产品应用 本品主要用作高质量研磨碳化硅晶片的研磨液。

产品特性

（1）利用此方法配制的研磨液气味清新，分散均匀，状态稳定，基本无沉淀，可循环使用，加工晶片去除速率快，加工出的碳化硅晶片较光亮，且无明显划痕，还可高效防止上下研磨盘生锈。该研磨液的使用循环次数，可以通过改变添加剂的加入量或者不同添加剂的比例来调节。

（2）本产品对碳化硅晶体进行双面研磨。使用该方法加工的碳化硅晶片较光亮且无明显划伤，研磨过程中能够有效防止生锈，能够延长磨料寿命并且提高研磨效果。

研磨液（4）

原料配比

原　　料	配比（质量份）		
	1#	2#	3#
氧化铝	35	45	38
氧化硅	15	25	16
三聚氰胺	10	15	13
聚苯乙烯磺酸钠	5	10	7
氧化镧	2	5	3
氧化钸	11	15	14
甲基丙烯酸	3	9	8
硅酸钠	2	5	4
氧化锆	1	3	2
乙酸乙酯	4	9	5

原　料	配比（质量份）		
	1#	2#	3#
十八烷基三甲基溴化胺	4	13	8
聚二烯丙基二甲基氯化铵	1	8	6
聚氧乙烯醚	2	7	6
二甲亚砜环己烷	4	8	5
羟甲基纤维素	3	6	4

制备方法　将上述原料混合在 100～120℃下搅拌均匀得到研磨液，固体原料的粒径为 40～130nm。

原料配伍　本品各组分质量份配比范围为：氧化铝 35～45，氧化硅 15～25，三聚氰胺 10～15，聚苯乙烯磺酸钠 5～10，氧化镧 2～5，氧化铈 11～15，甲基丙烯酸 3～9，硅酸钠 2～5，氧化锆 1～3，乙酸乙酯 4～9，十八烷基三甲基溴化胺 4～13，聚二烯丙基二甲基氯化铵 1～8，聚氧乙烯醚 2～7，二甲亚砜环己烷 4～8，羟甲基纤维素 3～6。

产品应用　本品主要用作研磨液。

产品特性　本产品制备方法简单、易实现，研磨精度和研磨效率均很高。

氧化锆插芯内孔研磨用双峰磨料研磨液

原料配比

原　料	配　比
W1.5 金刚石研磨砂	4～10g
W0.5 金刚石研磨砂	2～5g
柴油	40～60mL
初榨橄榄油	400～600mL
聚乙二醇	10～20mL

制备方法　将上述材料倒入容器混合均匀后，放入超声波振荡器内振荡 1h，取出即可使用。

原料配伍　本品各组分配比范围为：W1.5 金刚石研磨砂 4～10g，W0.5 金刚石研磨砂 2～5g；柴油 40～60mL，初榨橄榄油 400～600mL，聚乙二醇 10～20mL。

产品应用 本品主要用作氧化锆插芯内孔研磨用双峰磨料研磨液。

产品特性 采用了上述技术方案配制的研磨液作为双峰磨料研磨液，可以提高研磨加工效率和尺寸精度（加工精度可达 1μm，满足了行业的特种需求），又可以保证内孔光洁度，把 2 次研磨变成一次研磨，大大提高了加工效率，降低了研磨成本。

氧化锆研磨液（1）

原料配比

原料		配比（质量份）								
		1#	2#	3#	4#	5#	6#	7#	8#	9#
水		300	500	400	550	600	500	400	550	450
润湿分散剂	甘油	5.6	—	—	—	5.6	—	—	—	—
	十二烷基硫酸钠	—	0.75	—	—	—	—	—	—	—
	六偏磷酸钠	—	0.75	—	—	—	—	—	—	—
	甲基戊醇	—	—	18	—	—	—	—	—	—
	脂肪酸聚乙二醇酯	—	—	—	4.5	—	—	—	—	—
	古尔胶	—	—	—	—	—	7.5	—	—	—
	乙醇	—	—	—	—	—	—	18	—	—
	聚乙二醇	—	—	—	—	—	—	—	2.25	—
	三聚磷酸钠	—	—	—	—	—	—	—	—	11
辅助材料	氧化锆粉	700	500	600	450	400	500	600	450	550
	氧化铁	35	12.5	60	—	20	45	54	27	44
	氧化铝	35	—	—	—	—	—	—	—	44
	碳酸锆	—	12.5	—	—	20	—	—	—	—
	氧化硅	—	—	60	—	—	—	54	—	—
	硅酸锆	—	—	—	33.75	—	—	—	27	—
	氧化铈	—	—	—	—	—	45	—	—	—
功能性助剂	聚乙二醇	14	—	—	—	—	—	—	—	—
	丙二醇	14	—	—	0.225	—	5	—	—	—
	聚乙烯醇	—	8.4	—	—	—	—	—	—	—

原料	配比（质量份）								
	1#	2#	3#	4#	5#	6#	7#	8#	9#
乙二醇	—	8.3	—	—	12	—	—	—	27.5
有机硅乳液	—	8.3	—	—	12	—	—	—	—
聚丙烯酸	—	—	45	—	—	—	—	—	—
六偏磷酸钠	—	—	45	—	—	—	—	—	—
纤维素衍生物	—	—	—	0.225	—	—	—	—	27.5
聚乙烯吡咯烷酮	—	—	—	—	12	—	—	—	—
聚丙烯酰胺	—	—	—	—	—	—	5	—	—
三乙基己基磷酸	—	—	—	—	—	—	5	—	—
聚丙烯酰基马来酸	—	—	—	—	—	—	30	—	—
焦磷酸钠	—	—	—	—	—	—	30	—	—
聚丙二醇	—	—	—	—	—	—	—	11.25	—
三乙醇胺	—	—	—	—	—	—	—	11.25	—
聚丙烯酸铵盐	—	—	—	—	—	—	—	—	27.5

其中"功能性助剂"为左侧合并单元格标注。

制备方法 按质量份额在高速分散的 300～600 份水中加入占氧化锆粉质量 0.3%～3%的润湿分散剂，再加入 400～700 份氧化锆粉和占氧化锆粉质量 5%～20%的辅助材料，充分分散后，进入高速砂磨机进行砂磨，将氧化锆粉的棱角磨成圆整的球形，达到一定的粒度（D_{50}: 1.0～1.60 μm，D_{100}≤8.81 μm）后，加入占氧化锆粉质量 0.1%～15%的功能性助剂，再加入着色剂调试颜色即成。

原料配伍 本品各组分质量份配比范围为：水 300～600，占氧化锆粉质量 0.3%～3%的润湿分散剂，氧化锆粉 400～700，占氧化锆粉质量 5%～20%的辅助材料，占氧化锆粉质量 0.1%～15%的功能性助剂。

所述的功能性助剂可以是乙醇、三乙醇胺、聚丙二醇（PPG）、乙二醇（EG）、聚乙二醇（PEG）、三乙基己基磷酸、十二烷基硫酸钠、甲基戊醇、纤维素衍生物、聚丙烯酰胺、古尔胶、脂肪酸聚乙二醇酯、甘油、聚乙烯醇（PVA）、聚乙烯吡咯烷酮（PVP）、聚丙烯酸、有机硅乳液、聚丙烯酸铵盐、丙二醇、聚丙烯酰胺、聚丙烯酰基马来酸、三聚磷酸钠、六偏磷酸钠和焦磷酸钠中的一种或几种或全部的组合；当是其中的几种或全部的组合时，各组分的用量采用等份。

所述的润湿分散剂可以是上述功能性助剂中的一种或两种的组合；当是其中的两种的组合时，各组分的用量采用等份。

所述的辅助材料可以是氧化铁，或氧化铝、硅酸锆、碳酸锆、氧化硅、氧化铈中的一种或几种或全部与氧化铁的组合；当是其中的几种或全部的组合时，各组分的用量采用等份。

所用的水，可采用纯净水、去离子水或蒸馏水中的任一种，优选去离子水。

所用的砂磨机可以是立式砂磨机、卧式砂磨机、篮式砂磨机、棒式砂磨机等，其研磨介质是纯度超过 90%的氧化锆珠，其规格为 2～3mm 或 3～5mm。

产品应用 本品主要用于液晶导电玻璃、平面光学玻璃、光学球面、光学镜头玻璃、滤光片、滤波窗以及玻璃盘基片的精密研磨抛光，特别适用于软材质的球面玻璃的研磨抛光。

产品特性

（1）通过添加一定的功能性助剂，改变了氧化锆研磨剂的贮存性能。氧化锆研磨剂的主要磨料是氧化锆，其性质极不稳定，不耐贮存，放置一定时间后便会沉积结块，乃至失效。本产品在其中添加一定的功能性助剂作为稳定剂，其稳定性能大大改观，可长时间存放，并保持疏松，充分搅拌后能重新悬浮。

（2）通过添加一定的功能性助剂，改变了氧化锆研磨液的应用性能。FCD1 等软材质研磨时易出现橘皮或阿拉比现象，这是行业难题，本产品通过添加适量的功能性助剂，较好地解决了这个行业难题。

（3）采用氧化铁红色浆调色来对原料进行改性。在液态中，氧化锆的性能极不稳定，需要进行改性，现有同类技术产品通过球磨、煅烧的方法对原料进行改性，以提高研磨液的稳定性和展现研磨液的颜色，此方法有损原料质量。而本产品采用添加氧化铁红色浆的方法，不仅无损原料质量，且能有效改性。

（4）本产品的良品率能够达到 90%以上，无划伤、沙目及橘皮或阿拉比现象。

氧化锆研磨液（2）

原料配比

原　料		配比（质量份）		
		1#	2#	3#
水		300	600	450
氧化锆粉		600	400	500
润湿分散剂	阳离子表面活性剂	6	0.4	4
助磨剂	乙醇胺	3	0.2	2
	三乙醇胺	—	0.2	—
混合酯类	硬脂酸	3	0.2	2
	脂肪酸	—	0.2	—
醇类	丙二醇	24	12	25
	乙二醇	—	12	—

制备方法　按质量份额在高速分散的水中加入氧化锆粉，再加入润湿分散剂、助磨剂和混合脂类以及醇类，充分分散后，进入高速砂磨机进行砂磨，将氧化锆粉的棱角磨成圆整的球形，达到一定的粒度（D_{50}：$1.15 \sim 1.60\mu m$，$D_{100} < 5.60\mu m$）后，加入着色剂调试颜色即成。

原料配伍　本品各组分质量份配比范围为：水 $300 \sim 600$，氧化锆粉 $400 \sim 600$，占氧化锆粉质量 $0.1\% \sim 1\%$ 的润湿分散剂、占氧化锆粉质量 $0.1\% \sim 0.5\%$ 的助磨剂和占氧化锆粉质量 $0.1\% \sim 0.5\%$ 的混合脂类以及占氧化锆粉质量 $4\% \sim 6\%$ 的醇类。

所用的助磨剂可以是乙醇胺或三乙醇胺中的一种或它们的组合。

所用的润湿分散剂可以是有机硅类的活性剂或阳离子表面活性剂或水溶性高分子聚合物中的一种或它们的组合。

所用的混合酯类可以是硬脂酸或脂肪酸或油酸酯类中的一种或它们的组合。

所用的醇类可以是乙醇或丙二醇或乙二醇或丁二醇或十六醇等弱挥发性的醇类中的一种或它们的组合。

所用的砂磨机是卧式砂磨机。

所用卧式砂磨机的研磨介质是纯度超过 90% 的氧化锆珠，其规格为 2~3μm 或 3~5μm。

[产品应用] 本品主要用于透镜、平板玻璃、玻壳、眼镜、表壳、显示屏等的研磨抛光，特别适用于软材质的球面玻璃的研磨抛光。

[产品特性] 本产品对氧化锆原料的颗粒大小和形状要求不高，故生产成本较低。其良品率能够达到 96%以上。

永悬浮钻石研磨液

[原料配比]

原料		配比（质量份）		
		1#	2#	3#
烷烃	十一烷	87	—	—
	十二烷	—	85	—
	十三烷	—	—	82
分散触变剂	聚乙烯醇	1	—	—
	壬基酚聚氧	—	3	—
	乙烯醚和壬基酚聚氧乙烯醚混合物	—	—	5
表面活性剂	聚氧乙烯乙基酚醚	10	—	—
	环氧丙烷	—	10	10
pH 值调节剂	乙醇胺和三乙醇胺的混合物	1	—	—
	盐酸	—	2	—
	磷酸与乙醇胺混合物	—	—	2
金刚石微粉		1	1	1

[制备方法] 将所述比例的烷烃、分散触变剂、表面活性剂充分搅拌溶合，将金刚石微粉加入上述溶液中，采用超声分散，功率采用 500W，分散时间为 10~20min，分散结束后用 pH 值调节剂将溶液 pH 值调至 6~8 即可。

[原料配伍] 本品各组分质量份配比范围为：烷烃 80~90，分散触变剂 1~5，表面活性剂 10，pH 值调节剂 1~3，金刚石微分 0.1~1。

所述烷烃为直链的十一烷、十二烷或十三烷中的一种或几种混合物。

所述分散触变剂为聚乙烯醇、乙烯醚或壬基酚聚氧乙烯醚中的一种或几种混合物。

所述表面活性剂为聚氧乙烯乙基酚醚或环氧丙烷中的一种或两种混合物。

所述 pH 值调节剂是乙醇胺、三乙醇胺、盐酸或磷酸中的一种或两种混合物。

所述金刚石微粉是粒径为 1~10μm 的金刚石微粉。

产品应用 本品主要用于 LED 芯片、LED 显示屏、光学晶体、硅片、化合物晶体、液晶面板、宝石、陶瓷、锗片、金属工件等的研磨抛光。

产品特性 该研磨液可长期保持均匀悬浮状态，不会产生任何沉淀、分层和失效现象；该产品为稳定的永悬浮状，使用前及使用过程中不需要任何搅拌装置，同时可以有效地保证产品的稳定使用。

用于存储器硬盘磁头背面研磨的研磨液

原料配比

原　料		配比（质量份）			
		1#	2#	3#	4#
	单晶金刚石超微粉	0.5	0.8	0.6	0.8
非离子型表面活性剂	聚氧乙烯（20）失水山梨醇单油酸酯	2	—	—	—
	脂肪醇聚氧乙烯醚	—	2	—	2
	山梨醇酐单油酸酯	—	—	2	—
油性剂	季戊四醇酯	60	—	—	—
	聚 α-烯烃	—	80	—	—
	天然精制菜籽油	—	—	50	—
	天然精制蓖麻油	—	—	—	30
烷烃矿物油	碳十二正构烷烃矿物油	240	—	—	—
	碳十三异构烷烃矿物油	—	220	—	—
	碳十三正构烷烃矿物油	—	—	250	—
	碳十一异构烷烃矿物油	—	—	—	270
抗氧防腐剂	二叔丁基对甲酚抗氧防胶剂	1	1.5	—	1.5
	苯三唑衍生物抗氧防胶剂	0.1	0.1	—	0.1
	高温抗氧剂液体混合二烷基二苯胺	—	—	1	—
削泡剂	Lubrizol 公司的 889D 非硅削泡剂	1	1	—	1

原　　料		配比（质量份）			
		1#	2#	3#	4#
削泡剂	IRGALUBEAF 1 液态酯聚合物消泡剂	—	—	1	—
抗静电剂	N,N-乙撑双酯酰胺抗静电剂	1	1	—	1
	壬基酚聚氧乙烯醚	—	—	1	—

〔制备方法〕　将各组分原料混合均匀即可。

〔原料配伍〕　本品各组分质量份配比范围为：烷烃矿物油 220～270，油性剂 30～80，金刚石超微粉 0.5～1，抗氧防腐剂 1～2，非离子型表面活性剂 1～5，消泡剂 1～1.5，抗静电剂 1～3。

所述的烷烃矿物油为碳十一到碳十三的正构烷烃矿物油、异构烷烃矿物油中的任一种。

所述的油性剂为合成油中的季戊四醇酯、聚 α-烯烃、天然精致植物油中的菜籽油、蓖麻油中的任一种。

所述的金刚石粉为金刚石单晶超微粉，颗粒平均尺寸在 0.1～0.2μm 的占 95%以上。

所述的抗氧防腐剂可以是二叔丁基对甲酚抗氧防胶剂 T501，并配以微量的苯三唑衍生物抗氧防胶剂以增加其抗氧增效作用，并降低 T501 用量，也可以采用高温抗氧剂液体混合二烷基二苯胺。

所述的非离子型表面活性剂可以采用聚氧乙烯失水山梨醇单油酸酯、山梨醇酐单油酸酯、脂肪醇聚氧乙烯醚中的任一种。

所述的削泡剂可以采用 Lubrizol 公司的 889D 非硅削泡剂、Ciba 公司生产的 IRGALUBE AF 1 液态酯聚合物消泡剂中的任一种。

所述的抗静电剂选用 N,N-乙撑双酯酰胺、壬基酚聚氧乙烯醚中的任一种。

〔产品应用〕　本品主要用作存储器硬盘磁头背面研磨的研磨液。

〔产品特性〕

（1）本产品粒子分布均匀，分散稳定性良好，用于计算机磁头背面的抛光，用原子力显微镜测量抛光后的表面粗糙度为 0.3～0.4nm，表面十分光整。在抛光过程中烃类矿物油和合成油或天然精制植物油起到充分的冷却和润滑作用，使计算机磁头的背面在很短的时间内达到需要的加工精度。

（2）本产品可以用于存储器硬盘磁头背面的研磨，或类似于磁头背面的金属或非金属表面的研磨。为了保证具有比较高的研磨速率，不产生划痕和表面黑点，不造成研磨后的残余应力过大，该研磨液具有合理的黏度，同时组分中添加了5%～35%黏度指数比较高的合成油或天然植物油，使该研磨剂具有比较高的黏度指数，在研磨过程中，不会由于温度升高黏度下降而造成润滑不足；同时该研磨液采用金刚石单晶超微粉，其价格低，而且晶体的表面比较尖锐，有利于提高研磨速率。用该研磨液进行存储器硬盘磁头背面的超精研磨，可以获得高质量的表面，同时适用于加工类似于硬盘磁头背面这样要求光洁度很高的金属或非金属表面。

用于硅晶片的研磨液

原料配比

原　料		配比（质量份）	
		1#	2#
磨料	碳化硼	10	—
	Al_2O_3	—	15
pH值调节剂	氢氧化钾	10	—
	三乙醇胺	—	20
表面活性剂	烷基醇酰胺	0.3	—
	脂肪醇聚氧乙烯醚	—	0.4
渗透剂	磷酸酯	3	—
	聚氧乙烯醚	—	5
润滑剂	甘油	1	2
螯合剂	六羟基丙基丙二胺	0.6	—
	四羟基乙基乙二胺	—	0.9
去离子水		加至100	加至100

制备方法　将各组分原料混合均匀即可。

原料配伍　本品各组分质量份配比范围为：磨料5～20，pH值调节剂10～20，表面活性剂0.1～1，渗透剂3～5，润滑剂1～3，螯合剂0.1～1，去离子水加至100。

所述磨料为SiO_2、Al_2O_3、CeO_2、TiO_2或碳化硼。

所述 pH 值调节剂是指氢氧化钠、氢氧化钾、多羟多胺和胺中的一种或其组合。

所述表面活性剂为脂肪醇聚氧乙烯醚或烷基醇酰胺。

所述渗透剂为聚氧乙烯醚（JFC）或磷酸酯。

所述润滑剂为甘油。

所述螯合剂为 EDTA、EDTA 二钠、羟胺、胺盐和胺中的一种或其组合。

产品应用 本品主要用作硅晶片的研磨液。

将研磨液与去离子水按 1：100 稀释，在研磨机上做实验，研磨后的晶片表面光洁，平坦度良好，易于清洗。

产品特性 本产品具有良好的研磨性能，同时悬浮性能好、对金属离子螯合能力强，在用于硅晶片的研磨工艺时，具有较好的润滑、冷却和防锈作用，硅晶片研磨后易于清洗。

用于研磨抛光的研磨液

原料配比

原　　料	配比（质量份）		
	1#	2#	3#
金刚石微粉	30	33	31
高纯水	2500	2600	2550
悬浮剂	100	110	105

制备方法 将各组分原料混合均匀即可。

原料配伍 本品各组分质量份配比范围为：研磨微粉 30～33，高纯水 2500～2600，悬浮剂 100～110。

所述研磨微粉为微米级颗粒。

所述研磨微粉为若干种微粉材料配制而成。

所述研磨微粉为金刚石微粉。

所述高纯水的电子级范围大于 16mΩ。

所述悬浮剂为 AQ TTV 研磨悬浮分散剂。

金刚石微粉（或其他微粉）为磨削材料。悬浮剂 AQ TTV（研磨悬浮分散剂）水白色、无味，通常是由有效成分、分散剂、增稠剂、抗沉淀剂、消泡剂、防冻剂和水等组成，可使金刚石微粉颗粒比较均匀地分散于水中，形成一种颗粒细小的高悬浮、能流动的稳定的液固态体系。研磨液的主要作用是减少加工件与磨削材料之间的摩擦力，使加工过程能够流畅进行。

产品应用 本品主要用作研磨抛光的研磨液。

产品特性 本产品是一种简易的、长效稳定的研磨液，适用于大部分微粉材料的配制，成本较低，配制过程简单易操作，且在使用过程中没有发现加工件损伤等问题。

用于硬脆性材料超精研磨的水性研磨液

原料配比

原　　料		配比（质量份）		
		1#	2#	3#
润滑剂	油酸	50	—	—
	聚乙二醇（分子量为600）	50	—	—
	甘油	50	—	10
	磷酸三乙酯	—	180	—
	二聚酸	—	20	—
	妥尔油	—	—	20
	硼酸	—	—	20
防锈剂	癸二酸	20	—	—
	正辛酸	—	3	—
	苯并三氮唑	—	2	—
	十二酸	—	—	50
pH值调节剂	三乙醇胺	120	30	—
	羟乙基乙二胺	—	20	—
	异丙醇胺	—	—	120
	2-氨基-2-甲基-1-丙醇胺	—	—	30
	去离子水	697	622	625
螯合剂	EDTA	5	—	—
	EDTA二钠	—	1	—
	乙二胺四亚甲基膦酸盐	—	—	50

原　料		配比（质量份）		
		1#	2#	3#
分散稳定剂	六偏磷酸钠	12	—	—
	十二烷基磺酸钠	10	—	—
	氨基三亚甲基膦酸	—	50	—
	OP-10	—	50	—
	吐温-80	—	—	3
	羟基亚乙基二膦酸	—	—	2
防腐杀菌剂	苯甲酸钠	2	—	—
	三丹油	—	20	—
悬浮剂	羧甲基纤维素钠	2	—	—
	明胶	—	2	—
	聚乙烯醇（分子量为1500）	—	—	20
	葡萄糖酸钠	—	—	15
	椰子油酸乙醇酰胺	—	—	15
消泡剂	二甲基硅油	2	—	—
	乳化硅油	—	—	20

制备方法　先将润滑剂和防锈剂溶于 pH 值调节剂，然后加入去离子水中，至完全溶解后加入其他组分，搅拌至透明、均匀即得水性研磨液。

原料配伍　本品各组分质量份配比范围为：螯合剂 1～50、pH 值调节剂 50～150、悬浮剂 2～50、分散稳定剂 5～100、润滑剂 50～200、防锈剂 5～50、防腐杀菌剂 0～20、消泡剂 0～20，去离子水加至 1000。

所述螯合剂为 EDTA、EDTA 二钠、聚天冬氨酸钠盐、聚环氧琥珀酸钠盐、乙二胺四亚甲基磷酸盐、柠檬酸钠和羟基乙酸盐等中的一种或两种以上的混合物。

所述 pH 值调节剂为三乙醇胺、二乙烯三胺、四甲基氢氧化胺、2-氨基-2-甲基-1-丙醇胺、异丙醇胺、三异丙醇胺、羟乙基乙二胺、乙二胺和二乙胺等中的一种或两种以上的混合物。

所述悬浮剂为羧甲基纤维素、羟乙基纤维素、聚丙烯酸、葡萄糖酸盐、低分子量聚丙烯酰胺、聚乙烯醇、明胶、椰子油酸乙醇酰胺和水溶性聚醚中的一种或两种以上组成的混合物。

所述润滑剂为油酸、妥尔油、太古油、己二酸、二聚酸、硼酸、磷酸三乙酯、醇醚磷酸单酯乙醇胺盐、聚乙二醇和丙三醇中的一种或

❸ 研磨液　235

两种以上的混合物。

所述分散稳定剂为六偏磷酸钠、羟基亚乙基二膦酸、氨基三亚甲基膦酸、十二烷基苯磺酸钠、十二烷基硫酸钠、脂肪醇聚氧乙烯醚、烷基酚聚氧乙烯醚、乙二醇、聚马来酸、马来酸-丙烯酸共聚物、多元醇磷酸酯和聚氧乙烯基醇醚中的一种或两种以上的混合物。

所述防锈剂为苯并三氮唑、甲基苯并三氮唑、癸二酸、烯基丁二酸、十二酸、正辛酸和异辛酸等中的一种或两种以上的混合物。

所述防腐杀菌剂为氯化钠、苯甲酸钠、碳酸钠、乌洛托品、肌氨酸钠、三丹油和山梨酸等中的一种或两种以上的混合物。

所述消泡剂为有机硅类消泡剂。

产品应用 本品主要用作硬脆性材料超精研磨的水性研磨液。

使用方法 将研磨液与水按比例 1∶1～20 稀释后，与磨料混合使用，稀释液与磨料按照质量比例 50～500∶1 调配使用。

产品特性 本产品中悬浮剂和分散稳定剂的合理配伍，增大磨料的分子间排斥力和静电排斥力以及空间位阻作用，从而显著增强了磨料粒子在体系中的悬浮性和分散稳定性；采用合理的润滑剂、螯合剂和 pH 值调节剂等，形成对晶片材料和磨料粒子的保护，减缓了磨料粒子对晶片材料的直接接触的机械作用力和进一步的腐蚀作用，从而降低划伤等缺陷；采用各种水性添加剂和环保材料配制成水性研磨液，成本低，易于后续清洗；本产品与水按比例稀释后，再与磨料混合使用，具有优异的润滑性能和防锈性能，对各种规格的磨料如金刚石、碳化硅和氧化铝等均具有良好的悬浮能力和分散能力，在 48h 内混合液颜色均一，无沉淀，在研磨机上对晶片进行研磨，研磨后用水超声清洗，晶片表面光洁度好，无划痕和腐蚀坑等缺陷，表面粗糙度可达到 2μm 以内。

油性金刚石研磨液（1）

原料配比

原料		配比（质量份）						
		1#	2#	3#	4#	5#	6#	7#
金刚石微粉	多晶，粒径为 3μm	0.1	0.05	—	—	—	—	—
	多晶，粒径为 6μm	—	—	1	—	—	—	—

原料		配比（质量份）						
		1#	2#	3#	4#	5#	6#	7#
金刚石微粉	多晶，粒径为9μm	—	—	—	3	—	—	—
	单晶，粒径为9μm	—	—	—	—	0.01	4	0.2
表面活性剂	月桂酸聚氧乙烯酯	1	—	—	—	—	—	—
	α-烯烃磺酸钠	1	—	—	—	—	—	—
	脂肪醇聚氧乙烯醚	—	0.05	—	—	—	—	—
	脂肪醇聚氧乙烯醚羧酸钠	—	2	—	—	—	—	—
	失水山梨醇脂肪酸酯	—	—	2	—	—	—	—
	椰子油脂肪酸二乙醇酰胺	—	—	—	0.5	—	—	—
	烷基糖苷	—	—	—	—	15	—	—
	脂肪胺聚氧乙烯醚	—	—	—	—	—	10	7
	月桂酰氨乙基硫酸酯钠	—	—	—	—	—	0.01	—
	四甲基溴化铵	—	—	—	—	—	—	7
pH值调节剂	硬脂酸	—	—	0.1	—	—	—	—
	十八胺	—	—	—	—	0.05	—	—
	月桂酸	—	—	—	—	—	0.05	—
分散剂	聚乙二醇	—	5	—	—	—	—	—
	聚丙二醇	—	5	—	—	—	—	—
	乙二醇	—	—	—	10	—	—	—
	羧甲基纤维素	—	—	0.01	—	1	—	—
润湿剂	月桂醇	—	—	1	—	—	—	—
	1,2-丙二醇	—	—	—	10	—	—	—
	乙酸乙酯	—	—	—	—	0.5	—	—
	1,3-丙二醇	—	—	—	—	—	2	—
油	3#白油	97.9	87.9	—	76.5	—	—	85.8
	石脑油	—	—	95.89	—	83.44	—	—
	橄榄油	—	—	—	—	—	83.94	—

制备方法

（1）将润湿剂、表面活性剂和油按配比混合，充分搅拌 5～30min。

（2）将金刚石微粉与上述油性液体混合，充分搅拌并超声 5～30min。

（3）在上述油性液体中加入分散剂，充分搅拌并超声分散 5～30min。

（4）在上述分散好的油性液体中加入 pH 值调节剂，充分搅拌，调节 pH 值为 3～11，即制备成油性研磨液。

原料配伍　本品各组分质量份配比范围为：金刚石微粉 0.001～10，表面活性剂 0.001～20，分散剂 0～20，pH 值调节剂 0～10，润湿剂 0～10，油加至 100。

所述的表面活性剂为非离子表面活性剂、阴离子表面活性剂或阳离子表面活性剂中的一种或几种。所述的非离子表面活性剂为蓖麻油聚氧乙烯醚（优选 EL-n, n=10～90 及 HEL-20、HEL-40、HEL-60）、月桂酸聚氧乙烯酯、油酸聚氧乙烯酯、硬脂酸聚氧乙烯酯、脂肪胺聚氧乙烯醚、嵌段聚氧乙烯-聚氧丙烯醚、脂肪醇聚氧乙烯醚、烷基醇酰胺聚氧乙烷醚、烷基糖苷、椰子油脂肪酸单乙醇酰胺、椰子油脂肪酸二乙醇酰胺、乙二醇单硬脂酸酯、聚乙二醇双硬脂酸酯、甘油单硬脂酸酯、聚甘油单硬脂酸酯、蔗糖脂肪酸酯、失水山梨醇脂肪酸酯、聚氧乙烯失水山梨醇脂肪酸酯中的一种或几种；所述的阴离子表面活性剂为 C_{12}～C_{16} 烷基苯磺酸钠、烷基萘磺酸盐、C_{12}～C_{16} 烷基磺酸钠、α-烯烃磺酸钠、木质素磺酸盐、石油磺酸盐、C_{12}～C_{16} 烷基硫酸盐、蓖麻油酸丁酯硫酸钠、脂肪醇聚氧乙烯醚硫酸盐、月桂酰氨乙基硫酸钠、油酰氨基酸钠、N-酰基氨基酸盐、脂肪醇聚氧乙烯醚羧酸盐中的一种或几种；所述的阳离子表面活性剂为咪唑啉、十二烷基三甲基氯化铵、十二烷基三甲基溴化铵、四甲基溴化铵、十二烷基三甲基硫酸铵中的一种或几种。表面活性剂的质量分数优选 0.01%～10%，更优选 0.1%～7%。

所述的分散剂为聚乙二醇、乙二醇、聚丙二醇、己基癸醇、六偏磷酸钠、三聚磷酸钠、焦磷酸钠、聚丙烯酸钠、聚丙烯酸、阿拉伯树胶粉、羟丙基纤维素、羟丙基甲基纤维素、羟乙基纤维素、羧甲基纤维素、羟基丙基甲基纤维素、甲基纤维素、N-甲基吡咯烷酮、聚乙烯吡咯烷酮、泡花碱、硅烷偶联剂中的一种或几种。分散剂的质量分数优选 0.01%～10%，更优选 0.01%～1%。

所述的金刚石微粉是金刚石单晶体或多晶体，金刚石晶体粒径为 1～9μm。金刚石微粉的质量分数优选 0.01%～5%，更优选 0.05%～2%。

研磨液中还可以包括 pH 值调节剂，所述的 pH 值调节剂为氢氧化钾、氢氧化钠、氨水、乙醇胺、三乙醇胺、十八胺、异丙醇胺、盐酸、硫酸、硝酸、硼酸、醋酸、硬脂酸、苯甲酸、苯甲酸钠、油酸、油酸钠、水杨酸、月桂酸、丙烯酸、酒石酸、没食子酸中的一种或几种，研磨液的 pH 值调节范围为 3～11。

研磨液中还可以包括润湿剂，所述的润湿剂为甘油、乙酸乙酯、1,2-丙二醇、1,3-丙二醇、丙三醇、1,3-丁二醇、1,4-丁二醇、月桂醇、三乙醇胺、椰油酰胺丙基甜菜碱中的一种或几种。润湿剂的质量百分含量优选 0.01%～6%，更优选 0.5%～2%。

所述的油为白油、石脑油、矿物油、合成油、基础油、菜籽油、蓖麻油、橄榄油、液体石蜡中的一种或几种。

产品应用 本品主要应用于 LED 蓝宝石衬底片及碳化硅晶片的减薄研磨，也可以用于精密陶瓷、精度模具、光纤及半导体化合物晶片等表面的研磨抛光。

抛光工艺：所用抛光机为单面抛光机，使用抛光盘为铜盘，压力为 0.5MPa，转速为 80r/min，抛光时间为 10min，抛光液流量为 2mL/min。

抛光速率：抛光去除速率通过计算抛光前后 LED 衬底片厚度的变化得到，采用五点法测量，取平均值，LED 衬底片抛光前后厚度的变化可用千分尺测得，抛光速率为抛光去除厚度变化与抛光时间的比值。

在上述抛光工艺条件下，使用该研磨液加工 2 寸的 LED 衬底片，抛光前表面粗糙度值（Ra）是 27.546nm，抛光后表面粗糙度值（Ra）达到 4.642nm，抛光速率达到 1.25μm/min。

产品特性

（1）本产品能实现机械作用与化学作用很好的匹配性，抛光效率高，抛光质量好。本产品可应用于 LED 蓝宝石衬底片及碳化硅晶片的减薄研磨，也可以用于精密陶瓷、精度模具、光纤及半导体化合物晶片等表面的研磨抛光。

（2）本产品分散性能好，长期存放能保持均匀稳定状态，不发生沉降。

（3）用其抛光后产品光洁度高，抛光效果好；本产品不含对人体有害成分，易于清洗，有利于环保。

油性金刚石研磨液（2）

原料配比

原　料	配比（质量份）		
	1#	2#	3#
颗粒粒径为 14μm 的金刚石微粉	20	—	—
颗粒粒径为 12μm 的金刚石微粉	—	15	—
颗粒粒径为 13μm 的金刚石微粉	—	—	18
乙二醇单硬脂酸酯	12	10	11
油酰氨基酸钠	3	1	2
脂肪醇聚氧乙烯醚羧酸盐	18	15	17
月桂酸聚氧乙烯酯	4	2	3
聚丙烯酸钠	7	5	6
羧甲基纤维素	8	6	7
羟丙基甲基纤维素	4	3	3.4
油酸钠	12	10	11
月桂酸	8	2	7
苯甲酸钠	5	2	4
三乙醇胺	13	10	12
乙酸乙酯	8	6	7
橄榄油	20	15	16
液体石蜡	30	25	28
蓖麻油	10	8	9

制备方法　将各组分原料混合均匀即可。

原料配伍　本品各组分质量份配比范围为：颗粒粒径为 12～14μm 的

金刚石微粉 15～20，乙二醇单硬脂酸酯 10～12，油酰氨基酸钠 1～3，脂肪醇聚氧乙烯醚羧酸盐 15～18，月桂酸聚氧乙烯酯 2～4，聚丙烯酸钠 5～7，羧甲基纤维素 6～8，羟丙基甲基纤维素 3～4，油酸钠 10～12，月桂酸 2～8，苯甲酸钠 2～5，三乙醇胺 10～13，乙酸乙酯 2～8，橄榄油 15～20，液体石蜡 25～30，蓖麻油 8～10。

产品应用　本品主要应用于超精表面的研磨抛光，可大大提高抛光效率，用其抛光后产品光洁度高。

产品特性　本产品不含对人体有害成分，不腐蚀设备，易于清洗，有利于环保，分散性能好，能长期存放，不发生沉降。

4 淬火剂

50Mn 钢专用淬火液

原料配比

原　料	配比（质量份）		
	1#	2#	3#
水玻璃	19.1	18.1	18.5
NaOH	1.1	1.3	1.2
氯化钠	25.2	26.3	25.7
水	加至 100	加至 100	加至 100

制备方法

（1）按配比称取水并将水加热，加热温度为 70～85℃。

（2）将按配比称取的水玻璃加入步骤（1）中加热后的水中搅拌使其溶解，得到水玻璃水溶液，搅拌速度为 30r/min，搅拌时间为 0.5h。

（3）按配比称取氯化钠加入到步骤（2）中得到的水玻璃水溶液中搅拌均匀。

（4）按配比加入 NaOH，调节溶液的 pH 值至 8～10。

（5）停止加热，使步骤（4）中调节 pH 值后的淬火液冷却至室温，得到 50Mn 钢专用淬火液。

原料配伍　本品各组分质量份配比范围为：水玻璃 18.1～19.1，NaOH 1.1～1.3，氯化钠 25.2～26.3，水加至 100。

所述的水玻璃的模数为 24，波美度为 56。

产品应用　本品主要用作 50Mn 钢专用淬火液。

淬火液对 50Mn 钢轴承套圈（直径为 1m）进行淬火的方法：

（1）制备淬火液，按配比称取水玻璃、NaOH、氯化钠和水，按照上述的制备方法制备得到 50Mn 钢专用淬火液。

（2）排净淬火池中的液体，用清洗剂及水循环清洗剂漂洗淬火池系统管道，清洗干净后，将步骤（1）中制备得到 50Mn 钢专用淬火液稀释 1 倍引入淬火池中备用，淬火池设有冷却循环散热装置，控制淬火池内淬火液的温度为 25~35℃。

（3）将 50Mn 钢轴承套圈加热至 900℃，然后保温 5h。

（4）将步骤（3）中保温结束后的 50Mn 钢轴承套圈浸入步骤（2）中的淬火液中进行淬火。

（5）当步骤（4）中 50Mn 钢轴承套圈的温度降至 50℃时将其从淬火液中取出，然后再加热至 560℃保温 1h。

（6）将步骤（5）中保温结束后的 50Mn 钢轴承套圈空冷。

产品特性

（1）本产品提供的淬火液制备方法，是在特定温度下依次将水玻璃和氯化钠加入到水中混合均匀，并且用 NaOH 将溶液调节至特定的pH 值，制备得到 50Mn 钢专用淬火液。此条件下制备的淬火液分散性好，耐储存，不易变质，在避光条件储存 2~3 年，淬火液不团聚，仍具有优异的淬火性能。

（2）本产品由特定性质的水玻璃经过合理的制备方法制得，与现有组分复杂的淬火液相比，本产品价格便宜，淬火过程中淬火液不容易发生化学变化，使用寿命长。

（3）本产品由水玻璃、NaOH、氯化钠和水组成，组分简单，成本低，但是淬火效果好，冷却速度显著优于水的冷却速度。

（4）本产品主要适用于 50Mn 钢轴承套圈的淬火，这类零件因过热敏感性及回火脆性，淬火时容易产生裂纹，采用现有的淬火液和淬火工艺很难获得理想的组织结构，而本产品能够有效避免用普通快速淬火油淬火后硬度过大、内部组织形态不均匀、易开裂等风险。

（5）本产品用于 50Mn 钢淬火时，淬火液附着于灼热的轴承套圈表面，剧烈爆炸成雾状（崩膜），使轴承套圈表面的蒸汽膜被破坏，大大缩短了淬火工艺的蒸汽膜被阶段，从而使轴承套圈的冷却速度均匀。

（6）本产品在应用于 50Mn 钢的淬火过程中，采用折光仪监测淬火液的浓度并用水或淬火原液进行校正，使淬火液浓度波动不超过30%，以保证 50Mn 钢淬火后既达到要求的硬度又不出现淬火裂纹。

（7）本产品在应用于 50Mn 钢的淬火过程中，采用冷却循环散热装置控制淬火池内的淬火液温度在 25～35℃之间，保证淬火液在淬火前后温度变化不大于 10℃，此条件下淬火得到的 50Mn 钢硬度适中，内部组织形态均匀，没有淬火裂纹。

（8）本产品具有无毒、无油烟、分散性好、使用安全等优点，在避光条件储存 2 年，淬火液不团聚，仍具有优异的淬火性能。

超高碳钢的水性淬火剂

原料配比

原　　料	配比（质量份）			
	1#	2#	3#	4#
碳酸钠	6	5	8	6
淀粉	14	10	15	11
氢氧化钾	3	5	2	4
起泡剂	8	9	5	8
稳泡剂	2	3	1	23
水	100	100	100	100

制备方法　将各组分原料混合均匀即可。

原料配伍　本品各组分质量份配比范围为：碳酸钠 5～8，淀粉 10～15，氢氧化钾 2～5，起泡剂 5～9，稳泡剂 1～3，水 100。

产品应用　本品主要用作超高碳钢的水性淬火剂。

使用时，先将配好的本产品放在一个淬火槽中，淬火槽底部通入一根气管，气管的另一端与鼓风机或者压力气瓶相连。淬火时通过气管向淬火剂中通入气体，淬火剂中能产生大量的气泡。这些气泡在超高碳钢的表面急速破裂，破裂的过程中带走大量的能量，进一步加快了超高碳钢的冷却速度，超高碳钢的组织获得平均粒径为 1.4～1.8μm 的超细马氏体，提高了超高碳钢的耐磨性和抗疲劳性能。

产品特性

（1）本产品由碳酸钠、淀粉、氢氧化钾、起泡剂、稳泡剂和水组成，淬火时冷却速度快，所得到的超高碳钢组织为超细马氏体，具有良好的耐磨性和抗疲劳性。

（2）本产品在使用时持续不断地通入气体，产生大量的气泡，淬火时气泡破裂，带走大量的能量，淬火效果好，适合超高碳钢。

（3）本产品原料来源广泛，成本低。

齿轮淬火剂

原料配比

原　料		配比（质量份）
月桂酰基甲基牛磺酸钠		0.8
蓖麻油聚氧乙烯醚		0.15
椰子油		0.15
甘油		1.5
环烷酸锌		0.015
氯化钠		4
硼酸钠		1.5
醋酸钠		0.8
碳酸氢钠		0.4
硫脲		0.015
癸二酸		0.15
助剂		4
水		75
助剂	鲜猪骨粉	18
	月桂酰肌氨酸钠	1.5
	十二烷基葡糖苷	1.5
	山梨醇酐单油酸酯	0.8
	乙二胺四乙酸钠	1.5
	葡萄糖酸钠	4
	柠檬酸钠	3
	甲基异噻唑啉酮	0.4
	维生素 C 磷酸酯镁	0.8

制备方法

（1）将月桂酰基甲基牛磺酸钠加入 1/3～1/2 量的水中，200～

500r/min 搅拌 5～10min，再加入蓖麻油聚氧乙烯醚、椰子油、癸二酸和环烷酸锌，50～60℃搅拌 15～30min，得 A 组分。

（2）将硼酸钠、醋酸钠和碳酸氢钠共同加入剩余的水中，60～80℃搅拌 20～40min，得 B 组分。

（3）将 B 组分加入反应釜中，并于 90～95℃条件下向反应釜中加入氯化钠和硫脲，搅拌直至完全溶解，再将温度降至 30～40℃，缓慢加入 A 组分，200～600r/min 搅拌 20～30min，最后加入其余原料混合均匀，过滤后即得。

原料配伍 本品各组分质量份配比范围为：月桂酰基甲基牛磺酸钠 0.5～1，蓖麻油聚氧乙烯醚 0.1～0.2，椰子油 0.1～0.2，甘油 1～2，环烷酸锌 0.01～0.02，氯化钠 3～5，硼酸钠 1～2，醋酸钠 0.5～1，碳酸氢钠 0.3～0.5，硫脲 0.01～0.02，癸二酸 0.1～0.2，助剂 3～5，水 70～80。

其中助剂由下列质量份的原料制成：鲜猪骨粉 15～20，月桂酰肌氨酸钠 1～2，十二烷基葡糖苷 1～2，山梨醇酐单油酸酯 0.5～1，乙二胺四乙酸钠 1～2，葡萄糖酸钠 3～5，柠檬酸钠 2～4，甲基异噻唑啉酮 0.3～0.5，维生素 C 磷酸酯镁 0.5～1。

助剂的制备方法是：先按 1∶（5～6）的固液质量比向鲜猪骨粉中加入 8%～10%的醋酸溶液，再加入月桂酰肌氨酸钠、十二烷基葡糖苷和山梨醇酐单油酸酯搅拌均匀并于 60～80℃保温 8～12h，将 pH 值调至 6～7 后过滤，再按 1∶（8～10）的固液质量比向滤液中加入活性白土，40～60℃搅拌 4～8h，过滤后向滤液中加入其余原料，充分搅拌至溶解完全，即得。

产品应用 本品主要用作齿轮淬火剂。

使用本淬火剂对 42CrMo 齿轮钢进行淬火，淬火加热温度为 850℃，淬火后测量硬度为 HRC56，无开裂现象。

产品特性

（1）本产品冷却均匀性好，能有效减少热变形，防止工件开裂；淬火后工件的淬硬层深，硬度高，有利于提高工件的承载能力，适用于齿轮淬火工艺。

（2）使用过程中无油烟、挥发少，能改善工作环境，同时安全环保。

淬火剂（1）

原　料	配比（质量份）			
	1#	2#	3#	4#
PB-140（分子量为 30000）聚醚	40	—	—	—
PB-560（分子量为 40000）聚醚	—	30	43.5	—
PB-360（分子量为 50000）聚醚	—	—	—	13
三乙醇胺	1	5	6	3
苯甲酸钠	1	0.2	1.2	1
LUBRIZOL⑧5674 消泡剂	0.05	0.3	0.2	0.2
去离子水	加至 100	加至 100	加至 100	加至 100

制备方法　将各组分原料混合均匀即可。

原料配伍　本品各组分质量份配比范围为：聚醚 13～40，三乙醇胺 1～5，苯甲酸钠 0.2～1，消泡剂 0.05～0.5，水加至 100。

所述消泡剂可以为本领域技术人员熟知的消泡剂，优选为硅类消泡剂，具体例子为商品 LUBRIZOL⑧5674 消泡剂，但不限于此。

所述聚醚优选分子量为 30000～50000 的聚醚，更优选分子量为 40000～50000 的聚醚。

所述水为去离子水。

产品应用　本品主要用作淬火剂。

使用本产品进行淬火时，可以根据待处理的工件将所述淬火剂稀释到不同浓度。例如可将淬火剂稀释到 4%～6% 的浓度，该浓度的淬火剂优选对牌号为 45#钢、厚度小于 50mm 的中小零件进行淬火；也可以对厚度在 100mm 以上的牌号为 40Mn2 的钢零件进行调质处理；也可以对调质处理后的牌号为 40Cr、40Mn2、42CrMo 材质的工件进行表面中频加热淬火处理。

当将本产品提供的淬火剂稀释到 8%～12% 的浓度时，可以对有效厚度在 60mm 以上的 40Cr、35CrMo、42CrMo 材质的工件进行淬火处理；也可以对牌号为 65Mn、60Si2Mn、50CrV 的汽车板簧及弹簧进行淬火处理。

当将本产品提供的淬火剂稀释到 13%～16% 的浓度时，可以对中小尺寸中高淬透性的牌号为 40Cr、35CrMo、42CrMo、65Mn、60Si2Mn、50CrV、GCrV15、9Cr2Mo、40CrMnMo、20CrMnTi 的工件进行整体淬火、渗碳淬火、碳氮共渗淬火、感应加热淬火处理。

当将本产品提供的淬火剂稀释到 18%～22%的浓度时，可以对小尺寸高淬透性的牌号为 GCr15、9Cr2Mo、9Cr2Mn、40CrMnMo、20CrMnTi、20CrMo、18Cr2Ni4W 的工件进行整体淬火、渗碳淬火、碳氮共渗淬火、感应加热淬火等处理。

产品特性　本产品在 400℃以上的高温阶段冷却速度大，因此可以使得到的工件晶粒细小，提高工件的性能；本产品在 400℃以下的低温阶段冷却速度较慢，因此可以防止在工件内部形成较大的内应力，从而达到防止工件开裂的目的。

淬火剂（2）

原料配比

原　料	配比（质量份）						
	1#	2#	3#	4#	5#	6#	7#
聚醚（分子量为50000）	23	—	—	10	20	—	—
聚醚（分子量为40000）	—	5	—	—	—	18	—
聚醚（分子量为40000～60000）	—	—	30	—	—	—	—
聚醚（分子量为60000）	—	—	—	—	—	—	22
聚乙烯醇（分子量为17000）	7	—	—	—	—	—	—
聚乙烯醇（分子量为16000）	—	10	—	—	—	—	7
聚乙烯醇（分子量为16000～20000）	—	—	5	—	—	—	—
聚乙烯醇（分子量为20000）	—	—	—	8	6	—	—
聚乙烯醇（分子量为18000）	—	—	—	—	—	7.5	—
异丙醇胺	2.5	4	0.1	2	3	2.8	2.6
乙二胺	2	0.1	4	3	2.5	3.5	0.05
钼酸钠	0.55	0.3	0.8	0.5	0.6	0.7	0.35
硼酸铵	0.1	0.2	0.05	0.12	0.08	0.11	0.06

原　料	配比（质量份）						
	1#	2#	3#	4#	5#	6#	7#
磺酸钙	0.15	0.2	0.1	0.15	0.18	0.16	0.12
2,4,6-叔丁基对苯二酚	0.3	0.1	0.5	0.4	0.2	0.4	0.15
氟硅消泡剂	0.02	0.01	0.03	0.02	0.02	0.08	0.04
水	加至100	加至100	加至100	加至100	加至100	加至100	加至100

制备方法　将各组分原料混合均匀即可。

原料配伍　本品各组分质量份配比范围为：聚醚 5～30，分子量为 40000～60000；聚乙烯醇 5～10，分子量为 16000～20000；异丙醇胺 0.1～4；乙二胺 0.1～4；钼酸钠 0.3～0.8；硼酸铵 0.05～0.2；磺酸钙 0.1～0.2；2,4,6-叔丁基对苯二酚 0.1～0.5；氟硅消泡剂 0.01～0.1；水 加至 100。

产品应用　本品主要用作淬火剂。

产品特性

（1）使用本产品淬火后的钢材表面可以形成一层保护膜，能够防止淬火后的钢材被腐蚀，从而延长了钢材的使用寿命和性能。

（2）加入了磺酸钙作为表面活性剂。在淬火过程中，不可避免地将其他杂质带入淬火剂中，加入表面活性剂使淬火剂保持清澈均匀。

（3）加入了 2,4,6-叔丁基对苯二酚作为氧化剂，能够防止淬火剂被氧化，延长使用寿命。

（4）本淬火剂在高温阶段有高的冷却速度，这样有利于使晶粒细小，提高工件性能。在低温阶段冷却速度变慢，冷却时间变长，因此可以减小工件的内应力，防止工件开裂。

淬火剂（3）

原料配比

原　料	配比（质量份）		
	1#	2#	3#
聚氧乙烯醚	15	20	18

原　料	配比（质量份）		
	1#	2#	3#
三异丙醇胺	8	6	5
聚乙酸乙烯酯	4	3	7
苯甲酸钠	1	4	3
消泡剂	2	1	0.5
水	70	75	80

[制备方法]　将各组分原料混合均匀即可。

[原料配伍]　本品各组分质量份配比范围为：聚氧乙烯醚 15～20；三异丙醇胺 5～8；聚乙酸乙烯酯 3～7；苯甲酸钠 1～4；消泡剂 0.5～2；水 70～80。

所述的消泡剂为有机硅氧烷。

[产品应用]　本品主要用作淬火剂。

[产品特性]

（1）本产品由聚氧乙烯醚、三异丙醇胺、聚乙酸乙烯酯、苯甲酸钠、消泡剂、水组成，能够有效缩短高温冷却时间，减慢低温冷却速度，防止工件开裂。

（2）本产品的消泡剂为有机硅氧烷，能够持久消泡，具有稳定性好、用量少等优点。

（3）本产品安全、环保，对环境污染极小。

（4）本产品成本低，制备条件简单，有利于推广使用。

（5）使用本产品对工件进行淬火时，能够有效缩短高温时的冷却时间，减慢低温时的冷却速度，工件无开裂现象，性能良好。

淬火液（1）

[原料配比]

原　料		配比（质量份）			
		1#	2#	3#	4#
聚乙烯吡咯烷酮	分子量为450000	60	—		
	分子量为350000	—	60		

原　料		配比（质量份）			
		1#	2#	3#	4#
聚乙烯吡咯烷酮	分子量为250000	—	—	60	—
	分子量为200000	—	—	—	60
三乙醇胺		5	6	6	5
防锈剂	羧酸醇胺盐	5	—	—	—
	硼酸	—	2	—	—
	硼酸酯	—	3	—	—
	多元羧酸	—	—	3	—
	羧酸胺	—	—	2	6
杀菌剂	三嗪	2	2	—	—
	亚甲基双吗啉	—	—	2	2
消泡剂	硅氧烷	0.2	—	—	—
	聚醚有机硅	—	0.2	—	—
	高分子聚硅	—	—	—	0.2
	纳米硅	—	—	0.2	—
水		加至100	加至100	加至100	加至100

〔制备方法〕　将正确计量的水加入调合釜，依次加入所需量的聚乙烯吡咯烷酮、三乙醇胺、防锈剂、杀菌剂、消泡剂，在常温下搅拌2～10h得到无色透明液体，即为本品。

〔原料配伍〕　本品各组分质量份配比范围为：聚乙烯吡咯烷酮30～70，三乙醇胺0.5～10，防锈剂0.5～10，杀菌剂0.5～5，消泡剂0.005～0.3，水加至100。

所述聚乙烯吡咯烷酮的分子量为200000～500000。

所述防锈剂选自硼酸、硼酸酯、多元羧酸、羧酸胺或羧酸醇胺盐中的至少一种。

所述杀菌剂选自三嗪、亚甲基双吗啉或二甲基噁唑烷中的至少一种。

所述消泡剂选自改性有机硅、聚醚有机硅、高分子聚硅、纳米硅、聚醚或聚乙二醇中的至少一种。

质量指标

项 目		1#	2#	3#	4#
冷却性能（10%稀释液，ISO 9950,30℃）	最大冷却速度/(℃/s)	160	163	168	170
	最大冷却速度所在温度/℃	728	720	715	710
	300℃时冷速/(℃/s)	15	18	22	25
消泡性（10%稀释液）/（mL/10min）		8mL/1s 1mL/15s 0mL/90s 8mL/10min	9mL/1s 2mL/15s 0mL/90s 8mL/10min	10mL/1s 2mL/15s 0mL/90s 8mL/10min	9mL/1s 1.5mL/15s 0mL/90s 8mL/10min

产品应用 本品主要用于高合金结构钢 40CrNiMo、40CrMnMo 的铸、锻件、高碳、高锰的高速钢轨材料和高合金钢的模具钢的淬火。

产品特性 本产品充分利用了聚乙烯吡咯烷酮和三乙醇胺、防锈剂、杀菌剂、消泡剂的协同作用，在高温区冷却速度快、低温区冷却速度慢，具有类似淬火油的冷却特性，从而有效降低了工件淬火变形和开裂的风险，提高了工件表面质量，同时具有抗泡性好、无毒、无油烟、安全环保、免清洗的优点。

淬火液（2）

原料配比

原 料	配比（质量份）		
	1#	2#	3#
聚丙烯-甲基丙烯酸共聚物与聚丙烯酰胺混合物（聚丙烯-甲基丙烯酸与聚丙烯酰胺的质量比为1∶1）	10	8	12
环氧乙烷和环氧丙烷无规共聚物（均分子量为20000）	3	—	—
环氧乙烷和环氧丙烷无规共聚物（均分子量为25000）	—	4	—
环氧乙烷和环氧丙烷无规共聚物（均分子量为30000）	—	—	2
聚酰胺聚乙二醇	3	2	4
消泡剂（聚醚，均分子量为6000）	0.4	—	—
消泡剂（聚醚，均分子量为8000）	—	0.5	—
消泡剂（聚醚，均分子量为7000）	—	—	0.6

原　料	配比（质量份）		
	1#	2#	3#
水	5	7	3
分散剂（聚二甲基硅氧烷）	4	2	5

制备方法

（1）按质量份数称取 4～6 份的聚丙烯-甲基丙烯酸聚合物和 4～6 份的聚丙烯酰胺在 28～35℃条件下加入带有搅拌装置的调和釜中搅拌均匀，得到聚丙烯-甲基丙烯酸聚合物与聚丙烯酰胺的固态混合物；搅拌速度为 200～300 r/min。

（2）将步骤（1）中的调和釜加热至 55～70℃，然后按质量份数称取 2～5 份水加入调和釜中搅拌 30min，冷却至 30～40℃，然后加入 1～3 份分散剂混合均匀得到淬火液 A 液；搅拌速度为 200～300r/min。

（3）按质量份称取 2～4 份环氧乙烷和环氧丙烷无规共聚物、2～4 份聚酰胺聚乙二醇和 1～3 份水加热至 30～40℃混合均匀，然后加入 1～3 份分散剂混合均匀得到淬火液 B 液；搅拌速度为 200～300r/min。

（4）将步骤（3）中得到的淬火液 B 液滴加入步骤（2）中的调和釜中与 A 液混合均匀，同时加入 0.5～0.6 份消泡剂；混合均匀。淬火液 B 液的滴加速度为 0.2～0.5 份/min。搅拌速度为 300～450r/min。

（5）搅拌 0.5～1h 后冷却至室温，静置 1～2h，得到用于 35CrMo 制大型轴锻件的专用淬火液。搅拌速度为 300～450 r/min。

原料配伍　本品各组分质量份配比范围为：聚丙烯-甲基丙烯酸聚合物 4～6，聚丙烯酰胺 4～6，环氧乙烷和环氧丙烷无规共聚物 2～4，聚酰胺聚乙二醇 2～4，分散剂 2～5，消泡剂 0.5～0.6，水 5～8。

所述的聚丙烯-甲基丙烯酸共聚物与聚丙烯酰胺混合物中聚丙烯-甲基丙烯酸共聚物与聚丙烯酰胺的质量比为 1：1。

所述的消泡剂为均分子量为 6000～8000 的聚醚；所述的分散剂为聚二甲基硅氧烷；所述的环氧乙烷和环氧丙烷无规共聚物的均分子量为 20000～30000。

❹ 淬火剂　253

产品应用 本品主要用于 35CrMo 钢制大型轴锻件淬火。

产品特性

（1）本产品以多种聚合物为原料制备得到，主要适合用于 35CrMo 钢制大型轴锻件（直径 400～500mm，长度 5～10m）淬火，35CrMo 钢制大型轴锻件因其材料淬透性较好，尺寸比较大，加热后应力比较集中，对其淬火时很难在较短的时间内将热量均匀发散，容易形成表面骤冷、心部过热的"脆皮"现象，如果只采用单一淬火冷却方式很难获得理想的组织结构，而本产品能够有效避免用普通快速淬火油淬火后硬度不足、内部组织形态不均匀、易开裂等风险。

（2）本产品中，环氧乙烷和环氧丙烷无规共聚物含量相对较少，与聚丙烯-甲基丙烯酸与聚丙烯酰胺混合物以及聚酰胺聚乙二醇配合使用能得到非常良好的淬火效果，有效克服了环氧乙烷和环氧丙烷无规共聚物易受污染、易变质失效等缺陷。

淬火液去污剂

原料配比

原 料		配比（质量份）					
		1#	2#	3#	4#	5#	6#
试剂 A	硫酸亚铁	5	4	6	5	4	6
	聚合硫酸铁	20	25	15	20	25	15
	水	75	71	79	75	71	79
试剂 A		1	1	1	2	2	2
试剂 B	10%氢氧化钠溶液	1	1	1	2	2	2

制备方法 去除淬火液中污染物的方法，是先向淬火液中加入 1%～2%（按淬火液的质量）的试剂 A，搅拌均匀，再加入 1%～2%（按淬火液的质量）与试剂 A 等量的试剂 B，搅拌均匀，静置，混合液分为上清层和沉淀层，上清层为去除污染物的淬火液，沉淀层为污染物，抽出上清层使用。

原料配伍 本品各组分质量份配比范围为：

A 组分：硫酸亚铁 4～6，聚合硫酸铁 15～25，水 70～80。

B 组分：氢氧化钠水溶液 1～2。

所述试剂 A 中硫酸亚铁和聚合硫酸铁的作用是在体系中产生絮状物，试剂 B 的作用是提高体系的 pH 值，加快絮凝。

所用试剂均为商购。其中聚合硫酸铁使用固体聚合硫酸铁（简称 SPFS）。

产品应用   本品是一种钢铁工业领域中的淬火液去污剂。能够去除淬火液中污染物并将由污染物导致的污染降到最低程度。

工件处理用经去污处理的淬火液（上清层）对工件进行浸泡处理，液温 30℃，浸泡 5min，取出晾干。

产品特性

（1）组分来源广泛，成本低。

（2）使用方法简单，可操作性强。

（3）可节约淬火剂的使用量。

（4）可有效避免因淬火剂污染导致的工件淬裂。

（5）可广泛应用于各种工件的淬火。

大型轴专用淬火剂

原料配比

原 料	配比（质量份）		
	1#	2#	3#
氯化钠	2.0	3.0	1.0
氢氧化钠	0.8	0.5	1.2
柠檬酸钠	1.9	2.0	1.8
顺丁烯二酸	1.5	1.2	1.6
甲基磺草酮	1.0	1.5	0.5
藕粉	4.5	4.0	5.0
丙烯酸	0.8	1.0	0.6
对甲苯酚	0.02	0.01	0.03
嗪草酮	0.13	0.15	0.1
水	加至 100	加至 100	加至 100

制备方法

（1）将氯化钠和氢氧化钠溶解于温度为 10～25℃的水中，搅拌

10～20min，得到混合溶液。

（2）将步骤（1）中的混合溶液加热到 30～40℃，加入甲基磺草酮、柠檬酸钠、藕粉和丙烯酸，搅拌 15～20min。

（3）将步骤（2）中得到混合溶液静置冷却，等温度为 20℃时加入淀粉，搅拌 60～80min。

（4）将步骤（3）中得到的混合溶液置于-25～-10℃的环境中冷冻 30～60 min，得到冷冻的混合溶液。

（5）将步骤（4）中得到的冷冻的混合溶液加热到 30～40℃，加入顺丁烯二酸、对甲苯酚和嗪草酮，搅拌 60～100min，然后继续加热到 90～95℃，再搅拌 10～20min。

原料配伍　本品各组分质量份配比范围为：氯化钠 1.0～3.0，氢氧化钠 0.5～1.2，柠檬酸钠 1.8～2.0，顺丁烯二酸 1.2～1.6，甲基磺草酮 0.5～1.5，藕粉 4.0～5.0，丙烯酸 0.6～1.0，对甲苯酚 0.01～0.03，嗪草酮 0.1～0.15，水加至 100。

本产品各个物质的含量特别重要，例如，丙烯酸如果过多，会对工件造成损伤，过少则发挥不了作用；甲基磺草酮和嗪草酮过多不但不能加快工件在 450～650℃范围的冷却速度，反而会降低在该温度段的冷却速度；对甲苯酚过多则无法溶解，混合不均匀，过少则要增加顺丁烯二酸的用量，而且效果差；顺丁烯二酸、柠檬酸钠和藕粉的加入量如果过大会降低淬火剂的流动性，不单单降低了工件冷却到 400℃以下时的冷却速度，而且也降低了工件在 450～650℃范围的冷却速度，所以这些物质的含量要严格按照配比添加。

产品应用　本品主要用作大型轴的专用淬火剂。用于材料为 45#钢、直径在 1.8～3.5m 之间的轴的淬火。

产品特性

（1）本产品加快了工件在 450～650℃范围的冷却速度，丙烯酸和氢氧化钠能够剥离工件表面多余的氧化皮，还能起到防腐的作用；本产品中顺丁烯二酸、柠檬酸钠和藕粉的加入，确保了本淬火剂在 450～650℃范围的冷却速度；同时，本淬火剂接近于胶体状，当工件冷却到 400℃左右时，其水分会蒸发一部分，进一步增加了淬火剂的黏度，淬火剂的流动性降低，此时工件的冷却速度也急剧降低，避免了工件的淬裂。

（2）本产品通过控制原料的添加顺序以及温度和搅拌时间，确保该淬火剂中各个组分完全分散且均匀分布，使得该淬火剂满足淬火要求，使初始的冷却速度和400℃以下的冷却速度大大降低，而在450～650℃范围有足够快的冷却速度，在保证淬火效果的同时，确保产品不淬裂。

（3）本产品专门用于材料为45#钢、直径在1.8～3.5m之间的轴的淬火，不但效果好，而且使得工件不报废，降低了热处理成本。

（4）本产品不但淬火效果好、淬火成本低，而且有害物质挥发少，能够确保生产车间具有良好的生产环境。

弹簧钢淬火剂

原料配比

原　料		配比（质量份）
硅酸镁锂		1.5
苯并三氮唑		0.015
聚谷氨酸		0.3
麦芽糊精		1.5
氯化钠		4
明矾		3
全氟辛基磺酸钠		0.3
二辛基磺基琥珀酸钠		0.15
季戊四醇四异硬脂酸酯		0.4
酒石酸		0.15
助剂		4
水		75
助剂	鲜猪骨粉	18
	月桂酰肌氨酸钠	1.5
	十二烷基葡糖苷	1.5
	山梨醇酐单油酸酯	0.8
	乙二胺四乙酸钠	1.5
	葡萄糖酸钠	4
	柠檬酸钠	3
	甲基异噻唑啉酮	0.4
	维生素C磷酸酯镁	0.8

制备方法

(1) 将全氟辛基磺酸钠和二辛基磺基琥珀酸钠加入 1/3～1/2 量的水中，200～500r/min 搅拌 5～10min，再加入季戊四醇四异硬脂酸酯、麦芽糊精、苯并三氮唑和聚谷氨酸，50～60℃搅拌 15～30min，得 A 组分。

(2) 将硅酸镁锂和明矾共同加入余量的水中，60～80℃搅拌 20～40min，得 B 组分。

(3) 将 B 组分加入反应釜中，并于 90～95℃条件下向反应釜中加入氯化钠和酒石酸搅拌直至完全溶解，再将温度降至 30～40℃，缓慢加入 A 组分，200～600r/min 搅拌 20～30min，最后加入其余原料混合均匀，过滤后即得。

原料配伍　本品各组分质量份配比范围为：硅酸镁锂 1～2，苯并三氮唑 0.01～0.02，聚谷氨酸 0.2～0.4，麦芽糊精 1～2，氯化钠 3～5，明矾 2～4，全氟辛基磺酸钠 0.2～0.4，二辛基磺基琥珀酸钠 0.1～0.2，季戊四醇四异硬脂酸酯 0.3～0.5，酒石酸 0.1～0.2，助剂 3～5，水 70～80。

其中助剂由下列质量份的原料制成：鲜猪骨粉 15～20，月桂酰肌氨酸钠 1～2，十二烷基葡糖苷 1～2，山梨醇酐单油酸酯 0.5～1，乙二胺四乙酸钠 1～2，葡萄糖酸钠 3～5，柠檬酸钠 2～4，甲基异噻唑啉酮 0.3～0.5，维生素 C 磷酸酯镁 0.5～1。

助剂的制备方法是：先按 1∶(5～6)的固液质量比向鲜猪骨粉中加入 8%～10%的醋酸溶液，再加入月桂酰肌氨酸钠、十二烷基葡糖苷和山梨醇酐单油酸酯搅拌均匀并于 60～80℃保温 8～12h，将 pH 值调至 6～7 后过滤，再按 1∶(8～10)的固液质量比向滤液中加入活性白土，40～60℃搅拌 4～8h，过滤后向滤液中加入其余原料，充分搅拌至溶解完全，即得。

产品应用　本品主要用作弹簧钢淬火剂。

使用本淬火剂对 60Si2Mn 弹簧钢进行淬火，淬火加热温度为 880℃，淬火后测量硬度为 HRC62，无开裂现象。

产品特性

(1) 本产品具有良好的冷却性能，能有效减少工件的变形、开裂，提高工件的强度和韧性，且有一定的防锈功效，适用于弹簧钢的淬火工艺。

（2）使用过程中无油烟、挥发少，能改善工作环境，同时安全环保。

低碳合金钢的水溶性淬火剂

原料配比

原　料	配比（质量份）					
	1#	2#	3#	4#	5#	6#
氯化钠	8	5	10	8	5	10
氯化钾	2	2	1	2	2	1
硝酸钾	4	5	3	4	5	3
氢氧化钾	1.5	1	2	1.5	1	2
碳酸钠	—	—	—	2.5	2	3
蒸馏水	加至100	加至100	加至100	加至100	加至100	加至100

制备方法　将氯化钠、氯化钾、硝酸钠、氢氧化钾、碳酸钠按配比加入配比量的蒸馏水中，搅拌均匀即可。

原料配伍　本品各组分质量份配比范围为：氯化钠5～10，氯化钾1～2，硝酸钾3～5，氢氧化钾1～2，碳酸钠2～3，蒸馏水加至100。

产品应用　本品主要用作低碳合金钢的水溶性淬火剂。在低碳合金钢中的应用：低碳合金钢的淬火温度为800～820℃，水溶性淬火剂的温度为40～50℃，淬火时间为4～6s。

产品特性　本产品成本低、安全无污染、不易发生火灾、使用方便。

多元合金铸球淬火剂

原料配比

原　料	配比（质量份）				
	1#	2#	3#	4#	5#
聚丙烯酸钠	52	45	35	42	48
醋酸钠	12	8	10	9	7
异丙醇	15	12	13	14	13

原　料	配比（质量份）				
	1#	2#	3#	4#	5#
石蜡	0.03	0.02	0.025	0.015	0.02
稳定剂	0.30	0.15	0.15	0.2	0.35
苯乙酸月桂醇酯	0.05	—	0.03	—	0.04
三乙醇胺	—	0.01	—	0.03	—
润湿剂	0.5	0.3	0.2	0.2	0.4
苯甲酸钠	0.5	0.3	0.2	0.2	0.4
水	加至100	加至100	加至100	加至100	加至100

制备方法 将各组分原料混合均匀即可。

原料配伍 本品各组分质量份配比范围为：聚丙烯酸钠35～52，醋酸钠 6～12，异丙醇 10～15，石蜡 0.01～0.03，稳定剂 0.1～0.4，消泡剂 0.01～0.05，润湿剂 0.1～0.5，防腐剂 0.1～0.5，水加至100。

所述消泡剂为苯乙酸月桂醇酯、三乙醇胺的其中一种。

所述防腐剂为苯甲酸钠。

产品应用 本品主要用作多元合金铸球淬火剂。

产品特性 本产品配方合理，成本低，淬火件可达到较高硬度，而且硬度均匀，使多元合金铸球的金相组织粒径小、性能高。

防锈防腐蚀淬火剂

原料配比

原　料	配比（质量份）
氯化钠	4
三乙醇胺硼酸酯	1.5
聚环氧琥珀酸	0.4
聚乙二醇	3
石油磺酸钠	1.5
三聚磷酸钠	0.4
十二烷基硫酸钠	0.4
硼砂	0.4

原　　料		配比（质量份）
酒石酸		0.4
羟乙基脲		0.4
助剂		4
水		75
助剂	鲜猪骨粉	18
	月桂酰肌氨酸钠	1.5
	十二烷基葡糖苷	1.5
	山梨醇酐单油酸酯	0.8
	乙二胺四乙酸钠	1.5
	葡萄糖酸钠	4
	柠檬酸钠	3
	甲基异噻唑啉酮	0.4
	维生素 C 磷酸酯镁	0.8

制备方法

（1）将十二烷基硫酸钠加入 1/3～1/2 量的水中，200～500r/min 搅拌 5～10min，再加入三乙醇胺硼酸酯、石油磺酸钠和聚环氧琥珀酸，30～40℃搅拌 15～30min，得 A 组分。

（2）将三聚磷酸钠、硼砂、聚乙二醇和羟乙基脲共同加入剩余的水中，60～80℃搅拌 20～40min，得 B 组分。

（3）将 B 组分加入反应釜，并于 90～95℃条件下向反应釜中加入氯化钠和酒石酸搅拌直至完全溶解，再将温度降至 30～40℃，缓慢加入 A 组分，200～600r/min 搅拌 20～30min，最后加入其余原料混合均匀，过滤后即得。

原料配伍　本品各组分质量份配比范围为：氯化钠 3～5，三乙醇胺硼酸酯 1～2，聚环氧琥珀酸 0.3～0.5，聚乙二醇 2～4，石油磺酸钠 1～2，三聚磷酸钠 0.3～0.5，十二烷基硫酸钠 0.3～0.5，硼砂 0.3～0.5，酒石酸 0.3～0.5，羟乙基脲 0.3～0.5，助剂 3～5，水 70～80。

其中助剂由下列质量份的原料制成：鲜猪骨粉 15～20，月桂酰肌氨酸钠 1～2，十二烷基葡糖苷 1～2，山梨醇酐单油酸酯 0.5～1，乙二胺四乙酸钠 1～2，葡萄糖酸钠 3～5，柠檬酸钠 2～4，甲基异噻唑啉酮 0.3～0.5，维生素 C 磷酸酯镁 0.5～1。

助剂的制备方法是：先按 1：（5~6）的固液质量比向鲜猪骨粉中加入 8%~10%的醋酸溶液，再加入月桂酰肌氨酸钠、十二烷基葡糖苷和山梨醇酐单油酸酯，搅拌均匀并于 60~80℃保温 8~12h，将 pH 值调至 6~7 后过滤，再按 1：（8~10）固液质量比向滤液中加入活性白土，40~60℃搅拌 4~8h，过滤后向滤液中加入其余原料，充分搅拌至溶解完全，即得。

产品应用 本品是一种防锈防腐蚀淬火剂。

使用本淬火剂对 42CrMo 钢进行淬火，淬火加热温度为 850℃，淬火后测量硬度为 HRC53，无开裂现象。

产品特性

（1）本产品对工件无腐蚀，且对处理后的工件具有良好的防锈防腐蚀作用；冷却性能好，使用寿命长，不易老化变质，淬火硬度较高，能有效减少淬火变形、开裂。

（2）使用过程中无油烟、挥发少，能改善工作环境，同时安全环保。

防锈防腐蚀水基淬火剂

原料配比

原　　料	配比（质量份）
松香酸聚氧乙烯酯	1.5
壬基酚聚氧乙烯醚	0.4
月桂基两性醋酸钠	0.4
巴西棕榈蜡乳液	0.4
亚麻籽油	0.4
硅酸钠	0.15
双乙酸钠	0.15
碳酸氢钠	0.8
海藻酸钠	1.5
氯化钾	0.8
助剂	1.5
水	90

原　料		配比（质量份）
助剂	聚乙烯醇	0.15
	蓖麻油聚氧乙烯醚	1.5
	聚乙烯吡咯烷酮	1.5
	尿素	1.5
	聚山梨酯-80	0.4
	二甲基硅油	1.5
	苯并三氮唑	0.015
	太古油	0.8
	三丹油	1.5
	水	12

制备方法

（1）按配比称取原料，先将硅酸钠、双乙酸钠、碳酸氢钠、海藻酸钠、氯化钾和水共同加入反应釜中并溶解完全，再加入松香酸聚氧乙烯酯和壬基酚聚氧乙烯醚 60～80℃、800～1000r/min 搅拌 5～10min，最后加入巴西棕榈蜡乳液和亚麻籽油在同样条件下搅拌 20～30min。

（2）向反应釜中缓慢加入月桂基两性醋酸钠和助剂，先 40～60℃、800～1000r/min 搅拌 10～15min，再于同样温度下 200～400r/min 搅拌 1～2h，冷却后静置 8～12h，过滤后即得。

原料配伍　本品各组分质量份配比范围为：松香酸聚氧乙烯酯 1～2，壬基酚聚氧乙烯醚 0.3～0.5，月桂基两性醋酸钠 0.3～0.5，巴西棕榈蜡乳液 0.3～0.5，亚麻籽油 0.3～0.5，硅酸钠 0.1～0.2，双乙酸钠 0.1～0.2，碳酸氢钠 0.5～1，海藻酸钠 1～2，氯化钾 0.5～1，助剂 1～2，水 80～100。

其中助剂由下列质量份的原料制成：聚乙烯醇 0.1～0.2，蓖麻油聚氧乙烯醚 1～2，聚乙烯吡咯烷酮 1～2，尿素 1～2，聚山梨酯-80 0.3～0.5，二甲基硅油 1～2，苯并三氮唑 0.01～0.02，太古油 0.5～1，三丹油 1～2，水 10～15。

助剂的制备方法是：将聚乙烯醇加入水中，80～90℃、200～400r/min 搅拌 2～4h，再加入聚山梨酯-80、聚乙烯吡咯烷酮和苯并三氮唑，同样条件下搅拌 1～2h，然后将温度调至 50～60℃并加入蓖麻油聚氧乙烯醚，800～1000r/min 搅拌 5～10min，最后加入其余原料，同样温度下 500～600r/min 搅拌 0.5～1h，冷却后即得。

产品应用 本品是一种防锈防腐蚀水基淬火剂。

对淬火剂进行性能测试：以 40Cr 钢为试验材料，850℃加热，淬火后硬度≥55HRC，无淬火开裂，符合要求。

产品特性

（1）本产品通过配方与工艺的改进，既改善了产品的冷却性能，克服水冷却速度过快的缺陷，使淬火均匀性好，避免淬火后工件开裂、变形，又具有防锈、抗腐蚀功效，使淬火后的工件具有良好的抗锈蚀性能，有利于进一步的处理和贮存，实用性强。

（2）有效消除烟雾和火灾隐患，能改善工作环境和劳动条件，清洁生产、安全环保。

废蚕丝提取物淬火剂

原料配比

原　　料		配比（质量份）
废蚕丝提取物		8
单宁酸		0.15
海藻酸		0.15
羧甲基壳聚糖		0.4
木糖醇		0.4
椰油酰基甲基牛磺酸钠		0.8
乙酸钠		0.8
碳酸氢钠		0.8
三聚磷酸钠		1.5
苯甲酸钠		0.15
水		90
废蚕丝提取物	废蚕丝	5
	柠檬酸	3
	三乙醇胺	1.5
	十二烷基葡糖苷	1.5
	椰油酰胺丙基甜菜碱	0.8

原　料		配比（质量份）
废蚕丝提取物	氯化钙	1.5
	氯化钾	0.8
	水	12

【制备方法】

（1）按配比称取原料，先将单宁酸、海藻酸、羧甲基壳聚糖和水共同加入反应釜中，60～80℃、400～600r/min 搅拌 0.5～1h，然后加入椰油酰基甲基牛磺酸钠、乙酸钠、碳酸氢钠和三聚磷酸钠，800～1000r/min 搅拌 10～15min，最后加入苯甲酸钠，80～90℃、400～600r/min 搅拌 20～30min。

（2）向反应釜中缓慢加入废蚕丝提取物和木糖醇，先 40～60℃、800～1000r/min 搅拌 10～15min，再于同样温度下 200～400r/min 搅拌 1～2h，冷却后静置 8～12h，过滤后即得。

【原料配伍】 本品各组分质量份配比范围为：废蚕丝提取物 6～10，单宁酸 0.1～0.2，海藻酸 0.1～0.2，羧甲基壳聚糖 0.3～0.5，木糖醇 0.3～0.5，椰油酰基甲基牛磺酸钠 0.5～1，乙酸钠 0.5～1，碳酸氢钠 0.5～1，三聚磷酸钠 1～2，苯甲酸钠 0.1～0.2，水 80～100。

其中废蚕丝提取物由下列质量份的原料制成：废蚕丝 4～6，柠檬酸 2～4，三乙醇胺 1～2，十二烷基葡糖苷 1～2，椰油酰胺丙基甜菜碱 0.5～1，氯化钙 1～2，氯化钾 0.5～1，水 10～15。

废蚕丝提取物的制备方法是：将废蚕丝清洗后加入三乙醇胺，0～10℃处理 10～15h，研磨 0.5～1h 后加入柠檬酸、氯化钙、氯化钾和水，80～90℃、300～600r/min 搅拌 2～4h，再将温度调至 50～60℃，加入十二烷基葡糖苷和椰油酰胺丙基甜菜碱，600～800r/min 搅拌 2～4h，冷却后过滤，即得。

【产品应用】 本品是一种废蚕丝提取物淬火剂。

对本淬火剂进行性能测试：以 40Cr 钢为试验材料，850℃加热，淬火后硬度≥55HRC，无淬火开裂，符合要求。

【产品特性】

（1）本产品以废蚕丝提取物为原料制得淬火剂，原材料来源广泛且天然无污染、制备工艺简单、环境相容性好，能有效改善产品的冷却性能，淬火均匀性好，避免淬火后工件开裂、变形，节约资源，变

❹ 淬火剂　265

废为宝，具有较高的实用价值，符合环保减排的产业政策。

（2）有效消除烟雾和火灾隐患，改善工作环境和劳动条件，安全环保。

钢丝淬火剂

原料配比

原　料	配比（质量份）		
	1#	2#	3#
丙烯酸	20	30	45
烧碱	40	25	18
过硫酸铵	0.6	0.95	1.5
水	38	40	26

制备方法

（1）按上述配方比例严格计量各种原料，并装入反应釜内。

（2）开启蒸汽加热。

（3）保温蒸馏、聚合（温度控制范围为 80～130℃）。

（4）聚合后的黏稠液置冷凝器内冷却至常温即得产品。

（5）产品经抽样分析、检验应达前述产品特性指标。

（6）产品装桶、入库待用。

原料配伍　本品各组分质量份配比范围为：丙烯酸 20～45，烧碱 15～40，过硫酸铵 0.3～1.5，水 20～40。

本钢丝淬火剂可在上述配方中添加少量芳香剂（如杏仁油或安息香酸钠等），使本钢丝淬火剂有一定芳香味。芳香剂用量：如加入0.2%的杏仁油，或加入 0.5%的安息香酸钠（苯甲酸钠），同样具有一定芳香。

产品应用　本品主要应用于生产高、中碳钢丝制品，在钢丝水浴淬火热处理中作冷却介质。

产品特性　该淬火剂完全能取代铅作冷却介质，不仅根除了铅毒危害、减少环境污染、改善了作业工人的劳动条件，而且节约了重要物资——铅锭，节约了电能，降低了钢丝制品的生产成本，具有较大的经济效益。

高铬铸铁淬火剂

原　料		配比（质量份）
羟丙基二淀粉磷酸酯		0.8
二甲基聚硅氧烷		0.08
羟丙基甲基纤维素		1.5
氯化钠		4
柠檬酸		0.4
卡波姆		0.4
丙二醇		0.8
山梨醇		1.5
肉豆蔻酸异丙酯		0.8
海藻酸丙二醇酯		1.5
助剂		4
水		75
助剂	鲜猪骨粉	18
	月桂酰肌氨酸钠	1.5
	十二烷基葡糖苷	1.5
	山梨醇酐单油酸酯	0.8
	乙二胺四乙酸钠	1.5
	葡萄糖酸钠	4
	柠檬酸钠	3
	甲基异噻唑啉酮	0.4
	维生素C磷酸酯镁	0.8

【制备方法】

（1）将羟丙基二淀粉磷酸酯加入 1/3～1/2 量的水中，200～500r/min 搅拌 5～10min，再加入二甲基聚硅氧烷、卡波姆和羟丙基甲基纤维素，50～60℃搅拌 15～30min，得 A 组分。

（2）将柠檬酸、丙二醇和山梨醇共同加入剩余的水中，60～80℃搅拌 20～40min，得 B 组分。

（3）将 B 组分加入反应釜中，并于 90～95℃条件下向反应釜中加入氯化钠搅拌直至完全溶解，再将温度降至 30～40℃，缓慢加入 A

组分，200～600r/min 搅拌 20～30min，最后加入其余原料混合均匀，过滤后即得。

原料配伍 本品各组分质量份配比范围为：羟丙基二淀粉磷酸酯 0.5～1，二甲基聚硅氧烷 0.05～0.1，羟丙基甲基纤维素 1～2，氯化钠 3～5，柠檬酸 0.3～0.5，卡波姆 0.3～0.5，丙二醇 0.5～1，山梨醇 1～2，肉豆蔻酸异丙酯 0.5～1，海藻酸丙二醇酯 1～2，助剂 3～5，水 70～80。

其中助剂由下列质量份的原料制成：鲜猪骨粉 15～20，月桂酰肌氨酸钠 1～2，十二烷基葡糖苷 1～2，山梨醇酐单油酸酯 0.5～1，乙二胺四乙酸钠 1～2，葡萄糖酸钠 3～5，柠檬酸钠 2～4，甲基异噻唑啉酮 0.3～0.5，维生素 C 磷酸酯镁 0.5～1。

助剂的制备方法是：先按 1：(5～6) 的固液质量比向鲜猪骨粉中加入 8%～10%的醋酸溶液，再加入月桂酰肌氨酸钠、十二烷基葡糖苷和山梨醇酐单油酸酯搅拌均匀并于 60～80℃保温 8～12h，将 pH 值调至 6～7 后过滤，再按 1：(8～10) 的固液质量比向滤液中加入活性白土，40～60℃搅拌 4～8h，过滤后向滤液中加入其余原料，充分搅拌至溶解完全，即得。

产品应用 本品主要用于高铬铸铁和部分高、中碳耐磨钢零件的淬火处理。

使用本淬火剂对 KmTBCr26 高铬铸铁进行淬火，淬火温度为 1010℃，淬火后测量硬度为 HRC62，无开裂现象。

产品特性

(1) 本产品冷却速度分布合理，冷却均匀性好，且能有效保证工件内部组织的均匀一致性和性能的均一性，适用于高铬铸铁和部分高、中碳耐磨钢零件的淬火处理。

(2) 使用过程中无油烟、挥发少，能改善工作环境，同时安全环保。

高频淬火剂

原料配比

原　料	配比（质量份）
氯化钠	4

続表

原　料		配比（质量份）
硫酸钠		0.3
硝酸锌		0.4
水杨酸钠		0.15
苹果酸		0.8
焦磷酸钾		1.5
二甲苯磺酸钠		1.5
十二烷基苯磺酸钠		0.8
硬脂酰乳酸钠		0.15
羧甲基纤维素		1.5
羟基亚乙基二磷酸		0.015
助剂		4
水		75
助剂	鲜猪骨粉	18
	月桂酰肌氨酸钠	1.5
	十二烷基葡糖苷	1.5
	山梨醇酐单油酸酯	0.8
	乙二胺四乙酸钠	1.5
	葡萄糖酸钠	4
	柠檬酸钠	3
	甲基异噻唑啉酮	0.4
	维生素C磷酸酯镁	0.8

制备方法

（1）将二甲苯磺酸钠和十二烷基苯磺酸钠加入 1/3～1/2 量的水中，200～500r/min 搅拌 5～10min，再加入硬脂酰乳酸钠、羧甲基纤维素和羟基亚乙基二磷酸，50～60℃搅拌 15～30min，得 A 组分。

（2）将水杨酸钠、焦磷酸钾、硝酸锌和硫酸钠共同加入剩余的水中，60～80℃搅拌 20～40min，得 B 组分。

（3）将 B 组分加入反应釜，并于 90～95℃条件下向反应釜中加入氯化钠和苹果酸搅拌直至完全溶解，再将温度降至 30～40℃，缓慢加入 A 组分，200～600r/min 搅拌 20～30min，最后加入其余原料混合均匀，过滤后即得。

4 淬火剂　269

原料配伍 本品各组分质量份配比范围为：氯化钠 3～5，硫酸钠 0.2～0.4，硝酸锌 0.3～0.5，水杨酸钠 0.1～0.2，苹果酸 0.5～1，焦磷酸钾 1～2，二甲苯磺酸钠 1～2，十二烷基苯磺酸钠 0.5～1，硬脂酰乳酸钠 0.1～0.2，羧甲基纤维素 1～2，羟基亚乙基二磷酸 0.01～0.02，助剂 3～5，水 70～80。

其中助剂由下列质量份的原料制成：鲜猪骨粉 15～20，月桂酰肌氨酸钠 1～2，十二烷基葡糖苷 1～2，山梨醇酐单油酸酯 0.5～1，乙二胺四乙酸钠 1～2，葡萄糖酸钠 3～5，柠檬酸钠 2～4，甲基异噻唑啉酮 0.3～0.5，维生素 C 磷酸酯镁 0.5～1。

助剂的制备方法是：先按 1：（5～6）的固液质量比向鲜猪骨粉中加入 8%～10%的醋酸溶液，再加入月桂酰肌氨酸钠、十二烷基葡糖苷和山梨醇酐单油酸酯搅拌均匀并于 60～80℃保温 8～12h，将 pH 值调至 6～7 后过滤，再按 1：（8～10）的固液质量比向滤液中加入活性白土，40～60℃搅拌 4～8h，过滤后向滤液中加入其余原料，充分搅拌至溶解完全，即得。

产品应用 本品主要用于高频淬火工艺。

使用淬火剂对 42CrMo 钢进行淬火，淬火加热温度为 870℃，淬火后测量硬度为 HRC55，无开裂现象。

产品特性

（1）本产品冷却性能良好，处理后的工件硬度及淬硬层均能达到要求，具有一定防锈、耐腐蚀性能，且具有较好的防老化性，使用寿命长，适用于高频淬火工艺。

（2）使用过程中无油烟、挥发少，能改善工作环境，同时安全环保。

含茶皂素的淬火剂

原料配比

原　料	配比（质量份）
茶皂素	0.4
三油酸甘油酯	0.8
蔗糖脂肪酸酯	0.4

原　　料		配比（质量份）
	棕榈酸	0.15
	硼酸	0.08
	五水偏硅酸钠	0.4
	肌醇六磷酸钠	0.8
	氯化钠	4
	海藻酸钠	0.15
	羟丙基淀粉醚	1.5
	助剂	4
	水	75
助剂	鲜猪骨粉	18
	月桂酰肌氨酸钠	1.5
	十二烷基葡糖苷	1.5
	山梨醇酐单油酸酯	0.8
	乙二胺四乙酸钠	1.5
	葡萄糖酸钠	4
	柠檬酸钠	3
	甲基异噻唑啉酮	0.4
	维生素 C 磷酸酯镁	0.8

【制备方法】

（1）将茶皂素加入 1/3～1/2 量的水中，200～500r/min 搅拌 5～10min，再加入三油酸甘油酯、蔗糖脂肪酸酯和棕榈酸，65～80℃搅拌 15～30min，最后加入羟丙基淀粉醚常温搅拌至完全溶解，得 A 组分。

（2）将五水偏硅酸钠、肌醇六磷酸钠和海藻酸钠共同加入剩余的水中，60～80℃搅拌 20～40min，得 B 组分。

（3）将 B 组分加入反应釜中，并于 90～95℃条件下向反应釜中加入氯化钠和硼酸搅拌直至完全溶解，再将温度降至 30～40℃，缓慢加入 A 组分，200～600r/min 搅拌 20～30min，最后加入其余原料混合均匀，过滤后即得。

【原料配伍】　本品各组分质量份配比范围为：茶皂素 0.3～0.5，三油酸甘油酯 0.5～1，蔗糖脂肪酸酯 0.3～0.5，棕榈酸 0.1～0.2，硼酸 0.05～

0.1，五水偏硅酸钠 0.3～0.5，肌醇六磷酸钠 0.5～1，氯化钠 3～5，海藻酸钠 0.1～0.2，羟丙基淀粉醚 1～2，助剂 3～5，水 70～80。

其中助剂由下列质量份的原料制成：鲜猪骨粉 15～20，月桂酰肌氨酸钠 1～2，十二烷基葡糖苷 1～2，山梨醇酐单油酸酯 0.5～1，乙二胺四乙酸钠 1～2，葡萄糖酸钠 3～5，柠檬酸钠 2～4，甲基异噻唑啉酮 0.3～0.5，维生素 C 磷酸酯镁 0.5～1。

助剂的制备方法是：先按 1：（5～6）的固液质量比向鲜猪骨粉中加入 8%～10%的醋酸溶液，再加入月桂酰肌氨酸钠、十二烷基葡糖苷和山梨醇酐单油酸酯搅拌均匀并于 60～80℃保温 8～12h，将 pH 值调至 6～7 后过滤，再按 1：（8～10）的固液质量比向滤液中加入活性白土，40～60℃搅拌 4～8h，过滤后向滤液中加入其余原料，充分搅拌至溶解完全，即得。

产品应用　本品是一种含茶皂素的淬火剂。

使用本淬火剂对 42CrMo 钢进行淬火，淬火加热温度为 850℃，淬火后测量硬度为 HRC56，无开裂现象。

产品特性

（1）本产品冷却性能良好，冷却速度均匀，能有效防止工件变形、开裂；具有优异的热稳定性和抗菌防霉性，不易老化、变质，使用寿命长。

（2）使用过程中无油烟、挥发少，能改善工作环境，同时安全环保。

含芦荟提取液的淬火剂

原料配比

原　　料	配比（质量份）
芦荟提取液	8
羟丙基甲基纤维素	1.5
羟乙基纤维素	0.4
γ-聚谷氨酸	0.08
丙三醇	0.8
碳酸氢钠	0.8

原料		配比（质量份）
乳酸钠		0.8
酒石酸钾钠		1.5
聚氧丙烯甘油醚		0.15
月桂酰羟乙基磺酸钠		0.15
蓖麻油聚氧乙烯醚		0.4
苯甲酸钠		0.15
水		90
芦荟提取液	芦荟鲜叶	7
	柠檬酸	4
	氢氧化钙	3
	氯化钠	1.5
	三乙醇胺	1.5
	十二烷基葡糖苷	1.5
	椰油酰胺丙基甜菜碱	0.8
	水	12

制备方法

（1）按配比称取原料，先将碳酸氢钠、乳酸钠、酒石酸钾钠和水共同加入反应釜中并溶解完全，然后加入蓖麻油聚氧乙烯醚和丙三醇，800～1000r/min 搅拌 10～15min，再加入聚氧丙烯甘油醚、月桂酰羟乙基磺酸钠和苯甲酸钠，80～90℃、400～600r/min 搅拌 20～30min。

（2）向反应釜中缓慢加入芦荟提取液和γ-聚谷氨酸，先 40～60℃、800～1000r/min 搅拌 10～15min，再加入羟丙基甲基纤维素和羟乙基纤维素，于同样温度下 200～400r/min 搅拌 1～2h，冷却后静置 8～12h，过滤后即得。

原料配伍 本品各组分质量份配比范围为：芦荟提取液 6～10，羟丙基甲基纤维素 1～2，羟乙基纤维素 0.3～0.5，γ-聚谷氨酸 0.05～0.1，丙三醇 0.5～1，碳酸氢钠 0.5～1，乳酸钠 0.5～1，酒石酸钾钠 1～2，聚氧丙烯甘油醚 0.1～0.2，月桂酰羟乙基磺酸钠 0.1～0.2，蓖麻油聚氧乙烯醚 0.3～0.5，苯甲酸钠 0.1～0.2，水 80～100。

其中芦荟提取液由下列质量份的原料制成：芦荟鲜叶 6～8，柠檬酸 3~5，氢氧化钙 2~4，氯化钠 1~2，三乙醇胺 1~2，十二烷基葡糖苷 1~2，椰油酰胺丙基甜菜碱 0.5~1，水 10~15。

芦荟提取液的制备方法是：将芦荟鲜叶洗净、粉碎后与氢氧化钙、氯化钠和三乙醇胺混合，共同研磨均匀后加入柠檬酸和水，80~90℃，200~400r/min 搅拌 4~6h，将温度调至 50~60℃，再加入十二烷基葡糖苷和椰油酰胺丙基甜菜碱，600~800r/min 搅拌 1~2h，冷却后静置 1~2h，过滤后即得。

产品应用 本品是一种含芦荟提取液的淬火剂。

对本淬火剂进行性能测试：以 40Cr 钢为试验材料，850℃加热，淬火后硬度≥55HRC，无淬火开裂，符合要求。

产品特性

（1）本产品以芦荟提取液为主要原料，冷却性能好，能有效减少工件的淬火变形，避免工件开裂和产生软点，加工后工件的硬度高、淬硬层深；防锈、防腐蚀、杀菌性能好，性能稳定，同时污染排放少、环境相容性好，符合环保减排的产业政策。

（2）有效消除烟雾和火灾隐患，改善工作环境和劳动条件，淬火过程清洁、安全、环保。

含丝瓜提取液的淬火剂

原料配比

原　　料	配比（质量份）
丝瓜提取液	10
阿拉伯胶	0.8
卡波姆	0.15
甘露醇	1.5
草酸	0.4
碳酸氢钠	0.8
三聚磷酸钠	1.5
磷酸氢二钠	0.4
木质素磺酸钠	0.4
三乙醇胺硼酸酯	0.4
苯甲酸钠	0.15

原　　料		配比（质量份）
水		90
丝瓜提取液	鲜丝瓜	9
	柠檬酸	1.5
	十二烷基葡糖苷	1.5
	椰油酰胺丙基甜菜碱	0.8
	氨基硅油	0.15
	聚山梨酯-80	0.15
	水	12

制备方法

（1）按配比称取原料，先将碳酸氢钠、三聚磷酸钠、磷酸氢二钠、草酸和水共同加入反应釜中并溶解完全，然后加入阿拉伯胶、卡波姆和苯甲酸钠，80～90℃、400～600r/min 搅拌 0.5～1h，再加入木质素磺酸钠和三乙醇胺硼酸酯，40～60℃、800～1000r/min 搅拌 15～30min。

（2）向反应釜中缓慢加入丝瓜提取液和甘露醇，先 40～60℃、800～1000r/min 搅拌 10～15min，再于同样温度下 200～400r/min 搅拌1～2h，冷却后静置 8～12h，过滤后即得。

原料配伍　本品各组分质量份配比范围为：丝瓜提取液 8～12，阿拉伯胶 0.5～1，卡波姆 0.1～0.2，甘露醇 1～2，草酸 0.3～0.5，碳酸氢钠 0.5～1，三聚磷酸钠 1～2，磷酸氢二钠 0.3～0.5，木质素磺酸钠 0.3～0.5，三乙醇胺硼酸酯 0.3～0.5，苯甲酸钠 0.1～0.2，水 80～100。

其中丝瓜提取液由下列质量份的原料制成：鲜丝瓜 8～10，柠檬酸 1～2，十二烷基葡糖苷 1～2，椰油酰胺丙基甜菜碱 0.5～1，氨基硅油 0.1～0.2，聚山梨酯-80 0.1～0.2，水 10～15。

丝瓜提取液的制备方法是：将鲜丝瓜清洗干净后捣碎，先加入柠檬酸、纤维素酶和水，40～50℃处理 8～12h，然后将温度调至 80～90℃，加入十二烷基葡糖苷和椰油酰胺丙基甜菜碱，600～800r/min 搅拌 1～2h，冷却后静置 1～2h 并过滤，加入其余原料，1200～1500r/min 搅拌15～30min 即得。

本品是一种含丝瓜提取液的淬火剂。

（1）本产品以丝瓜提取液为主要原料，结合阿拉伯胶等天然高分子聚合物制得，产品冷却性能好，能有效减少工件的淬火变形，避免工件开裂，加工后工件的硬度高、淬硬层深；防锈、防腐蚀、杀菌性能好，性能稳定，同时具有生物可降解性和良好的环境相容性，符合环保减排的产业政策；

（2）能有效消除烟雾和火灾隐患，改善工作环境和劳动条件，淬火过程清洁、安全、环保。

（3）对本淬火剂进行性能测试：以 40Cr 钢为试验材料，850℃加热，淬火后硬度≥55HRC，无淬火开裂，符合要求。

含松香的淬火剂

原料配比

原　　料	配比（质量份）
羟丙基-β-环糊精	1.5
泊洛沙姆	0.8
果胶	0.4
松香	0.3
碳酸氢钠	0.4
葡萄糖酸钠	0.6
明矾	1.5
六偏磷酸钠	0.4
羟乙基淀粉	1.5
羟基硅油	0.8
助剂	1.5
水	90

原　料		配比（质量份）
助剂	鲜猪骨粉	18
	月桂酰肌氨酸钠	1.5
	十二烷基葡糖苷	1.5
	山梨醇酐单油酸酯	0.8
	乙二胺四乙酸钠	1.5
	葡萄糖酸钠	4
	柠檬酸钠	3
	甲基异噻唑啉酮	0.4
	维生素 C 磷酸酯镁	0.8

制备方法

（1）按配比称取原料，先将松香溶于少量乙醇中得到松香乙醇溶液，再将羟丙基-β-环糊精和泊洛沙姆加入 1/10～1/8 量的水中，60～80℃、400～600r/min 搅拌 0.5～1h，加入所述的松香乙醇溶液，同样条件下搅拌 20～30min，再与碳酸氢钠、葡萄糖酸钠、明矾、六偏磷酸钠和剩余的水共同加入反应釜中，80～90℃、400～600r/min 搅拌 10～20min，最后加入果胶，同样条件下搅拌 10～20min。

（2）向反应釜中缓慢加入羟乙基淀粉、羟基硅油和助剂，先 40～60℃、800～1000r/min 搅拌 10～15min，再于同样温度下 200～400r/min 搅拌 1～2h，冷却后静置 8～12h，过滤后即得。

原料配伍　本品各组分质量份配比范围为：羟丙基-β-环糊精 1～2，泊洛沙姆 0.5～1，果胶 0.3～0.5，松香 0.2～0.4，碳酸氢钠 0.3～0.5，葡萄糖酸钠 0.5～1，明矾 1～2，六偏磷酸钠 0.3～0.5，羟乙基淀粉 1～2，羟基硅油 0.5～1，助剂 1～2，水 80～100。

产品应用　本品是一种含松香的淬火剂。

对本淬火剂进行性能测试：以 40Cr 钢为试验材料，850℃加热，淬火后硬度≥55HRC，无淬火开裂，符合要求。

产品特性

（1）本产品通过配方与工艺的改进，既改善了产品的冷却性能，克服水冷却速度过快的缺陷，使淬火均匀性好，避免淬火后工件开裂、变形，又有助于去除工件表面的氧化膜，淬火工件光亮且有短期防锈效果，实用性强。

（2）有效消除烟雾和火灾隐患，改善工作环境和劳动条件，安全环保。

合成型水性淬火液

原料配比

原料	配比（质量份）							
	1#	2#	3#	4#	5#	6#	7#	8#
复合 PAG	85	80	90	90	85	85	81	89
催冷剂	13	17	18	9	14.9	12	18	9
抗氧剂	2	3	2	1	0.1	3	1	2

制备方法 将各组分原料混合均匀即可。

原料配伍 本品各组分质量份配比范围为：复合 PAG 80～90，催冷剂 9～18，抗氧剂 0.1～3。

所述复合 PAG 为聚氧乙烯聚氧丙烯醚 $R(C_2H_4O)_x(C_3H_6O)_yH$ SDN20 与 $R(C_2H_4O)_x(C_3H_6O)_yH$ SDN45 的复配产物。

所述催冷剂为聚氧乙烯聚氧丙烯醚 $R(C_2H_4O)_x(C_3H_6O)_yH$ SDN165。

产品应用 本品是一种添加复合 PAG 的能替代矿物油的合成型水性淬火液。

使用方法将合成型水性淬火液与水按 1：（4～10）稀释使用。

产品特性 本产品采用复合 PAG 能有效改善工作环境，提高零件的淬火质量，降低生产成本，合成型水性淬火液满足水性淬火的高难度热处理要求，硬度 HRC 在 28～63 范围可以随意调整，金相可达 3～5级；减少不可再生能源的使用，与传统的淬火油相比，节约油料 80%～90%；使用该淬火液磁力探伤无淬火裂纹，硬度适中，金相组织合格，满足热处理企业生产需求及苛刻机加工要求。该淬火液淬硬层深，淬火硬度均匀，无软点，大大减小淬火变形和开裂的倾向，对黑色金属及有色金属均无腐蚀，淬火工件光亮且有短期防锈作用，不易老化、变质，使用寿命长：无毒、无油烟、不燃烧、无火灾危险，使用安全，能改善劳动环境，无环境污染。

合金钢的水性淬火剂

原料配比

原 料	配比（质量份）					
	1#	2#	3#	4#	5#	6#
碳酸氢钠	7	8	6	7	6	8
葡萄糖	22	20	25	23	20	25
醋酸	1	1.5	2	1.5	2	1
淀粉	—	—	—	5	4	6
氢氧化钠	3	3.5	4	3.5	4	3
起泡剂	5	4	6	5	4	6
稳定剂	1	1.5	2	1.5	1	2
水	100	100	100	100	100	100

制备方法 将各组分原料混合均匀即可。

原料配伍 本品各组分质量份配比范围为：碳酸氢钠 6～8，葡萄糖 20～25，醋酸 1～2，氢氧化钠 3～4，起泡剂 4～6，稳定剂 1～2，淀粉 4～6，水 100。

产品应用 本品主要用作合金钢的水性淬火剂。

产品特性 本产品成本低，不易发生火灾，无污染，可直接使用，不需要再临时配制。

环保水溶性淬火液（1）

原料配比

原 料	配比（质量份）				
	1#	2#	3#	4#	5#
聚醚 38000	25	—	—	—	—

原　料	配比（质量份）				
	1#	2#	3#	4#	5#
聚醚 4000	—	45	—	—	—
聚醚 4200	—	—	53	—	—
聚醚 4600	—	—	—	90	—
聚醚 5000	—	—	—	—	75
三乙醇胺	8	10	4	0.1	1.84
苯甲酸钠	5.2	3	—	—	—
己二酸	—	—	2.2	1.2	—
苯并三氮唑	4.8	1.8	—	—	—
三元羧酸	—	—	1.7	1.8	0.1
磷酰基羧酸	4	0.1	—	—	—
羟基亚乙基磷酸	—	—	2	3.5	5
聚氧乙烯醚	1.3	2	0.1	0.2	5
聚乙二醇 6000	0.1	0.05	0.01	0.06	0.06
杀菌剂 MIT（异噻唑啉酮类衍生物）	1.6	0.1	—	—	—
杀菌剂 MBM（吗啉类衍生物）	—	—	2.3	1.14	3
水	加至 100	加至 100	加至 100	加至 100	加至 100

〔制备方法〕　按配比称取水、三乙醇胺、防腐蚀剂、抑垢剂、清洗分散剂、消泡剂和杀菌剂，加入到带有搅拌装置、具有加热功能的不锈钢调合釜中，调节温度为 30～45℃，搅拌 2h 后，按规定缓慢加入聚醚，充分混合分散。采用 100 目袋式过滤器过滤即得环保型水溶性淬火液。

〔原料配伍〕　本品各组分质量份配比范围为：聚醚 25～90，水加至 100，三乙醇胺 0.1～10，防腐蚀剂 0.1～10，抑垢剂 0.1～5，清洗分散剂 0.1～5，消泡剂 0.01～0.1，杀菌剂 0.1～3。

所述聚醚分子量为 3000～50000。

所述聚醚为聚乙烯醇或聚亚烷基二醇。

所述防腐蚀剂为有机羧酸类、多元羧酸类及其衍生物、苯并三氮唑类及其衍生物、醇胺类衍生物、氨基酸类及其衍生物中的一种或几种。

所述抑垢剂为有机磷酸，所述有机磷酸为羟基亚乙基磷酸、磷酰基羧酸或氨基甲基磷酸。

所述清洗分散剂为非离子表面活性剂、聚醚类衍生物中的一种或几种。

所述消泡剂为聚醚类、聚乙二醇类中的一种或几种。

所述杀菌剂为三嗪类、异噻唑啉酮可类中的一种或几种。

质量指标

项　　目	指　　标	试 验 方 法
运动黏度（40℃）/($10^{-6}m^2/s$)	200～300	GB/T 265
闪点（开口，不大于）/℃	232	GB/T 3536
燃点（不大于）/℃	260	GB/T 3536
倾点（不大于）/℃	−20	GB1T 3535
酸值（以 KOH 计）/(mg/g)	0.10	GB/T 4549
机械杂质（质量分数）/%	0.01	GB1T 511
防锈试验	无锈	IP 287

产品应用　本品是一种环保水溶性淬火液。适用于碳钢和合金钢工件的淬火。

产品特性

（1）本产品复合有均衡的防锈添加剂、清洗分散剂、抑泡剂等，在高温冷却阶段拥有极大的冷却速率，可以细化晶粒，提高淬火工件的最终性能，在低温冷却阶段拥有适度的冷却速率，有效地解决了工件冷却过程中的开裂、变形等问题，提高了工件的加工精度和表面质量，尤其适用于对淬火工件的硬度、强度、内应力和表面质量要求较高的淬火工艺；优异的防锈性能，有效地保护淬火工件，完全满足工序间防锈要求；突出的表面清净性能，可以有效地避免氧化皮的产生，带出量少、消耗量小、低毒环保，极大地提高淬火表面加工质量，提高生产效率，节约生产成本。

（2）本产品能够满足碳素钢、中低碳合金钢的高频、中频的感应淬火冷却，特别是整体加热工件的苛刻淬火要求。可以有效地提高淬火质量、细化晶粒、改善金相组织，从而有效地提高工件的宏观性能，如强度、硬度和内部应力等，可满足苛刻淬火工艺要求，淬火效果明显优于普通水溶性淬火液。

环保水溶性淬火液（2）

原料配比

原　　料	配比（质量份）
氯化钠	9～13
氯化钾	8～15
硝酸钠	7～10
水	加至100

制备方法　将各组分原料混合均匀即可。

原料配伍　本品各组分质量份配比范围为：氯化钠为 9～13，氯化钾为 8～15，硝酸钠为 7～10，水加至 100。

产品应用　本品主要用于碳钢和合金钢工件淬火，多用于碳素钢、合金钢的高频、中频淬火冷却。此外，还可将本淬火剂用于整体加热工件的淬火。

　　使用本淬火液的工件淬火温度为 800～870℃，淬火时本淬火液的温度为 20～70℃。使用本产品时，根据钢种调整溶液的浓度和温度，配制成冷却性能满足要求的水溶液，它在高温阶段冷却速度接近水，在低温阶段冷却速度接近油。

　　水溶液淬火工艺的应用：

　　（1）水溶液循环快速加热淬火。淬火、回火钢的强度与奥氏体晶粒大小有关，晶粒越细，强度越高，因而如何获得高于 10 级晶粒度的超细晶粒是提高钢的强度的重要途径之一。钢经过 Q→Y→Q 多次相变重结晶可使晶粒不断细化；提高加热速度，增多结晶中心也可使晶粒细化。循环快速加热淬火即为根据这个原理强化钢材的新工艺。

　　（2）水溶液高碳钢低温、快速、短时加热淬火。一般在低温回火条件下，高碳钢件虽然具有很高的强度，但韧性和塑性很低。为了改善这些性能，目前采用了一些特殊的新工艺。高碳低合金钢采用快速、短时加热。因为高碳低合金钢的淬火加热温度一般仅稍高于 Ac 点，碳化物的溶解、奥氏体的均匀化靠延长加热时间来达到。如果采用快速、短时加热，奥氏体中含碳量低，可以提高韧性。例如 T10V 钢制凿岩机活塞，采用 720℃预热 16min，850℃盐浴短时加热 8min 淬火，

220℃回火 72min，使用寿命由原来平均进尺 500m 提高至 4000m。如前所述，高合金工具钢一般采用比 Ac 点高得多的淬火温度，如果降低淬火温度，使奥氏体中含碳量及合金元素含量降低，可提高韧性。

水溶性淬火液注意事项

（1）浓度控制：为了使水溶性淬火液的浓度稳定在需要的范围内，一般采取定期补充合成淬火剂原液的办法控制介质浓度，具体时间要和使用的频率和经验而定。

（2）温度控制：水溶性淬火液的使用温度应控制在 20～70℃以内，可采用冷却水冷却或将淬火液循环冷却的方法进行温度控制。

（产品特性） 本产品是对以水为淬火介质的淬火液的改进，在水中溶解一定配比的氯化钠、氯化钾和硝酸钠，当高温工件浸入该冷却介质后，在蒸汽膜阶段析出盐和碱的晶体并立即爆裂，将蒸汽膜破坏，工件表面的氧化皮也被炸碎，这样可以提高介质在高温区的冷却能力。本产品适合作为碳钢及合金结构钢工件的淬火液，通过调整水溶液的浓度，可在很大范围内调整其冷却能力，得到近于水或介于水、油之间以及相当于油或者更慢的冷却速度，以满足不同材料和工件的淬火要求；本产品无毒，无烟，无腐蚀性，不燃烧，使用安全，无环境污染；用本产品取代机油淬火液可降低工艺成本约 80%，且工件清洁卫生，有一定防锈能力；用本产品淬火时，初淬阶段冷却速度较快，在沸腾阶段冷却速度渐慢，有利于得到马氏体，当进入对流阶段时，其冷却速度比水要慢得多，从而可以减少工件淬火变形和开裂的倾向。

环保水溶性防锈淬火液

（原料配比）

原　　料	配比（质量份）				
	1#	2#	3#	4#	5#
硼酸钾	25	23	60	30	20
山梨酸钾	3	4	10	3	1
水	422	473	930	567	179
聚氧丙烷二乙二醇硼酸酯聚合物 B	550	500	1000	400	800

原料		配比（质量份）				
		1#	2#	3#	4#	5#
二乙二醇硼酸酯 A	乙二醇	—	—	124.136	124.136	124.136
	硼酸	—	—	61.83	61.83	61.83
聚氧丙烷二乙二醇硼酸酯聚合物 B	二乙二醇硼酸酯 A	—	—	138	137.96	138
	氢氧化钾	—	—	10	24.8	15
	环氧丙烷	—	—	1742.4	2323.2	2032.8

制备方法

（1）制备二乙二醇硼酸酯 A：将乙二醇和硼酸按摩尔比 2∶1 加入反应釜中，充入氮气保护，搅拌加热至 170~180℃，保温 4~5h，通入甲苯与混合溶液共沸，蒸出水与甲苯共沸物，即得二乙二醇硼酸酯 A。

（2）制备聚氧丙烷二乙二醇硼酸酯聚合物 B（含少量氢氧化钾、乙二醇聚丙醚和硼酸钾盐）：将二乙二醇硼酸酯 A 和氢氧化钾加入用 0℃左右的冰盐水循环冷却的聚合釜中搅拌，然后向聚合釜中通入氮气转换釜内空气，当聚合釜中氮气保持正压时，用氮气进料罐将环氧丙烷推进聚合釜，同时搅拌升温至 100~120℃，压力调节至 0.3~0.4MPa，聚合反应 15~16h 以后，用氮气将聚合釜内的聚合物挤出，即得聚氧丙烷二乙二醇硼酸酯聚合物 B（含少量氢氧化钾、乙二醇聚丙醚和硼酸钾盐）。摩尔比二乙二醇硼酸酯 A∶环氧丙烷=1∶（30~40）；氢氧化钾作为催化剂，消耗的量很少，所以反应完成后，加进去的氢氧化钾基本还留在反应产物中。上述制备得到的聚氧丙烷二乙二醇硼酸酯聚合物 B 中氢氧化钾所占的质量百分比为 0.5%~1%。由于二乙二醇硼酸酯 A 容易在有水存在的条件下水解成乙二醇和硼酸，少量的乙二醇与环氧丙烷会反应生成乙二醇聚丙醚，少量的硼酸与氢氧化钾会反应生成硼酸钾盐，所以上述制备得到的聚氧丙烷二乙二醇硼酸酯聚合物 B 中还含有少量乙二醇聚丙醚和硼酸钾盐。

（3）制备环保型水溶防锈淬火液：按配比称取硼酸钾、山梨酸钾加入水中搅拌，加入聚氧丙烷二乙二醇硼酸酯聚合物 B（含少量氢氧化钾、乙二醇聚丙醚和硼酸钾盐），同时搅拌 2~3h，混合物透明后包装即为成品。

原料配伍 本品各组分质量份配比范围为：聚氧丙烷二乙二醇硼酸酯聚合物 B 400～1000，硼酸钾 20～60，山梨酸钾 1～10，水加至 1000。

硼酸钾是一种环保型的防锈剂，可在淬火件的表面形成一层保护膜，防止氧气和酸碱对金属表面的腐蚀，同时钾离子可提高淬火介质的导电性。

山梨酸钾作为杀菌剂使用，可以保证淬火液长时间使用而不需更换。

产品应用 本品是一种环保型水溶防锈淬火液。

产品特性

（1）5%～20%的水溶液可替代油用于低、中碳钢的感应淬火及大件整体淬火。

（2）通过调整浓度，可以得到不同的冷却速度，适用范围宽。

（3）淬火硬度均匀，淬硬层深，无软点，有效减小淬火变形和开裂的倾向。

（4）淬火后工件清洁、光亮且有一定的防锈功能，可免清洗回火，无油烟。

（5）对黑色金属及有色金属防锈效果良好。

（6）带出量少，使用成本低，综合经济性好。

（7）无油烟、不燃烧、无火灾危险，明显改善劳动环境。

环保水溶性淬火剂

原料配比

原　　料	配比（质量份）		
	1#	2#	3#
碳酸钠	3.5	2.0	7.0
氯化钠	1.5	2.0	0.5
氢氧化钠	0.5	0.8	0.2
丙烯酸	1.0	0.5	1.5
顺丁烯二酸	1.4	1.5	1.2
柠檬酸钠	2.4	2.0	2.8
淀粉	1.3	1.0	1.5

原　料	配比（质量份）		
	1#	2#	3#
苯甲酸钠	0.8	0.5	1.2
藕粉	2.5	3.0	3.0
对甲苯酚	0.03	0.05	0.01
去离子水	加至100	加至100	加至100

（制备方法）

（1）将碳酸钠、氯化钠和氢氧化钠溶解于温度为 5～25℃的去离子水中，搅拌 5～20min，得到初始混合溶液。

（2）将步骤（1）中的初始混合溶液加热到 40～45℃，加入柠檬酸钠、藕粉和丙烯酸，搅拌 10～15min，得到二次混合溶液。

（3）将步骤（2）中得到的二次混合溶液静置，等温度冷却到 30℃时加入淀粉，搅拌 60～100min，并且在搅拌过程中温度始终保持在 30℃±2℃，得到三次混合溶液。

（4）将步骤（3）中得到的三次混合溶液置于-20～-15℃的环境中冷冻 20～60min，得到冷冻的混合溶液。

（5）将步骤（4）中得到的冷冻的混合溶液加热到 50～65℃，加入顺丁烯二酸、对甲苯酚和苯甲酸钠，搅拌 60～120min，然后继续加热到 93～95℃，再搅拌 15～30min，然后保温 10～30min，即得到本环保型水溶性淬火剂。

（原料配伍）　本品各组分质量份配比范围为：碳酸钠 2.0～7.0，氯化钠 0.5～2.0，氢氧化钠 0.2～0.8，丙烯酸 0.5～1.5，顺丁烯二酸 1.2～1.5，柠檬酸钠 2.0～2.8，淀粉 1.0～1.5，苯甲酸钠 0.5～1.2，藕粉 2.0～3.0，对甲苯酚 0.01～0.05，去离子水加至100。

（产品应用）　本品是一种环保型水溶性淬火剂。

（产品特性）

（1）本产品能对直径较大的轴进行淬火，氯化钠能够附着于炽热的淬火工件表面，剧烈的震动形成雾化状，使淬火过程中的蒸汽膜迅速破裂，从而明显提高冷却性能，且价格低廉，便于操作；碳酸钠和对甲苯酚能够调和淬火液的冷却速度，较单一使用氯化钠水溶液的淬火震动、破膜强度低，能够在满足淬透性要求的前提下有效控制淬火变形；丙烯酸和氢氧化钠能够剥离工件表面多余氧化皮；尤其是苯甲酸钠、顺丁烯二酸、柠檬酸钠和藕粉的加入，确保了当工件温度降低到 400℃以下时，淬火剂的流动性变低，淬火剂包裹在工件上，冷却速度也大大降低，降低了工件的内应力，淬火后的大型工件无淬裂情况发生，尤其适合直径在 2m 及 2m 以上、材料为 40Cr 的轴进行淬火时使用。

（2）本产品各个物质的含量特别重要，例如，丙烯酸如果过多，会对工件造成损伤，过少则发挥不了作用，顺丁烯二酸和苯甲酸钠过多会对环境造成污染，使用后的淬火剂不易无害化处理，过少则无法降低工件在 400℃以下时的冷却速度，对甲苯酚过多则无法溶解，混合不均匀，过少则要增加顺丁烯二酸的用量，而且效果差。

（3）本产品通过控制原料的添加顺序以及温度和搅拌时间，确保该淬火剂中各个组分完全分散并均匀分布，使该淬火剂满足淬火要求，初始的冷却速度和 400℃以下的冷却速度大大降低，而在 450～650℃范围有足够快的冷却速度，在确保产品不淬裂的情况下，保证淬火效果。

（4）本产品不但淬火效果好、淬火成本低，而且使用后，只须在污水处理池中进行无氧处理和有氧处理，基本无残留，处理容易，更加环保。

（5）本产品在使用过程中挥发少，对操作工人没有危害，使用安全。

混合型水基金属处理淬火剂

原料配比

原　　料		配比（质量份）		
		1#	2#	3#
母液	植物原料榨取液（浓度30%）	5	15	20
	羟基类纤维素	5	10	15
	甘油	—	—	5
	硼酸	30	3	—
	碳酸钠	—	10	—
	乙醇加茶枯榨取汁	—	—	1.5

原　　料		配比（质量份）		
		1#	2#	3#
母液	茶桔榨取汁（作稀释剂）	1	—	—
	聚氨酯	—	1	—
	水	59	41	加至100
母液		3.5	16	18
水		96.5	84	82

[制备方法]　将各组分原料混合均匀即可。

[原料配伍]　本品各组分质量份配比范围为：母液 3～18，水 82～97。

　　所述母液内含有：取油松、杂樟、芝麻、鬼针子中的至少一种植物性原料洗净、碾碎、高温蒸煮后压榨出汁计 5%～20%；取用油松、杂樟类植物原料的压榨汁液时应以折光仪测量其浓度，浓度达到 30%方为合格；测量温度高于 30℃时，修正值为正值，反之为负值，修正公式如下：实测浓度+(测试时温度-30)/15=实际浓度。

　　羟基类纤维素 5%～15%；多元醇如甘油 0～5%；无机盐如硅酸盐、硼酸盐、碳酸盐中的至少一种 5%～30%；茶桔榨取汁、聚氨酯、乙醇中的至少一种 1%～1.5%；水 40%～60%。

[产品应用]　本品是一种混合型水基金属处理淬火剂，适用于渗碳钢、碳素钢和工具钢，也可用于有色金属的热处理，也可用于轴承钢、弹簧钢的淬火，同样适用于钢种有合金工具钢、高合金压铸钢。

[产品特性]　本产品可在-5～120℃的温度区间内工作，具有不沸腾、不挥发，不燃烧、无污染等优点，在马氏体区域（200～300℃）内冷却速度适宜，为 600～800℃/s，这是众多水基淬火剂所无法比拟的，同时还具有成本低廉、寿命较长的特点。

剑麻渣提取物淬火剂

[原料配比]

原　　料	配比（质量份）
剑麻渣提取物	8
壬二酸	0.015

原　料		配比（质量份）
斯盘-80		0.08
吐温-80		0.3
聚乙烯蜡		0.4
腐殖酸钠		0.8
碳酸氢钠		0.8
聚丙烯酸钠		0.15
三聚磷酸钠		1.5
苯甲酸钠		0.15
甘油		0.4
水		90
剑麻渣提取物	剑麻渣	10
	柠檬酸	1.5
	草酸	0.8
	十二烷基葡糖苷	1.5
	椰油酰胺丙基甜菜碱	0.8
	三乙醇胺	1.5
	水	18

制备方法

（1）按配比称取原料，先将壬二酸、腐殖酸钠、碳酸氢钠、聚丙烯酸钠、三聚磷酸钠和水共同加入反应釜中，60～80℃、400～600r/min搅拌0.5～1h，然后加入斯盘-80和吐温-80，800～1000r/min搅拌5～10min，最后加入聚乙烯蜡和苯甲酸钠，90～95℃、1200～1500r/min搅拌0.5～1h。

（2）向反应釜中缓慢加入剑麻渣提取物和甘油，先40～60℃、800～1000r/min搅拌10～15min，再于同样温度下200～400r/min搅拌1～2h，冷却后静置8～12h，过滤后即得。

原料配伍　本品各组分质量份配比范围为：剑麻渣提取物6～10，壬二酸0.01～0.02，斯盘-80 0.05～0.1，吐温-80 0.2～0.4，聚乙烯蜡0.3～0.5，腐殖酸钠0.5～1，碳酸氢钠0.5～1，聚丙烯酸钠0.1～0.2，三聚磷酸钠1～2，苯甲酸钠0.1～0.2，甘油0.3～0.5，水80～100。

其中剑麻渣提取物由下列质量份的原料制成：剑麻渣8～12，柠檬酸 1～2，草酸 0.5～1，十二烷基葡糖苷 1～2，椰油酰胺丙基甜菜碱 0.5～1，三乙醇胺 1～2，水 15～20。

剑麻渣提取物的制备方法是：将剑麻渣与三乙醇胺混合后共同研磨均匀，加入柠檬酸、草酸、纤维素酶和水，40～50℃、400～600r/min搅拌 2～4h，将温度调至 80～90℃后加入十二烷基葡糖苷和椰油酰胺丙基甜菜碱，同样转速下搅拌 1～2h，冷却后静置 1～2h 并过滤，即得本品。

产品应用 本品是一种剑麻渣提取物淬火剂。

对本淬火剂进行性能测试：以 40Cr 钢为试验材料，850℃加热，淬火后硬度≥55HRC，无淬火开裂，符合要求。

产品特性

（1）本产品以剑麻渣提取物为原料制得淬火剂，原材料来源广泛且天然无污染、制备工艺简单、环境相容性好，能有效改善产品的冷却性能，淬火均匀性好，避免淬火后工件开裂、变形，节约资源，变废为宝，具有较高的实用价值，符合环保减排的产业政策。

（2）有效消除烟雾和火灾隐患，改善工作环境和劳动条件，安全环保。

聚合物淬火液

原料配比

原料	配比（质量份）		
	1#	2#	3#
平均分子量为 16000～20000 的聚乙烯醇 $[-CH_2-CH(OH)-]_n$	100	100	100
苯甲酸钠	2	1.8	1.6
苯并三氮唑	1	0.89	0.83
乳化硅油	0.2	0.15	0.18
pH 值调节剂	pH 值为 3～5	pH 值为 3～5	pH 值为 3～5
水	加至 1000	加至 1000	加至 1000

制备方法 首先，用容器盛取自来水，向容器中加入平均分子量为16000～20000 的聚乙烯醇，搅拌使其均匀分散，然后加入苯甲酸钠并

搅拌，继续加入苯并三氮唑后搅拌，待加入乳化硅油并搅拌后，向得到的半成品淬火液中加入适量的水，至溶液质量为1000，并加入适量的 pH 值调节剂调节淬火液 pH 值为 3～5。

原料配伍　本品各组分质量份配比范围为：平均分子量为 16000～20000 的聚乙烯醇 100，苯甲酸钠 1.6～2，苯并三氮唑 0.83～1，乳化硅油 0.15～0.2，pH 值调节剂适量。

所述的 pH 值调节剂为三乙醇胺。

产品应用　本品是一种聚合物合成淬火液。

产品特性　该聚合物合成淬火液不仅具有优良的冷却能力和防锈能力，能够减少工件淬火后的变形，而且该聚合物合成淬火液环保无毒，不易老化，使用寿命较长，成本低廉。

可生物降解淬火剂

原料配比

原　料		配比（质量份）
天然提取物		8
富马酸		0.15
棕榈酸钾		0.15
碳酸氢钠		0.8
氯化钠		0.8
柠檬酸钠		1.5
蔗糖脂肪酸酯		0.8
半乳甘露聚糖		0.08
麦芽糊精		0.4
棉子油		0.4
紫苏油		0.4
水		90
天然提取物	鲜松针	4
	鲜海带	7
	玉米淀粉	1.5
	柠檬酸	3
	草酸	0.8

原　料		配比（质量份）
天然提取物	十二烷基葡糖苷	1.5
	甘露醇	1.5
	水	12

（制备方法）

（1）按配比称取原料，先将棕榈酸钾、碳酸氢钠、富马酸、氯化钠、柠檬酸钠和水共同加入反应釜中并溶解完全，然后加入蔗糖脂肪酸酯，80～90℃、800～1000r/min 搅拌 5～10min，最后加入棉子油和紫苏油，40～60℃、1200～1500r/min 搅拌 15～30min。

（2）向反应釜中缓慢加入天然提取物、半乳甘露聚糖和麦芽糊精，先 40～60℃、800～1000r/min 搅拌 10～15min，再于同样温度下 200～400r/min 搅拌 1～2h，冷却后静置 8～12h，过滤后即得。

（原料配伍）　本品各组分质量份配比范围为：天然提取物 6～10，富马酸 0.1～0.2，棕榈酸钾 0.1～0.2，碳酸氢钠 0.5～1，氯化钠 0.5～1，柠檬酸钠 1～2，蔗糖脂肪酸酯 0.5～1，半乳甘露聚糖 0.05～0.1，麦芽糊精 0.3～0.5，棉子油 0.3～0.5，紫苏油 0.3～0.5，水 80～100。

其中天然提取物由下列质量份的原料制成：鲜松针 3～5，鲜海带 6～8，玉米淀粉 1～2，柠檬酸 2～4，草酸 0.5～1，十二烷基葡糖苷 1～2，甘露醇 1～2，水 10～15。

天然提取物的制备方法是：将鲜松针和鲜海带清洗后共同研磨均匀，加入玉米淀粉、柠檬酸、草酸、水 40～50℃处理 12～18h，然后将温度调至 80～90℃，加入甘露醇和十二烷基葡糖苷，800～1000r/min 搅拌 2～4h，冷却后过滤，即得本品。

（产品应用）　本品是一种可生物降解淬火剂。

对本淬火剂进行性能测试：以 40Cr 钢为试验材料，850℃加热，淬火后硬度≥55HRC，无淬火开裂，符合要求。

（产品特性）

（1）本产品以松针和海带等的天然提取物为原料制得淬火剂，原材料来源广泛且天然无污染、制备工艺简单、环境相容性好，能有效改善产品的冷却性能，淬火均匀性好，避免淬火后工件开裂、变形；

防锈、防腐蚀、杀菌性能好，性能稳定，实用性强。

（2）有效消除烟雾和火灾隐患，改善工作环境和劳动条件，安全环保。

可生物降解水性淬火剂

原料配比

原　料	配比（质量份）	
	1#	2#
食用明胶	0.5	—
工业明胶	—	1
三乙醇胺	0.3	0.2
苯甲酸钠	0.04	0.03
消泡剂	0.01	0.04
杀菌剂	0.1	0.15
去离子水	加至 100	加至 100

制备方法

（1）向水中加入明胶、三乙醇胺和苯甲酸钠，搅拌。

（2）再向得到的混合物中加入消泡剂和杀菌剂，搅拌，得到产品。

原料配伍　本品各组分质量份配比范围为：明胶 0.1～2，三乙醇胺 0.1～0.5，苯甲酸钠 0.02～0.1，消泡剂 0.005～0.05，杀菌剂 0.05～0.2，水加至 100。

所述消泡剂为硅类消泡剂。消泡剂可防止淬火剂在使用过程中产生泡沫。

所述杀菌剂为 5-氯-2-甲基-4-异噻唑啉-3-酮。

所述水为去离子水。

本产品使用明胶作为增稠剂，明胶是一种水溶性蛋白质混合物，由动物皮肤、韧带、肌腱中的胶原经酸或碱部分水解或在水中煮沸而产生，广泛用于食品生产和制作黏合剂、感光底片、滤光片等。明胶采用动物原料制得，可生物降解，成本低并可再生。明胶可分为食品级明胶、工业明胶、照相明胶、药用明胶等，本产品可以使用以上任一种明胶或是几种明胶的混合物。明胶的质量百分比优选为 0.4%～1.2%。

三乙醇胺在淬火剂中可以起到防锈作用。

苯甲酸钠在淬火剂中用作防腐剂。

产品应用 本品是一种可生物降解水性淬火剂。

使用时，可以根据待处理的工件确定淬火剂中明胶的浓度。比如配制明胶浓度为 0.4%～0.6% 的淬火剂，该淬火剂优选对牌号为45#钢、有效厚度小于 20mm 的中小零件进行淬火；也可以对厚度在 100mm 以上的牌号为 40Mn2 钢零件进行调质处理；还可以对牌号为 40Cr、40Mn2、42CrMo 材质的工件进行表面中频加热淬火处理。

当明胶浓度为 0.8%～1.2% 时，可以对中小尺寸中高淬透性的牌号为 40Cr、35CrMo、42CrMo、65Mn、60Si2Mn、50CrV、GCrV15、9Cr2Mo、40CrMnMo、20CrMnTi 的工件进行整体淬火、渗碳淬火、碳氮共渗淬火、感应加热淬火等处理。

产品特性 本产品以明胶为增稠剂，明胶是一种水溶性蛋白质混合物，采用动物原料制得，可生物降解，成本低并可再生，因此可以节约不可再生的石油资源；进行淬火时，在 400℃ 以上的高温阶段冷却速度较大，因此可以使得到的工件晶粒细小，提高工件的性能，在 300℃ 附近的低温阶段冷却速度较慢，相当于快速淬火油，因此可以防止在工件内部形成较大的内应力，从而达到防止工件开裂和减小变形的目的，可以完全替代由聚醚增稠剂调制的水性淬火剂。本产品与市售水基 PAG（聚醚类）产品相比，冷却性能更加合理，高温冷却速度快，能提高工件性能，低温冷却速度缓慢，可防止工件开裂和变形；不燃，使用安全；可生物降解，不污染环境，原料可再生。

螺纹钢复配缓蚀淬火剂

原料配比

原　　料	配比（质量份）		
	1#	2#	3#
自来水	77.2	76.2	87.9
羧甲基纤维素钠	0.3	—	—

原　料	配比（质量份）		
	1#	2#	3#
聚丙烯酸钠	—	0.1	0.3
苯甲酸钠	0.5	0.5	0.5
三乙醇胺	0.5	1.5	0.5
碳酸钠	5	3	—
氢氧化钠	1.3	1.3	—
水玻璃	7	10	12

[制备方法] 将配比量的羧甲基纤维素钠、聚丙烯酸钠、苯甲酸钠、三乙醇胺、氢氧化钠、碳酸钠和水玻璃加入水中，搅拌溶解均匀即可。

[原料配伍] 本品各组分质量份配比范围为：羧甲基纤维素钠 0~1，聚丙烯酸钠 0~1，苯甲酸钠 0.1~1，三乙醇胺 0.1~2，氢氧化钠 0~5，碳酸钠 0~5，水玻璃 5~15，水 70~90。

所述复配缓蚀淬火剂的 pH 值为 10.0~14.0，黏度为 3.0~10.0mPa·s。

[产品应用] 本品主要用作螺纹钢复配缓蚀淬火剂。

使用方法：将未生锈螺纹钢加热至 100~200℃，迅速浸入本产品中淬火 1~2s，取出自然晾干即可。

[产品特性]

（1）本产品中羧甲基纤维素钠和/或聚丙烯酸钠的作用在于调节缓蚀淬火剂的黏度，控制螺纹钢的冷却速度，有利于钢筋表面钝化膜和吸附膜的生成；苯甲酸钠、三乙醇胺、水玻璃等的作用在于与钢筋反应生成钝化膜和吸附膜，提高金属的耐蚀性能；氢氧化钠和/或碳酸钠的作用在于调节缓蚀淬火剂的 pH 值在碱性范围内，从而有利于螺纹钢与缓蚀淬火剂中各组分进行适当的化学反应。

（2）将未生锈螺纹钢加热至 100~200℃后浸入本产品中淬火 1~2s，使螺纹钢与缓蚀淬火剂进行适当的化学反应，从而在螺纹钢表面生成致密的保护膜，即可减缓螺纹钢在大气中的腐蚀。

（3）本产品不含亚硝酸盐和铬酸盐，无 S、P 原子，绿色环保、价格低廉且可循环使用。

（4）本产品缓蚀效率高，可循环使用，克服了传统缓蚀剂污染环境和危害人体健康等缺点。除此之外，本产品对螺纹钢表面原有的氧化膜还具有一定的保护作用，进一步提高了螺纹钢的耐腐蚀性能。

螺纹钢缓释淬火剂

原料配比

原　料	配比（质量份）					
	1#	2#	3#	4#	5#	6#
硫酸钠	3	2	5	3	2	5
氢氧化钠	5	6	4	5	6	4
淀粉	1.5	2	1	1.5	2	1
碳酸氢钠	6	5	7	6	5	7
苯乙酸钠	7	8	6	7	8	6
明矾	6	8	5	6	8	5
碳酸钠	—	—	—	2	1	3
水	65	70	60	65	70	60

制备方法　将硫酸钠、氢氧化钠、淀粉、碳酸氢钠、苯乙酸钠、明矾、碳酸钠溶于水中，混合均匀。

原料配伍　本品各组分质量份配比范围为：硫酸钠 2~5，氢氧化钠 4~6，淀粉 1~2，碳酸氢钠 5~7，苯乙酸钠 6~8，碳酸钠 1~3，明矾 5~8，水 60~70。

所述的碳酸钠为工业级碳酸钠，其纯度不能小于 90%，所述的明矾为碱式硫酸铝钾。

产品应用　本品主要用作螺纹钢缓释淬火剂。

使用时，将加热至 500~600℃的螺纹钢放入本产品中淬火 3~4s，取出自然晾干即可。

产品特性　应用本产品能有效地防止、减缓螺纹钢在大气中的腐蚀。

铝合金淬火剂

原料配比

原　　料	配比（质量份）
N-甲基吡咯烷酮	0.8
氯化钠	4
月桂酸	0.8
月桂酰二乙醇胺	0.8
甘露醇	1.5
丙三醇	3
尿素	1.5
羧甲基纤维素钠	0.8
碳酸氢钠	0.8
木质素磺酸钠	0.4
水溶性羊毛脂	1.5
助剂	4
水	75
助剂 鲜猪骨粉	18
月桂酰肌氨酸钠	1.5
十二烷基葡糖苷	1.5
山梨醇酐单油酸酯	0.8
乙二胺四乙酸钠	1.5
葡萄糖酸钠	4
柠檬酸钠	3
甲基异噻唑啉酮	0.4
维生素 C 磷酸酯镁	0.8

制备方法

（1）将 N-甲基吡咯烷酮和月桂酰二乙醇胺加入 1/3～1/2 量的水

中，200～500r/min 搅拌 5～10min，再加入木质素磺酸钠、月桂酸和水溶性羊毛脂，40～50℃搅拌 15～30min，得 A 组分。

（2）将甘露醇、羧甲基纤维素钠和碳酸氢钠共同加入剩余的水中，60～80℃搅拌 20～40min，得 B 组分。

（3）将 B 组分加入反应釜中，并于 90～95℃条件下向反应釜中加入氯化钠和尿素搅拌直至完全溶解，再将温度降至 30～40℃，缓慢加入 A 组分，200～600r/min 搅拌 20～30min，最后加入其余原料混合均匀，过滤后即得。

原料配伍　本品各组分质量份配比范围为：N-甲基吡咯烷酮 0.5～1，氯化钠 3～5，月桂酸 0.5～1，月桂酰二乙醇胺 0.5～1，甘露醇 1～2，丙三醇 2～4，尿素 1～2，羧甲基纤维素钠 0.5～1，碳酸氢钠 0.5～1，木质素磺酸钠 0.3～0.5，水溶性羊毛脂 1～2，助剂 3～5，水 70～80。

其中助剂由下列质量份的原料制成：鲜猪骨粉 15～20，月桂酰肌氨酸钠 1～2，十二烷基葡糖苷 1～2，山梨醇酐单油酸酯 0.5～1，乙二胺四乙酸钠 1～2，葡萄糖酸钠 3～5，柠檬酸钠 2～4，甲基异噻唑啉酮 0.3～0.5，维生素 C 磷酸酯镁 0.5～1。

助剂的制备方法是：先按 1：（5～6）的固液质量比向鲜猪骨粉中加入 8%～10% 的醋酸溶液，再加入月桂酰肌氨酸钠、十二烷基葡糖苷和山梨醇酐单油酸酯，搅拌均匀并于 60～80℃保温 8～12h，将 pH 值调至 6～7 后过滤，再按 1：（8～10）的固液质量比向滤液中加入活性白土，40～60℃搅拌 4～8h，过滤后向滤液中加入其余原料，充分搅拌至溶解完全，即得。

产品应用　本品主要用作铝合金淬火剂。

使用本淬火剂对 LY12 铝合金材料进行淬火，淬火加热温度为 500℃，淬火后测量拉伸强度为 487MPa，无裂纹产生。

产品特性

（1）本产品通过配方与工艺的改进，使制得的淬火剂达到深度淬火要求，处理后的工件硬度高，拉伸性能良好，有效防止开裂，使用寿命长，适用于铝合金淬火；

（2）使用过程中无油烟、挥发少，能改善工作环境，同时安全环保。

绿色环保淬火剂

原　料	配比（质量份）
魔芋胶	1.5
黄原胶	1.5
马铃薯淀粉	4
柠檬酸	1.5
黄腐酸	0.08
山梨醇	0.8
辛酸/癸酸甘油三酯	0.4
椰油酰甘氨酸钠	0.8
聚丙烯酸钠	0.8
酒石酸钾钠	0.4
氯化钠	4
助剂	4
水	75

助剂	鲜猪骨粉	18
	月桂酰肌氨酸钠	1.5
	十二烷基葡糖苷	1.5
	山梨醇酐单油酸酯	0.8
	乙二胺四乙酸钠	1.5
	葡萄糖酸钠	4
	柠檬酸钠	3
	甲基异噻唑啉酮	0.4
	维生素 C 磷酸酯镁	0.8

制备方法

（1）将魔芋胶、黄原胶、柠檬酸和马铃薯淀粉共同加入 1/3～1/2
量的水中，60～80℃、400～600r/min 搅拌 1～2h，冷却后过滤，向滤
液中加入椰油酰甘氨酸钠，200～500r/min 搅拌 5～10min，再加入辛
酸/癸酸甘油三酯，50～60℃搅拌 15～30min，得 A 组分。

（2）将酒石酸钾钠和聚丙烯酸钠共同加入剩余的水中，60～80℃

搅拌 20～40min，得 B 组分。

（3）将 B 组分加入反应釜中，并于 90～95℃条件下向反应釜中加入氯化钠和黄腐酸搅拌直至完全溶解，再将温度降至 30～40℃，缓慢加入 A 组分，200～600r/min 搅拌 20～30min，最后加入其余原料混合均匀，过滤后即得。

〔原料配伍〕 本品各组分质量份配比范围为：魔芋胶 1～2，黄原胶 1～2，马铃薯淀粉 3～5，柠檬酸 1～2，黄腐酸 0.05～0.1，山梨醇 0.5～1，辛酸/癸酸甘油三酯 0.3～0.5，椰油酰甘氨酸钠 0.5～1，聚丙烯酸钠 0.5～1，酒石酸钾钠 0.3～0.5，氯化钠 3～5，助剂 3～5，水 70～80。

其中助剂由下列质量份的原料制成：鲜猪骨粉 15～20，月桂酰肌氨酸钠 1～2，十二烷基葡糖苷 1～2，山梨醇酐单油酸酯 0.5～1，乙二胺四乙酸钠 1～2，葡萄糖酸钠 3～5，柠檬酸钠 2～4，甲基异噻唑啉酮 0.3～0.5，维生素 C 磷酸酯镁 0.5～1。

助剂的制备方法是：先按 1∶（5～6）的固液质量比向鲜猪骨粉中加入 8%～10%的醋酸溶液，再加入月桂酰肌氨酸钠、十二烷基葡糖苷和山梨醇酐单油酸酯，搅拌均匀并于 60～80℃保温 8～12h，将 pH值调至 6～7 后过滤，再按 1∶（8～10）的固液质量比向滤液中加入活性白土，40～60℃搅拌 4～8h，过滤后向滤液中加入其余原料，充分搅拌至溶解完全，即得。

〔产品应用〕 本品是一种绿色环保淬火剂。

使用本淬火剂对 42CrMo 钢进行淬火，淬火加热温度为 850℃，淬火后测量硬度为 HRC55，无开裂现象。

〔产品特性〕 本产品冷却性能好，能有效减少工件的淬火变形，避免淬裂；性质稳定、无异味、带出量小、不易变质，且无毒无害，绿色环保，节能减排，符合环保产业政策的要求。

模具钢用淬火剂

〔原料配比〕

原　料	配比（质量份）
钼酸钠	3
氯化钠	4

原　　料	配比（质量份）
硅酸钠	0.4
磷酸氢二钠	0.15
辛基酚聚氧乙烯醚	0.8
亚甲基二萘磺酸钠	0.4
羟丙基瓜尔胶	1.5
羧甲基淀粉钠	0.8
草酸	0.8
聚马来酸酐	0.15
助剂	4
水	75

	鲜猪骨粉	18
	月桂酰肌氨酸钠	1.5
	十二烷基葡糖苷	1.5
	山梨醇酐单油酸酯	0.8
助剂	乙二胺四乙酸钠	1.5
	葡萄糖酸钠	4
	柠檬酸钠	3
	甲基异噻唑啉酮	0.4
	维生素C磷酸酯镁	0.8

【制备方法】

（1）将辛基酚聚氧乙烯醚加入 1/3～1/2 量的水中，200～500r/min搅拌 5～10min，再加入亚甲基二萘磺酸钠、羟丙基瓜尔胶和羧甲基淀粉钠 50～60℃搅拌 15～30min，得 A 组分。

（2）将聚马来酸酐、草酸和磷酸氢二钠共同加入剩余的水中，60～80℃搅拌 20～40min，得 B 组分。

（3）将 B 组分加入反应釜中，并于 90～95℃条件下向反应釜中加入氯化钠、钼酸钠和硅酸钠搅拌直至完全溶解，再将温度降至 30～40℃，缓慢加入 A 组分，200～600r/min 搅拌 20～30min，最后加入其余原料混合均匀，过滤后即得。

【原料配伍】　本品各组分质量份配比范围为：钼酸钠 2～4，氯化钠 3～5，硅酸钠 0.3～0.5，磷酸氢二钠 0.1～0.2，辛基酚聚氧乙烯醚 0.5～1，亚甲基二萘磺酸钠 0.3～0.5，羟丙基瓜尔胶 1～2，羧甲基淀粉钠 0.5～1，草酸 0.5～1，聚马来酸酐 0.1～0.2，助剂 3～5，水 70～80。

其中助剂由下列质量份的原料制成：鲜猪骨粉 15～20，月桂酰肌氨酸钠 1～2，十二烷基葡糖苷 1～2，山梨醇酐单油酸酯 0.5～1，乙二胺四乙酸钠 1～2，葡萄糖酸钠 3～5，柠檬酸钠 2～4，甲基异噻唑啉酮 0.3～0.5，维生素 C 磷酸酯镁 0.5～1。

助剂的制备方法是：先按 1∶（5～6）的固液质量比向鲜猪骨粉中加入 8%～10%的醋酸溶液，再加入月桂酰肌氨酸钠、十二烷基葡糖苷和山梨醇酐单油酸酯，搅拌均匀并于 60～80℃保温 8～12h，将 pH 值调至 6～7 后过滤，再按 1∶（8～10）的固液质量比向滤液中加入活性白土，40～60℃搅拌 4～8h，过滤后向滤液中加入其余原料，充分搅拌至溶解完全，即得。

产品应用 本品主要用作模具钢用淬火剂。

使用本淬火剂对 35CrMo 模具钢进行淬火，淬火加热温度为 850℃，淬火后测量硬度为 HRC56，无开裂现象。

产品特性

(1) 本产品具有良好的热处理工艺性能，淬透性高，热处理变形小，工件具有高硬度和高耐磨性，适用于模具钢的淬火处理。

(2) 使用过程中无油烟、挥发少，能改善工作环境，同时安全环保。

魔芋提取物淬火剂

原料配比

原　料	配比（质量份）
魔芋提取物	8
聚乙二醇	1.5
辛烯基琥珀酸淀粉钠	0.4
乙二胺四乙酸二钠	0.4
葡萄糖酸钠	0.8
碳酸氢钠	0.8
油酸酰胺	0.015

原　　料		配比（质量份）
硫酸锌		0.4
聚天冬氨酸		0.015
苯甲酸钠		0.15
水		90
魔芋提取物	鲜魔芋	7
	柠檬酸	1.5
	硼酸	1.5
	十二烷基葡糖苷	1.5
	椰油酰胺丙基甜菜碱	0.8
	三乙醇胺	1.5
	水	18

制备方法

（1）按配比称取原料，先将乙二胺四乙酸二钠、葡萄糖酸钠、碳酸氢钠和水共同加入反应釜中并溶解完全，然后加入辛烯基琥珀酸淀粉钠和聚乙二醇，800～1000r/min 搅拌 10～15min，再加入油酸酰胺、硫酸锌和苯甲酸钠，80～90℃、400～600r/min 搅拌 20～30min。

（2）向反应釜中缓慢加入魔芋提取物和聚天冬氨酸，先 40～60℃、800～1000r/min 搅拌 10～15min，再于同样温度下 200～400r/min 搅拌1～2h，冷却后静置 8～12h，过滤后即得。

原料配伍　本品各组分质量份配比范围为：魔芋提取物 6～10，聚乙二醇 1～2，辛烯基琥珀酸淀粉钠 0.3～0.5，乙二胺四乙酸二钠 0.3～0.5，葡萄糖酸钠 0.5～1，碳酸氢钠 0.5～1，油酸酰胺 0.01～0.02，硫酸锌 0.3～0.5，聚天冬氨酸 0.01～0.02，苯甲酸钠 0.1～0.2，水 80～100。

其中魔芋提取物由下列质量份的原料制成：鲜魔芋 6～8，柠檬酸 1～2，硼酸 1～2，十二烷基葡糖苷 1～2，椰油酰胺丙基甜菜碱 0.5～1，三乙醇胺 1～2，水 15～20。

魔芋提取物的制备方法是：将鲜魔芋经过清洗、切片、干燥、粉碎等预处理步骤后得到的魔芋粗粉与三乙醇胺混合后研磨均匀，加入柠檬酸、硼酸和水后 85～95℃处理 2～4h，将温度调至 50～60℃，再加入十二烷基葡糖苷和椰油酰胺丙基甜菜碱 600～800r/min 搅拌 1～

2h，冷却后过滤，即得。

(产品应用) 本品是一种魔芋提取物淬火剂。

对本淬火剂进行性能测试：以 40Cr 钢为试验材料，850℃加热，淬火后硬度≥55HRC，无淬火开裂，符合要求。

(产品特性)

（1）本产品以魔芋提取物为主要原料，冷却性能好，能有效减少工件的淬火变形，避免工件开裂和产生软点，加工后工件的硬度高、淬硬层深；具有防锈、防腐蚀、杀菌的功效，同时污染排放少、环境相容性好，符合环保减排的产业政策；

（2）有效消除烟雾和火灾隐患，改善工作环境和劳动条件，淬火过程清洁、安全、环保。

耐磨材料工件淬火剂

(原料配比)

原料	配比（质量份）				
	1#	2#	3#	4#	5#
氢氧化钠	12	6	10	9	7
氯化锌	8	6	7	6	8
磺化蓖麻油	0.03	0.01	0.02	0.01	0.03
聚酰胺聚乙二醇	5	1	4	2	3
丙烯酸	5	2	4	3	5
丙烯酸酯	10	5	9	6	7
硅类消泡剂	0.05	0.01	0.04	0.02	0.03
苯甲酸钠	0.4	0.1	0.3	0.4	0.2
防锈剂	0.1	0.5	0.2	0.3	0.4
润滑剂	0.1	0.5	0.2	0.3	0.4
杀菌剂	0.1	0.5	0.2	0.3	0.4
水	加至 100	加至 100	加至 100	加至 100	加至 100

(制备方法) 先将氢氧化钠配制成水溶液，在不断搅拌下加入氯化锌，控制液体温度不超过 40℃，然后加入丙烯酸和丙烯酸酯，水浴加热至 45～50℃，反应 1.5～2h，依次加入磺化蓖麻油、聚酰胺聚乙二醇和

添加剂，并不断搅拌，搅拌均匀即可。

[原料配伍] 本品各组分质量份配比范围为：氢氧化钠 6～12，氯化锌 6～8，磺化蓖麻油 0.01～0.03，聚酰胺聚乙二醇 1～5，丙烯酸 2～5，丙烯酸酯 5～10，添加剂 0.1～2，水加至 100。

所述添加剂包括消泡剂 0.01～0.05，防腐剂 0.1～0.4，防锈剂 0.1～0.5，润滑剂 0.1～0.5，杀菌剂 0.1～0.5。

所述消泡剂为硅类消泡剂。

所述防腐剂为苯甲酸钠。

[产品应用] 本品是一种耐磨材料工件淬火剂。

[产品特性] 本产品配方合理，淬火件可达到较高硬度，而且硬度均匀，可用于直接淬火、锻造余热淬火和感应喷射淬火，特别适用于大工件的淬火；本产品中的氢氧化钠可以与淬火件表面的氧化皮相互作用，产生氢气，使氧化皮迅速剥落，使淬火件表面呈现光亮的银白色；氯化锌与氢氧化钠反应生成强氧化锌，高温区冷却速度比水快，低温区冷却速度比水慢，淬火件变形小，不易开裂，表面光亮。

汽车转向节淬火剂

[原料配比]

原　　料	配比（质量份）		
	1#	2#	3#
聚乙烯醇	0.2	0.1	0.25
聚丙烯酸盐	0.05	0.07	0.08
过硫酸铵	0.05	0.03	0.07
水	加至 100	加至 100	加至 100

[制备方法] 将上述原料经加热聚合、冷却后即得本产品的原液。

[原料配伍] 本品各组分质量份配比范围为：聚乙烯醇 0.1～0.5，聚丙烯酸盐 0.01～0.1，过硫酸铵 0.01～0.1，水加至 100。

[产品应用] 本品主要用于汽车转向节淬火热处理。

淬火方法根据转向节大小、形状复杂程度以及材料淬透性，将上述原液稀释成不同百分比浓度的冷却液，分别用于转向节单相淬火或分级淬火或双液淬火工艺过程。该淬火剂适用于 Φ<70mm 的汽车转向

节淬火，具有在高温区冷却快、低温区冷却慢的特点，对 R 角和截面过渡区在淬火时裂纹敏感度小、无油烟、不燃烧、无火灾危险、无腐蚀作用、淬硬层深、硬度均匀、介质不易老化、寿命（使用期）长。配制特定浓度的冷却液时，在淬火剂原液中加水，用折光仪测出折光度，然后换算成准确的百分比浓度。

汽车转向节淬火时，先将转向节加热到奥氏体状态，然后按照转向节大小、形状及材料淬透性，选择单相淬火、分级淬火或双液淬火，并根据不同型号转向节的截面厚度不均匀性及孔壁的厚度分别选用不同百分比浓度的冷却液。

（1）对形状较简单、截面厚薄过渡较平缓、轴颈有效厚度约 40mm 的转向节实施单液淬火，淬火剂浓度控制在 0.28%～0.32%（原液的质量百分比），单液淬火时间约为 10min，直至工件与淬火剂同温，淬火过程中通过循环冷却控制淬火剂温度低于 50℃。

（2）对形状较复杂、截面厚薄过渡较陡、轴颈有效厚度约 55mm、孔壁交汇处壁厚约 10mm 的转向节实施分级淬火，淬火剂浓度控制在 0.23%～0.27%（原液的质量分数），工件内部传到表面的温度在 300℃时出液，然后在空气中冷却。

（3）对形状复杂、截面厚薄急剧过渡、R 角较小、轴颈有效厚度约 70mm、孔壁交汇处壁厚约 6mm 的转向节实施双液淬火，淬火剂浓度可控制在 0.18%～0.22%（原液的质量分数），工件内部传到表面的温度在 300℃时出液，然后在油中冷却。

产品特性　采用本产品进行热处理的汽车转向节，疲劳寿命为 54.2 万～79.8 万次，大大高于标准《汽车转向节技术条件》中 30 万次的寿命要求。与同类产品相比，其疲劳使用寿命更长。

适于对钻井工具进行调质的淬火液

原料配比

原　料	配比（质量份）		
	1#	2#	3#
水	78	75	80
碳酸钠	17	15	10

原　料	配比（质量份）		
	1#	2#	3#
氯化钠	8	5	5
氯化钾	7	5	5

制备方法 将各组分原料混合均匀即可。

原料配伍 本品各组分质量份配比范围为：水 75～80，碳酸钠 15～20，氯化钠 5～10，氯化钾 5～10。

产品应用 本品主要用作对钻井工具进行调质的淬火液。

产品特性 本产品具有无毒、腐蚀性小、造价低、不老化失效、适于对 40CrMnMo 材质钻井工具进行调质淬火的优点。

水产下脚料制备的淬火剂

原料配比

原　料		配比（质量份）
水产下脚料提取物		8
肉豆蔻酸		0.15
棉子油		0.4
碳酸氢钠		0.8
油酸钠		0.15
石油磺酸钠		0.8
苯乙烯磺酸钠		0.2
苯甲酸钠		0.3
尿素		1.5
木糖醇		0.8
苯并三氮唑		0.015
水		90
水产下脚料提取物	鱼皮	5
	鱼骨	7
	生姜粉	3
	柠檬酸	4
	三乙醇胺	1.5
	十二烷基葡糖苷	1.5

原　　料		配比（质量份）
水产下脚料提取物	椰油酰胺丙基甜菜碱	0.8
	水	18

制备方法

（1）按质量称取原料，先将肉豆蔻酸、碳酸氢钠、油酸钠、尿素和水共同加入反应釜中，60~80℃、400~600r/min 搅拌 0.5~1h，然后加入石油磺酸钠、苯乙烯磺酸钠和棉子油，800~1000r/min 搅拌 10~15min，最后加入苯甲酸钠和苯并三氮唑，80~90℃、400~600r/min 搅拌 20~30min。

（2）向反应釜中缓慢加入水产下脚料提取物和木糖醇，先 40~60℃、800~1000r/min 搅拌 10~15min，再于同样温度下 200~400r/min 搅拌 1~2h，冷却后静置 8~12h，过滤后即得。

原料配伍　本品各组分质量份配比范围为：水产下脚料提取物 6~10，肉豆蔻酸 0.1~0.2，棉子油 0.3~0.5，碳酸氢钠 0.5~1，油酸钠 0.1~0.3，石油磺酸钠 0.5~1，苯乙烯磺酸钠 0.1~0.3，苯甲酸钠 0.2~0.4，尿素 1~2，木糖醇 0.5~1，苯并三氮唑 0.01~0.02，水 80~100。

其中水产下脚料提取物由下列质量份的原料制成：鱼皮 4~6，鱼骨 6~8，生姜粉 2~4，柠檬酸 3~5，三乙醇胺 1~2，十二烷基葡糖苷 1~2，椰油酰胺丙基甜菜碱 0.5~1，水 15~20。

水产下脚料提取物的制备方法是：将鱼皮和鱼骨洗净后与生姜粉混合，-20~-10℃处理 12~24h 后加入三乙醇胺并研磨均匀，加入柠檬酸和水，80~90℃、300~600r/min 搅拌 2~4h，再将温度调至 50~60℃，加入十二烷基葡糖苷和椰油酰胺丙基甜菜碱，600~800r/min 搅拌 2~4h，再按 1:（6~8）的固液比加入活性白土，同样条件下搅拌 0.5~1h，过滤后即得。

产品应用　本品是一种水产下脚料制备的淬火剂。

对本淬火剂进行性能测试：以 40Cr 钢为试验材料，850℃加热，淬火后硬度≥55HRC，无淬火开裂，符合要求。

产品特性

（1）本产品以水产下脚料为原料制得淬火剂，原材料来源广泛且天然无污染、制备工艺简单、环境相容性好，能有效改善产品的冷却性能，淬火均匀性好，避免淬火后工件开裂、变形，节约资源，变废为宝，具有较高的实用价值，符合环保减排的产业政策。

（2）有效消除烟雾和火灾隐患，改善工作环境和劳动条件，安全环保。

水溶性淬火剂（1）

原料配比

原　料	配比（质量份）
亚硝酸钠	2
硝酸钠	2
碱	1.2
皂洁粉	1
洗衣粉	1
水	加至100

制备方法　配制时，将上述各原料按配比计量并放入容器内，待各原料完全溶解并充分混合后即得本产品。

原料配伍　本品各组分质量份配比范围为：亚硝酸钠1.5～3，硝酸钠1.5～3，碱0.8～2，皂洁粉0.8～2，洗衣粉0.8～2，水加至100。

所述的碱选用烧碱、纯碱、片碱或液碱中的一种，能起中和酸及润滑保护工件的作用。

所述亚硝酸钠和硝酸钠主要起防锈和快速冷却的作用，即能防止工件表面氧化和脱碳。在600～800℃温度下使工件快速冷却，快速完成淬火、渗碳工作并使工件达到所需的硬度。

所述的皂洁粉和洗衣粉能起润滑保护工件的作用及缓慢冷却作用，即当工件达400℃温度时能阻碍工件冷却，降低工件冷却速度，使工件不开裂。

产品应用　本品是一种水溶性淬火剂。用作渗碳淬火炉的水溶性淬火剂。能用于低碳钢渗碳，高、中碳钢淬火。特别适用于对碳钢、合金钢、工具钢和模具钢的处理。

产品特性　本产品冷却速度快，渗碳、淬火效果好，淬火工件无裂纹，使用成本低。

水溶性淬火剂（2）

原料	配比（质量份）			
	1#	2#	3#	4#
氯化钠	6	5	8	8
工业硅酸钠	16	15	18	15
硝酸钾	7	6	8	7
淀粉	1	1	2	2
水	加至 100	加至 100	加至 100	加至 100

制备方法 将各组分原料混合均匀即可。

原料配伍 本品各组分质量份配比范围为：氯化钠 5～8，工业硅酸钠 15～18，硝酸钾 6～8，淀粉 1～2，水加至 100。

产品应用 本品是一种水溶性淬火剂。

水溶性淬火剂在低碳钢淬火中的应用：将低碳钢加热至 700～750℃后浸入本产品中进行淬火，淬火时间为 5～10s。

产品特性 本产品既能满足材料的淬透性又能控制材料的淬透性而使材料不产生裂纹。

水溶性淬火剂（3）

原料配比

原料	配比（质量份）					
	1#	2#	3#	4#	5#	6#
淀粉	5	25	25	20	5	25
氢氧化钠	0.5	2.5	300	240	0.5	300
氯化钠	—	—	—	—	—	—
硼酸	5	—	—	—	—	—
苯酚	—	5	—	—	—	0.5
甲醛	—	—	5	5	—	—
水	加至 1000	加至 1000	加至 1000	加至 1000	加至 1000	加至 1000

（1）将淀粉在不断搅拌的情况下加入到 20～70℃的水中，配成淀粉浓度为 100～150g/L 的溶液 A。

（2）将氢氧化钠溶解在水中配成氢氧化钠含量为 200～500g/L 的溶液 B。

（3）在不断搅拌的情况下将溶液 B 缓慢加入到溶液 A 中使淀粉糊化，通过改变溶液 A 和溶液 B 的相对量使氢氧化钠∶淀粉＝（0.1～12）∶1，加入适量水使淀粉含量为 5～25g/L，即得到本产品。

或将氢氧化钠和淀粉按 0.1～12∶1 的比例混合均匀，配成固体混合物，将混合物放在容器内，在不断搅拌的情况下加入固体总量 1～5 倍、20～70℃的水，等搅拌均匀后再加水稀释，使淀粉含量为 5～25g/L。

当氢氧化钠∶淀粉＞0.5∶1 并且用氯化钠代替部分氢氧化钠时，将氯化钠溶解在水中配成氯化钠含量为 20%～30%的溶液 C；在不断搅拌情况下将溶液 B 缓慢加入到溶液 A 中使淀粉糊化，通过改变 A 溶液和 B 溶液的相对量使氢氧化钠∶淀粉≥0.5∶1，加入适量 C 溶液和水使淀粉含量为 5～25g/L，（氢氧化钠+氯化钠）∶淀粉＝（0.5～12）∶1，即得到本产品。

原料配伍 本品各组分质量份配比范围为：淀粉含量为 5～25，氢氧化钠与淀粉的质量比为（0.1～12）∶1。

当氢氧化钠∶淀粉≥0.5∶1 时，可以用氯化钠代替部分氢氧化钠，形成淀粉、氢氧化钠和氯化钠的水溶液。

所述水溶性淬火剂加入有防腐添加剂。

所述防腐添加剂是硼酸、苯酚、甲醛中的一种或两种或三种。

所述防腐添加剂的加入量小于或等于淬火剂质量的 5‰。

氢氧化钠和淀粉按比例混合均匀配成固体混合物或氢氧化钠、淀粉、氯化钠按比例混合均匀配成固体混合物的同时可加入所需的少量固体防腐剂。

淀粉下在水中的溶解度很小，加入氢氧化钠能使淀粉糊化，提高溶解度。糊化后的淀粉能增大水溶液的黏度，扩大蒸汽膜温度范围，降低特性温度，能够降低从高温到低温（室温）的冷却速度。在其他成分不变的情况下，随淀粉浓度增大，冷却速度减小。

氢氧化钠具有破坏蒸汽膜的作用，可提高特性温度，从而提高高温区冷却速度，对低温区（400℃以下）冷却速度影响不大。

增加淀粉浓度则特性温度降低，而增加氢氧化钠浓度则特性温度提高，因此，通过改变淀粉和氢氧化钠浓度可以将特性温度调节到需要的温度。

随淀粉浓度提高，低温区冷却速度减小，特性温度降低，可通过提高氢氧化钠浓度提高特性温度和最大冷却速度，所以，高浓度淀粉和氢氧化钠与淀粉的高比值可以在保持高的高温冷却速度的同时降低低温区冷却速度。

在保持氢氧化钠与淀粉比值一定的情况下，随溶液中淀粉浓度的提高，特性温度降低，最大冷却速度和 300℃冷却速度同时降低。在保持淀粉浓度不变情况下，氢氧化钠与淀粉比值越大，特性温度越高，最大冷却速度越快，而 300℃冷却速度变化不大。

氯化钠对特性温度、最大冷却速度和 300℃冷却速度的影响规律与氢氧化钠相同。氯化钠不具有使淀粉糊化的作用，所以不能完全取代氢氧化钠。高浓度氢氧化钠对人的皮肤有害，用氯化钠代替部分氢氧化钠能降低这种伤害并能降低成本。

〔产品应用〕 本品是一种水溶性淬火剂。

〔产品特性〕 本产品为有机物和无机物的混合水溶液。通过浓度变化，可以在很宽范围内调节冷却速度，获得比水的冷却速度快和比油的冷却速度慢的冷却特性。克服了油的价格高、易燃烧和对环境污染严重的弊端，也克服了无机物水溶液高温冷却速度难以降低的弊端。淀粉从玉米、大米、马铃薯等农作物中提取，是一种绿色生物产品，来源广，价格低。氯化钠和氢氧化钠来源广，资源丰富，价格低，对环境污染非常小。

水溶性淬火剂（4）

〔原料配比〕

原　　料	配比（质量份）		
	1#	2#	3#
聚亚烷基二醇	20	70	45

原 料	配比（质量份）		
	1#	2#	3#
苯甲酸钠	10	8	9
三乙醇胺	10	1	5
水	加至100	加至100	加至100

(制备方法) 将各组分原料混合均匀即可。

(原料配伍) 本品各组分质量份配比范围为：聚亚烷基二醇20～70，苯甲酸钠8～10，pH值调节剂0.1～10，水加至100。

所述pH值调节剂为三乙醇胺。

(产品应用) 本品主要用于碳钢和合金钢零件的淬火冷却。

(产品特性) 本产品的冷却速度介于油和水之间，它解决了水在中温冷却阶段冷却速度慢，会在工件表面形成"软点"，而在低温冷却阶段冷却较快，使工件易变形甚至开裂的问题。

水溶性淬火剂（5）

(原料配比)

原料	配比（质量份）					
	1#	2#	3#	4#	5#	6#
醋酸钠	10	9	11	10	9	11
硫酸钠	1.5	1	2	1.5	1	2
醋酸	12	15	10	12	15	10
碳酸钾	—	—	—	5	6	4
葡萄糖	12	10	15	12	10	15
起泡剂	4	4.5	5	4	4.5	5
稳定剂	2.5	2	3	2.5	2	3
水	100	100	100	100	100	100

(制备方法) 先将醋酸钠、醋酸和起泡剂混合均匀，再加入其余组分混合均匀即可。

(原料配伍) 本品各组分质量份配比范围为：醋酸钠9～11，硫酸钠1～2，醋酸10～15，葡萄糖10～15，起泡剂4～5，稳定剂2～3，水100。

所述水性淬火剂还包括4～6质量份的碳酸钾。

本品是一种水性淬火剂。

本产品成本低，不易发生火灾，无污染，可直接使用，不需要再临时配制。

水溶性聚醚类淬火剂

原料配比

原 料	配比（质量份）			
	1#	2#	3#	4#
水溶性聚醚	3	5	8	12
乙二醇	1	1.7	2.7	4
癸二酸	0.53	1.12	1.42	2.13
硝酸钠	0.53	1.12	1.42	2.13
氯化钠	1.06	2.25	2.84	4.26
防锈剂 F731	1	0.5	—	
防腐剂亚硝酸钠	1	—	0.5	
水	加至100	加至100	加至100	加至100

制备方法 将各组分原料混合均匀即可。

原料配伍 本品各组分质量份配比范围为：水溶性聚醚 3～12，乙二醇 1～4，癸二酸 0.5～3，硝酸钠 0.5～3，氯化钠 1～5，防锈剂 0～1，防腐剂 0～1，水加至 100。

所述的水溶性聚醚是乙二醇正丙醚。

所述的防腐剂是亚硝酸钠。

所述的防锈剂是商品牌号为 F731 的防腐剂。

产品应用 本品是一种水溶性聚醚类淬火剂。

产品特性

（1）本产品中的水溶性聚醚在淬火时在高温区析出，能在工件表面起浸润作用，促使蒸汽膜被较快破坏。当水溶性聚醚的浓度较大时，在淬火过程中能在工件表面形成沉积膜，起着隔热层的作用，使冷却速度下降。水溶性聚醚的浓度越大则沉积膜的厚度越大，沉积膜越厚，冷却过程中第二冷却阶段开始温度越低，持续时间越长。因此，淬火剂的浓度和最大冷速、最大冷速温度、特性温度成反比，和特性时间成正比，故本产品的冷却速度可以通过调整水溶性聚醚的浓度实现有效调节。沉积膜的存在使散热比较均匀，从而可消除工件的软点，并减小工件的内应力，防止工件变形。

（2）本产品能用于通过热加工手段获得的合金结构钢和碳素工具钢零件的可控淬火或二次加热时的可控淬火，还可用于传统淬火过程中代替水或油对马氏体淬火。本产品原料来源广泛，价格低廉，经济实用，无毒、无污染，不易老化，不燃烧，在马氏体区域内冷却速度适宜。

提高 50CrVA 弹簧钢淬透厚度的淬火液

原料配比

原　料	配比（质量份）		
	1#	2#	3#
氯化钠	1	1.5	1.2
氢氧化钾	1	1.5	1.3
咪唑啉油盐酸	0.5	1.5	1.1
苯甲酸钠	0.05	0.1	0.09
三乙醇胺	0.1	0.1	0.09
太古油	0.1	0.15	0.11
聚烷撑乙二醇	加至 100	加至 100	加至 100

制备方法 将各组分原料混合均匀即可。

原料配伍 本品各组分质量份配比范围为：氯化钠 1～1.5，氢氧化钾 1～1.5，咪唑啉油盐酸 0.5～1.5，苯甲酸钠 0.05～0.1，三乙醇胺 0.05～0.1，太古油 0.1～0.15，聚烷撑乙二醇加至 100。

产品应用 本品是一种提高 50CrVA 弹簧钢淬透厚度的淬火液。

淬火工艺：将 50CrVA 弹簧钢加热到 900℃±10℃，淬火加热保温时间为 10～30min，将 50CrVA 弹簧钢放入淬火液中，经过蒸汽膜阶段、沸腾阶段和对流阶段后完成淬火，其中蒸汽膜爆裂时间为 4～10s；然后按 480℃±5℃，保温 120min，水冷回火。

产品特性

（1）本产品是一种由液态的有机聚合物和腐蚀抑制剂组成的水溶性溶液。有机聚合物完全溶于水，形成清亮、均质的溶液。通过使用本产品及所述淬火工艺得到的 50CrVA 弹簧钢，淬透厚度达 25mm，淬火硬度不小于 54HRC，马氏体组织≥90%（面积百分比），极大地提高了产品质量。

（2）本产品的淬火工艺将 50CrVA 弹簧钢的淬透厚度从 16mm 提高到 25mm，与常规热处理相比，淬透厚度提高 56%，避免了大量合金资源的消耗。

（3）以有机聚合物水溶性淬火液代替快速油或柴油淬火，节约了快速油或柴油，不仅降低了生产成本，而且保护了生产环境，节约了自然资源。

（4）本产品在实际操作时，生产安全，消除了火灾隐患，操作时无烟雾、无毒，无环境污染，节能降耗。

铁基耐磨材料工件淬火剂

原料配比

原　　料	配比（质量份）		
	1#	2#	3#
丙烯酰胺	5.0	7.5	9.5
丙烯酸	1.0	2.25	3.5
氢氧化钠	4.0	7.0	10.0
过硫酸钾	0.1	0.2	0.3
亚硫酸氢钠	0.1	0.2	0.3
甲基纤维素	1.5	2.25	3.0
淀粉磷酸酯	0.5	1.0	1.5
水解聚马来酸酐	0.5	0.85	1.2
苯甲酸钠	0.1	0.45	0.8
水	加至 100	加至 100	加至 100

制备方法　　先将氢氧化钠配制成溶液，将其缓慢加入丙烯酰胺和丙烯酸混合液中进行反应，反应过程会不断产生热量，所以在加入过程中要不断搅拌，使产生的热量及时散出，控制液体温度不超过 35℃。反应完成后将溶液置于反应釜内加热至 50～55℃，温度稳定后，同时加入过硫酸钾和亚硫酸氢钠，经过 6～8h 聚合反应，关闭加热电源，溶液冷凝至室温后，按顺序加入甲基纤维素、淀粉磷酸酯、水解聚马来酸酐、苯甲酸钠和剩余的水，再搅拌均匀，即得到本产品原液。在升

温、聚合、冷凝、混合整个制备过程中，液体要始终处于被搅拌状态。

原料配伍 本品各组分质量份配比范围为：丙烯酰胺 5.0～9.5，丙烯酸 1.0～3.5，氢氧化钠 4.0～10.0，过硫酸钾 0.1～0.3，亚硫酸氢钠 0.1～0.3，甲基纤维素 1.5～3.0，淀粉磷酸酯 0.5～1.5，水解聚马来酸酐 0.5～1.2，苯甲酸钠 0.1～0.8，水加至 100。

所述的丙烯酰胺为纯度为 50.0%的液体丙烯酰胺，用作聚合单体。

所述的丙烯酸是纯度为 99.0%的液体丙烯酸，用作聚合单体。

所述的氢氧化钠为含量≥95%的片状固体，用于中和反应和调节溶液 pH 值。

所述的亚硫酸氢钠为含量≥99.55%的固体粉末，用作氧化剂。

所述的过硫酸钾为含量≥99.55%的固体粉状，用作还原剂。

所述的甲基纤维素为相对分子质量为 10 万～15 万的固体粉末，用于调节液体低温流动性。

所述的淀粉磷酸酯为固体粉末，用于调节液体流动性。

所述的水解聚马来酸酐是相对分子质量为 1000～1500，固含量≥50%的液体，用于调节液体流动性。

所述的苯甲酸钠为含量≥99.55%的固体粉末，用作防腐剂和防锈剂。

所述的水为去离子水。

产品应用 本品主要用作铁基耐磨材料工件淬火剂。可用作耐磨钢、普通白口铸铁、铬系白口铸铁、镍系白口铸铁、球墨铸铁、蠕墨铸铁和灰口铸铁等常用铁基耐磨材料工件的热处理淬火介质，以获得期望的性能。

使用方法：淬火剂使用之前须根据铁基耐磨材料工件的成分、大小以及材料淬透性，将淬火剂原液用水稀释成一定百分比浓度的溶液，较佳稀释浓度为 8.0%～16.0%，将稀释溶液温度控制在 10～60℃；根据热处理工艺要求将耐磨材料工件加热至奥氏体化温度 860～1000℃，达到保温时间后，将工件直接浸入稀释溶液中进行冷却，也可根据热处理工艺要求进行单相淬火或分级淬火或双液淬火，或代替耐磨材料工件的正火或风冷或喷雾冷。

产品特性
（1）本产品的工作原理：本产品为水溶性高分子黏稠状液体，将高温耐磨材料工件浸入溶液后，工件表面向外散发的热量使周围的液态介质变成蒸汽，形成的蒸汽使工件表面和淬火剂介质之间形成完整的蒸汽膜，蒸汽膜越稳定，维持完整的时间越长，工件冷却速度就越慢；蒸汽膜的稳定性受工件表面温度和气液界面的表面张力影响，气液界面的表面张力使蒸汽膜内的气压高于膜外的液压，只有更高的工件表面温度，才能形成更多的蒸汽来形成更厚的蒸汽膜，因此蒸汽膜的稳定性和维持完整的时间受气液界面张力大小的影响，而气液界面张力的大小受淬火剂浓度的影响，所以通过调节淬火剂的浓度就可以改变气液界面张力的大小，从而控制蒸汽膜维持完整的时间，达到改变耐磨工件的冷却速度的目的。

（2）本产品用简单、经济、环保的方式解决了长期以来铁基耐磨材料工件正火硬度不足、风冷组织不均匀、采用常规淬火油和水基淬火剂淬火时工件容易开裂变形的老大难问题；淬火剂生产原料易得，生产过程简单，使用寿命长，淬火剂无毒、无污染、不着火，是一种理想的铁基耐磨材料工件淬火剂。

无机环保水溶性淬火剂

原料配比

原　料	配比（质量份）	
	1#	2#
氯化钠	10	5
碳酸钠	5	5
明矾	7	10
氢氧化铝	0.5	2
自来水	加至100	加至100

制备方法　配制时，将上述各原料计量好，先将氯化钠投入水中充分搅拌，待氯化钠溶解完全后，再将碳酸钠投入溶液中，并强烈搅拌20min，然后将氢氧化铝投入溶液中并搅拌30min，最后把明矾投入溶液中搅拌至完全溶解后即得本产品。

原料配伍　本品各组分质量份配比范围为：氯化钠5~10，碳酸钠5，明矾7~10，氢氧化铝0.5~2，自来水加至100。

所述的氯化钠为工业级氯化钠，其纯度不应小于95%，所述的碳酸钠为工业级碳酸钠，其纯度不能小于 90%，所述的氢氧化铝为高活性氢氧化铝，纯度大于 99%，所述的明矾为碱式硫酸铝钾。

产品应用 本品是一种无机环保水溶性淬火剂。适用于碳钢和合金钢工件的淬火。能用于各种碳钢的高温淬火，也适用于合金钢和工具钢的热处理工艺。

产品特性 本产品是在以水为淬火介质的淬火剂的基础上进行改进，在水中溶解一定配比的碳酸钠、明矾、氯化钠和氢氧化铝，当工件浸入该介质后，在蒸汽膜阶段析出合成盐的晶体并立即爆裂，将蒸汽膜破坏，加速冷却，得到近于水、油之间的冷却速度，以满足不同材料和工件的淬火要求；本产品无毒、无烟、无腐蚀性、不燃烧，使用安全，无环境污染；冷却速度快，淬火效果好，淬火工件体无裂纹，使用成本低。

易清洗淬火剂

原料配比

原　　料		配比（质量份）
油酸三乙醇胺		1.5
羟乙基油酸咪唑啉甜菜碱		0.4
聚乙二醇辛基苯基醚		0.3
酒石酸钾钠		1.5
苯甲酸钠		0.15
棕榈酸钾		0.15
三羟甲基丙烷		0.15
迷迭香酸		0.08
磺基丁二酸钠二辛酯		0.15
氯化钠		4
助剂		4
水		75
助剂	鲜猪骨粉	18
	月桂酰肌氨酸钠	1.5
	十二烷基葡糖苷	1.5
	山梨醇酐单油酸酯	0.8

原　料		配比（质量份）
助剂	乙二胺四乙酸钠	1.5
	葡萄糖酸钠	4
	柠檬酸钠	3
	甲基异噻唑啉酮	0.4
	维生素 C 磷酸酯镁	0.8

【制备方法】

（1）将羟乙基油酸咪唑啉甜菜碱加入 1/3～1/2 量的水中，200～500r/min 搅拌 5～10min，再加入油酸三乙醇胺、聚乙二醇辛基苯基醚、三羟甲基丙烷和磺基丁二酸钠二辛酯，50～60℃搅拌 15～30min，得 A 组分。

（2）将酒石酸钾钠、苯甲酸钠和棕榈酸钾共同加入剩余的水中，60～80℃搅拌 20～40min，得 B 组分。

（3）将 B 组分加入反应釜中，并于 90～95℃条件下向反应釜中加入氯化钠和迷迭香酸，搅拌直至完全溶解，再将温度降至 30～40℃，缓慢加入 A 组分，200～600r/min 搅拌 20～30min，最后加入其余原料混合均匀，过滤后即得。

【原料配伍】　本品各组分质量份配比范围为：油酸三乙醇胺 1～2，羟乙基油酸咪唑啉甜菜碱 0.3～0.5，聚乙二醇辛基苯基醚 0.2～0.4，酒石酸钾钠 1～2，苯甲酸钠 0.1～0.2，棕榈酸钾 0.1～0.2，三羟甲基丙烷 0.1～0.2，迷迭香酸 0.05～0.1，磺基丁二酸钠二辛酯 0.1～0.2，氯化钠 3～5，助剂 3～5，水 70～80。

其中助剂由下列质量份的原料制成：鲜猪骨粉 15～20，月桂酰肌氨酸钠 1～2，十二烷基葡糖苷 1～2，山梨醇酐单油酸酯 0.5～1，乙二胺四乙酸钠 1～2，葡萄糖酸钠 3～5，柠檬酸钠 2～4，甲基异噻唑啉酮 0.3～0.5，维生素 C 磷酸酯镁 0.5～1。

助剂的制备方法是：先按 1∶（5～6）的固液质量比向鲜猪骨粉中加入 8%～10%的醋酸溶液，再加入月桂酰肌氨酸钠、十二烷基葡糖苷和山梨醇酐单油酸酯搅拌均匀并于 60～80℃保温 8～12h，将 pH 值调至 6～7 后过滤，再按 1∶（8～10）的固液质量比向滤液中加入活性白土，40～60℃搅拌 4～8h，过滤后向滤液中加入其余原料，充分搅拌至溶解完全，即得。

本品是一种易清洗淬火剂。

使用本淬火剂对 42CrMo 钢进行淬火，淬火加热温度为 850℃，淬火后测量硬度为 54HRC，无开裂现象。

产品特性

（1）本产品冷却性能良好，金属工件硬度高而均匀，使用寿命长，淬火后工件具有短期防锈效果，工件带出量少且易于清洗，也可不清洗直接回火，实用性强。

（2）使用过程中无油烟、挥发少，能改善工作环境，同时安全环保。

用于 35CrMo 制大型轴锻件的专用淬火液

原料配比

原　　料	配比（质量份）		
	1#	2#	3#
聚丙烯-甲基丙烯酸共聚物与聚丙烯酰胺混合物（聚丙烯-甲基丙烯酸与聚丙烯酰胺的质量比为 1∶1）	10	8	12
环氧乙烷和环氧丙烷无规共聚物（均分子量为 20000）	3	—	—
环氧乙烷和环氧丙烷无规共聚物（均分子量为 25000）	—	4	—
环氧乙烷和环氧丙烷无规共聚物（均分子量为 30000）	—	—	2
聚酰胺聚乙二醇	3	2	4
消泡剂（聚醚，均分子量为 6000）	0.4	—	—
消泡剂（聚醚，均分子量为 8000）	—	0.5	—
消泡剂（聚醚，均分子量为 7000）	—	—	0.6
水	5	7	3
分散剂（聚二甲基硅氧烷）	4	2	5

制备方法

（1）按配比称取聚丙烯-甲基丙烯酸聚合物和聚丙烯酰胺，在 28℃条件下加入带有搅拌装置的调和釜中搅拌均匀（搅拌速度为 200 r/min），得到聚丙烯-甲基丙烯酸聚含物与聚丙烯酰胺的固态混合物。

（2）将步骤（1）中的调和釜加热至 60℃，然后按配比称取水加入调和釜中搅拌 30min（搅拌速度为 200 r/min）后冷却至 37℃，然后加入分散剂混合均匀，得到淬火液 A 液。

（3）按配比称取环氧乙烷和环氧丙烷无规共聚物、聚酰胺聚乙二醇和水加热至 37℃混合均匀，然后加入分散剂搅拌混合均匀（搅拌速度为 200 r/min），得到淬火液 B 液。

（4）将步骤（3）中得到的淬火液 B 液以 0.4 份/分钟的速度滴加入步骤（2）中的调和釜中与 A 液搅拌混合均匀（搅拌速度为 400r/min），同时加入消泡剂。

（5）搅拌 0.8h（搅拌速度为 400 r/min）后冷却至室温，静置 1.5h，得到适用于 35CrMo 制大型轴锻件的专用淬火液。

原料配伍　本品各组分质量份配比范围为：聚丙烯-甲基丙烯酸共聚物与聚丙烯酰胺混合物 8～12，环氧乙烷和环氧丙烷无规共聚物 2～4，聚酰胺聚乙二醇 2～4，消泡剂 0.4～0.6，水 3～7。

所述的聚丙烯-甲基丙烯酸共聚物与聚丙烯酰胺混合物中聚丙烯-甲基丙烯酸共聚物与聚丙烯酰胺的质量比为 1∶1。

组成成分中还含有分散剂 2～5 份，所述的分散剂为聚二甲基硅氧烷。

所述的消泡剂为均分子量为 6000～8000 的聚醚。

所述的环氧乙烷和环氧丙烷无规共聚物的均分子量为 20000～30000。

产品应用　本品主要用作 35CrMo 制大型轴锻件的专用淬火液。

产品特性

（1）本产品以多种聚合物为原料制备得到，主要适合用于 35CrMo 钢制大型轴锻件（直径 400～500mm，长度 5～10m）的淬火，35CrMo 钢制大型轴锻件因其材料淬透性较好，尺寸比较大，加热后应力比较集中，对其淬火时很难在较短的时间内将热量均匀发散，容易形成表面骤冷、心部过热的"脆皮"现象，如果只采用单一淬火冷却方式很难获得理想的组织结构，而本产品能够有效避免用普通快速淬火油淬火后硬度不足、内部组织形态不均匀、易开裂等风险。

（2）本产品组分中，环氧乙烷和环氧丙烷无规共聚物含量相对较少，与聚丙烯-甲基丙烯酸与聚丙烯酰胺混合物以及聚酰胺聚乙二醇配合使用能得到非常优异的淬火效果，有效克服了环氧乙烷和环氧丙烷无规共聚物易受污染、易变质失效等缺陷。

（3）本产品能一次完成对35CrMo制大型轴锻件的淬火，工艺简单，改进了传统双液、三液淬火工艺，能够有效避免35CrMo钢大型轴锻件淬火开裂，淬火效果好。

（4）本产品具有分散性好、耐储存的优点，在淬火过程中不发生团聚等影响淬火效果的变质现象，对35CrMo制大型轴锻件的冷速十分缓慢，可有效缓解零件组织应力，防止变形、开裂。

羽毛水解液淬火剂

原料配比

原　料		配比（质量份）
羽毛水解液		8
酒石酸		0.3
吡咯烷酮羧酸钠		0.08
季戊四醇油酸酯		0.15
单油酸甘油酯		0.3
吐温-80		0.15
椰油酰基谷氨酸二钠		0.4
碳酸氢钠		0.8
苯甲酸钠		0.15
硼砂		0.4
尿素		0.8
山梨酸钾		0.15
水		90
羽毛水解液	动物羽毛	7
	柠檬酸	3
	草酸	0.8
	三乙醇胺	1.5
	十二烷基葡糖苷	1.5
	椰油酰胺丙基甜菜碱	0.8
	水	12

（1）按配比称取原料，先将吐温-80、椰油酰基谷氨酸二钠、吡咯烷酮羧酸钠和水共同加入反应釜中，60～80℃、800～1000r/min 搅拌 5～10min，然后加入季戊四醇油酸酯、酒石酸和单油酸甘油酯，同样条件下搅拌 20～30min，最后加入碳酸氢钠、苯甲酸钠、硼砂和尿素，80～90℃、400～600r/min 搅拌 20～30min。

（2）向反应釜中缓慢加入废蚕丝提取物和山梨酸钾，先 40～60℃、800～1000r/min 搅拌 10～15min，再于同样温度下 200～400r/min 搅拌 1～2h，冷却后静置 8～12h，过滤后即得。

原料配伍 本品各组分质量份配比范围为：羽毛水解液 6～10，酒石酸 0.2～0.4，吡咯烷酮羧酸钠 0.05～0.1，季戊四醇油酸酯 0.1～0.2，单油酸甘油酯 0.2～0.4，吐温-80 0.1～0.2，椰油酰基谷氨酸二钠 0.3～0.5，碳酸氢钠 0.5～1，苯甲酸钠 0.1～0.2，硼砂 0.3～0.5，尿素 0.5～1，山梨酸钾 0.1～0.2，水 80～100。

其中羽毛水解液由下列质量份的原料制成：动物羽毛 6～8，柠檬酸 2～4，草酸 0.5～1，三乙醇胺 1～2，十二烷基葡糖苷 1～2，椰油酰胺丙基甜菜碱 0.5～1，水 10～15。

羽毛水解液的制备方法是：将动物羽毛洗净干燥后在-20～-10℃条件下处理 4～8h，再加入三乙醇胺，常温下研磨均匀，加入柠檬酸、草酸和水，80～90℃、600～800r/min 搅拌 6～8h，将温度调节至 50～60℃后加入十二烷基葡糖苷和椰油酰胺丙基甜菜碱，同样转速下搅拌 1～2h，冷却后过滤，即得。

产品应用 本品是一种羽毛水解液淬火剂。

对本淬火剂进行性能测试：以 40Cr 钢为试验材料，850℃加热，淬火后硬度≥55HRC，无淬火开裂，符合要求。

产品特性

（1）本产品以羽毛水解液为原料制得淬火剂，原材料来源广泛且天然无污染、制备工艺简单、环境相容性好，能有效改善产品的冷却性能，淬火均匀性好，避免淬火后工件开裂、变形，节约资源，变废为宝，具有较高的实用价值，符合环保减排的产业政策。

（2）有效消除烟雾和火灾隐患，改善工作环境和劳动条件，安全环保。

中碳合金钢耐磨材料淬火剂

原　　料	配比（质量份）				
	1#	2#	3#	4#	5#
氢氧化钠	12	8	11	10	9
氯化锌	8	6	7	6.5	5
氯化钠	5	1	4	3	2
磺化蓖麻油	0.03	0.01	0.02	0.01	0.015
三乙醇胺	0.05	0.01	0.04	0.03	0.02
肥皂	0.5	0.1	0.4	0.3	0.2
苯甲酸钠	0.4	0.1	0.3	0.2	0.2
防锈剂	0.5	0.1	0.4	0.3	0.2
润滑剂	0.5	0.1	0.4	0.3	0.2
杀菌剂	0.5	0.1	0.4	0.3	0.2
水	加至 100	加至 100	加至 100	加至 100	加至 100

【制备方法】 先将氢氧化钠配制成水溶液，在不断搅拌下加入氯化锌，控制液体温度不超过 35℃，然后加入氯化钠，水浴加热至 40～45℃，反应 1.5～2h，依次加入磺化蓖麻油、消泡剂、肥皂、防腐剂、防锈剂、润滑剂和杀菌剂，并不断搅拌直至均匀即可。

【原料配伍】 本品各组分质量份配比范围为：氢氧化钠 6～12，氯化锌 6～8，氯化钠 1～5，磺化蓖麻油 0.01～0.03，消泡剂 0.01～0.05，肥皂 0.1～0.5，防腐剂 0.1～0.4，防锈剂 0.1～0.5，润滑剂 0.1～0.5，杀菌剂 0.1～0.5，水加至 100。

所述消泡剂为三乙醇胺。

所述防腐剂为苯甲酸钠。

【产品应用】 本品主要用作中碳合金钢耐磨材料淬火剂。

【产品特性】 本产品配方合理，淬火件可达到较高硬度，而且硬度均匀，氢氧化钠可以与淬火件表面的氧化皮相互作用产生氢气，使氧化皮迅速剥落，使淬火件表面呈现光亮的银白色；氯化锌与氢氧化钠反应生成强氧化锌，在高温区冷却速度比水快，在低温区冷却速度比水慢，淬火件变形小，不易开裂，表面光亮。

参考文献

中国专利公告

CN—201210045299.3   CN—201210274264.7
CN—201310385554.3   CN—201110325955.0
CN—201310344920.0   CN—201110232033.5
CN—201410595852.X   CN—201410596479.X
CN—201410547544.X   CN—201410477899.6
CN—201110335405.7   CN—201210356571.X
CN—201310143231.3   CN—201410358329.5
CN—201410102545.3   CN—201010500968.2
CN—200910197011.2   CN—201410578454.7
CN—201010500971.4   CN—201110131283.X
CN—201210585546.9   CN—201110131281.0
CN—201410547865.X   CN—201210384690.6
CN—201310671262.6   CN—201410075279.X
CN—201110280264.3   CN—201110163542.7
CN—201110383740.4   CN—201210077601.3
CN—201210267898.X   CN—201310468222.1
CN—201110174484.8   CN—201410517740.2
CN—201310412882.8   CN—201410517907.5
CN—201410707054.1   CN—201410280427.1
CN—201310745126.7   CN—201410595106.0
CN—201210255990.4   CN—201410504094.6
CN—201410595530.5   CN—201410504002.4
CN—201410595107.5   CN—200710132380.4
CN—201310710468.5   CN—200910199093.4
CN—201410516958.6   CN—201110250901.2
CN—201510048412.7   CN—201310274468.5
CN—201410524313.7   CN—201210281608.7
CN—201310487352.X   CN—200910200314.5
CN—201310335944.X   CN—201410075366.5

CN－201410074974.4
CN－201110325832.7
CN－2012101845383
CN－201010246595.0
CN－201010246708.7
CN－201410503984.5
CN－201410503985.X
CN－201010212696.6
CN－201410560831.4
CN－201510121947.2
CN－200710026160.3
CN－201410358328.0
CN－201210397124.9
CN－201010500957.4
CN－201010500973.3
CN－201310606856.9
CN－201510055401.1
CN－201410291994.7
CN－201310387785.8
CN－201410291999.X
CN－201410296797.4
CN－201410292000.3
CN－201410291891.0
CN－201410296826.7
CN－201410292035.7
CN－201410296810.6
CN－200410017579.9
CN－201410296796.X
CN－201410434147.1
CN－201310387830.X
CN－201410291896.3
CN－201410292071.3
CN－201310538756.7
CN－201510028251.5

CN－201410435598.7
CN－201310387798.5
CN－201210496226.6
CN－201410296822.9
CN－201410282458.0
CN－201010022578.9
CN－2013103878013
CN－201310387828.2
CN－201310387662.4
CN－201410458683.5
CN－201410358001.3
CN－201210172399.2
CN－200810015770.8
CN－201310387783.9
CN－201410282439.8
CN－201410695557.1
CN－200810229559.6
CN－200710054830.2
CN－201210496229.X
CN－201110207947.6
CN－201310366060.0
CN－200610013973.4
CN－201310389762.0
CN－201310036566.5
CN－201310438757.4
CN－201010162870.0
CN－201010222586.8
CN－200610014602.8
CN－201310753300.2
CN－201310019748.1
CN－201110092841.6
CN－200710177815.7
CN－201410387363.5
CN－200710094547.2

CN−200910054799.1
CN−200910236733.4
CN−201210554195.5
CN−201410258437.5
CN−201110244244.0
CN−200910044264.6
CN−201110143348.2
CN−200510011128.9
CN−200610014418.3
CN−201310568471.8
CN−201110105589.8
CN−201210560797.1
CN−201310610275.2
CN−201510202888.1
CN−201210426175.X
CN−201510011054.2
CN−201010243821.X
CN−201510090705.1
CN−201410614556.X
CN−201410494813.0
CN−201410781697.0
CN−201310292020.6
CN−201310350756.4
CN−201510011055.7
CN−201310443672.5
CN−201410334065.X
CN−201510011076.9
CN−201510012178.2
CN−201510011538.7
CN−201510011071.6
CN−201510011069.9
CN−201510011062.7
CN−201510011540.4
CN−201510011571.X

CN−201510011536.8
CN−201210288710.X
CN−201310434444.1
CN−201210142802.7
CN−200910035977.6
CN−201210348124.X
CN−201410239296.2
CN−201510011572.4
CN−201210552609.0
CN−201510012219.8
CN−201110004284.8
CN−201310142958.X
CN−201310434390.9
CN−201510011064.6
CN−201510011060.8
CN−201510011067.X
CN−201510011537.2
CN−201410175514.0
CN−201310747990.0
CN−201510012229.1
CN−200810124645.0
CN−201310434802.9
CN−200910065533.7
CN−201310527495.9
CN−201310434443.7
CN−201210221088.0
CN−201210111019.4
CN−201110150544.2
CN−201110176760.4
CN−201510011058.0
CN−201410783816.6
CN−201510012226.8
CN−201410175256.6